Grand Atlas 2022

Auteur

Frank Tétart

Docteur en géopolitique et diplômé en relations internationales, **Frank Tétart** est enseignant dans le secondaire, ainsi qu'à l'université Paris 1 et à l'ENSTA Bretagne.

Co-auteur de l'émission « Le Dessous des Cartes » pendant de nombreuses années, il a aussi participé au lancement en tant que rédacteur en chef des revues *Moyen-Orient* et *Carto*. Outre de nombreux articles sur Kaliningrad, sujet de sa thèse, il a notamment publié *Péninsule Arabique, cœur géopolitique du Moyen-Orient* (Armand Colin, 2017) et différents atlas chez Autrement, dont l'édition annuelle du *Grand Atlas*, l'*Atlas des religions* (2015), *Une carte par jour* (2018), *Drôle de planète* (2019) et l'*Atlas de l'Europe* (2021).

Cartographe

Cécile Marin

Cécile Marin est géographe-cartographe. Elle travaille au *Monde diplomatique* et a réalisé de nombreux atlas pour les éditions Autrement depuis 2002.

Avec les équipes de *Courrier international* et de franceinfo.

Cet ouvrage a été réalisé en partenariat
avec *Courrier international* (www.courrierinternational.com)
et franceinfo (www.francetvinfo.fr)

Maquette : Twapimoa
Coordination éditoriale : Anne Lacambre
Lecture-correction : Carol Rouchès

ISBN : 978-2-7467-6091-2

87, quai Panhard et Levassor, 75647 Paris Cedex 13
www.autrement.com

Dépôt légal : août 2021
Imprimé et relié en juillet 2021 par l'imprimerie Pollina, France - 99176

Grand Atlas 2022

Sous la direction de Frank Tétart

Cartographie adaptée par Cécile Marin

Autrement
Collection Atlas / Atlas pour tous

Grand Atlas 2022

INTRODUCTION

Un autre monde

Lorsque nous évoquerons l'année 2021, évoquerons-nous l'année de l'après-Covid ? Probablement pas : la pandémie s'inscrit dans la durée. Et malgré la progression de la vaccination dans de nombreux pays, de nouvelles vagues, de nouveaux variants se profilent à l'horizon pour 2022. Ce sont les fondamentaux des virus : circuler, infecter, se multiplier, muter, se répandre encore, muter encore. Et ce virus-là ne fait pas exception. La grande question qui demeure encore à propos du Sars-CoV-2 est la suivante : d'où vient-il ? Zoonose, fuite malencontreuse d'un laboratoire ? Il n'est pas sûr que nous ayons un jour la réponse.

Mais même si la pandémie devait durer encore en 2022, 2021 reste, à de nombreux égards, un tournant. Celui de la mise en œuvre, à l'échelle mondiale, de la technologie de l'ARN messager. « Il y a un an, quasiment personne ne savait ce qu'était un vaccin à ARN messager », écrit Derek Thompson dans un long article paru dans le magazine américain *The Atlantic* en mars 2021. « Et quelques mois plus tard, cette même technologie a permis le lancement des deux essais vaccinaux les plus rapides de l'histoire de la science. » Cette percée fulgurante n'est pas le fruit du hasard, mais le résultat de plus quarante années de recherche à partir des travaux d'une scientifique hongroise émigrée aux États-Unis, qui a commencé à explorer le potentiel de l'ARN messager en 1978, explique l'article. Aujourd'hui, cette technologie pourrait bouleverser plusieurs champs de la médecine, et pas seulement celui de la lutte contre la Covid-19. Les scientifiques espèrent l'utiliser dans le futur contre la grippe, le paludisme et même les cancers.

La pandémie a aussi modifié en profondeur nos modes de vie. Nos relations sociales, notre relation au travail, au numérique, à notre « foyer », quel qu'il soit, ont été bouleversées. Deux pénuries en attestent : une première qui pourrait paraître anecdotique, celle des vélos, qui deviennent des denrées de plus en plus rares au fur et à mesure que les urbains, surtout, revoient leurs modes de transport, et celle des puces électroniques, omniprésentes dans notre quotidien, des voitures à l'électroménager en passant évidemment par tous les objets connectés. En un an, entre janvier 2020 et janvier 2021, les ventes de puces ont progressé, en valeur, de 13,2 %. En cause, une ruée vers les smartphones et les ordinateurs portables provoquée par la pandémie de Covid-19. Mais les capacités des usines de semi-conducteurs sont limitées ; les stocks sont faibles, souligne un article du *New Scientist* (voir p. 74), et les investissements nécessaires ne porteront pas leurs fruits avant plusieurs années. Facteur aggravant, cette industrie, grande consommatrice d'eau, souffre évidemment des sécheresses de plus en plus intenses que l'on connaît. De quoi alimenter une bataille des puces dans la guerre commerciale à laquelle se livrent toujours les États-Unis et la Chine. Une bataille qui sera centrée autour de Taïwan, où se trouve le plus important fabricant de puces au monde.

C'est l'une des choses qui n'ont pas tant changé avec l'arrivée de Joe Biden à la Maison-Blanche, en janvier 2021. Le président américain considère lui aussi la Chine, dotée d'un redoutable arsenal politico-commercial – ses routes de la soie, sa diplomatie du vaccin –, comme l'ennemi. Dans cette partie à trois qui se joue avec Pékin et Moscou,

Joe Biden va devoir manœuvrer serré. Et tenter d'éviter un rapprochement entre Xi Jinping et Vladimir Poutine. 2022 sera-t-elle le début d'une nouvelle guerre froide entre ces puissances ?
Tout comme il va devoir jouer dans la subtilité au Moyen-Orient, où toutes les cartes sont désormais rebattues. L'Arabie saoudite n'est plus le leader du monde sunnite : c'est à la Turquie qu'est désormais dévolu ce rôle, en particulier face à l'Iran chiite. Mais c'est maintenant sur Israël que sont rivés les regards. Après une vague d'accords de normalisation signés entre des pays du monde arabe et l'État hébreu, après des violences inédites à Jérusalem, voici que Benyamin Netanyahou est renversé par une coalition. Qu'est-ce que cela signifie pour cette région malmenée par les crises sociales et économiques, où, après les révolutions avortées de 2019, tout semble à nouveau basculer, les forces en présence tout comme les alliances ? Les mois à venir nous le diront.
Enfin, peut-être, un espoir : 2021 est aussi l'année où, pour la première fois, l'Agence internationale de l'énergie (AIE) a enfin dit stop aux énergies fossiles. Dans sa feuille de route mondiale, publiée en mai dernier, l'AIE recommande d'agir maintenant pour limiter le réchauffement de la planète. Agir, c'est-à-dire renoncer immédiatement à tout nouveau projet pétrolier ou gazier. Une première.
Alors à quoi ressemblera 2022 ? À 2021, en mieux ? Ou encore à une phase transitoire non pas vers le monde d'avant, ni d'ailleurs le monde d'après, mais un monde où la vie reprend peu à peu son cours avec des interrogations, les conflits d'avant et les problèmes d'hier ?

Pour essayer d'y voir plus clair, cette neuvième édition du *Grand Atlas* montre la permanence de certains enjeux (I) dans les velléités de puissance des États (Iran, Turquie), la guerre et la paix (II), les effets de la mondialisation (III), la nation mais également leur transformation, qu'il s'agisse de la santé, du climat, de l'aspiration à un tourisme durable (I et III). Cet ouvrage s'interroge aussi de manière prospective (V) sur ce que sera demain tant en termes démographiques, de modèle agricole et alimentaire, de dépendance énergétique que de modes de vie toujours plus urbains, tout en s'ancrant dans l'histoire (IV) pour prendre pleinement conscience des évolutions que nous vivons ou avons déjà traversées. Enfin, à l'aune de la crise sanitaire et des critiques sur sa gestion, il nous est apparu utile de réfléchir, dans la partie conclusive (VI), sur l'état des libertés dans le monde et de la démocratie, fragilisée en certains lieux du monde, mais toujours aspiration première des femmes et hommes, qu'ils soient Biélorusses, Birmans, Hongkongais, Vénézuéliens ou Thaïlandais.
Une fois encore, cet atlas n'aurait été possible sans les contributions des plus éminents géographes, politistes, historiens, sociologues et démographes et la complicité de cartographes créatifs et pédagogues, dont la talentueuse Cécile Marin.

Virginie Lepetit,
rédactrice en chef adjointe de *Courrier international*.
et **Frank Tétart**

Les grands enjeux de 2022

Sommaire

Le monde suspendu au Covid-19

Érigée en pandémie le 11 mars 2020 par l'OMS, la COVID-19, coronavirus très virulent, s'est rapidement diffusée à toute la planète, contraignant les trois quarts de l'humanité à prendre des mesures sanitaires strictes, dont le confinement. La diffusion de vaccins redonne aujourd'hui un espoir au monde, tout en soulignant l'inégalité d'accès et la crainte de son inefficacité face aux variants du virus.

Nombre de décès par pays

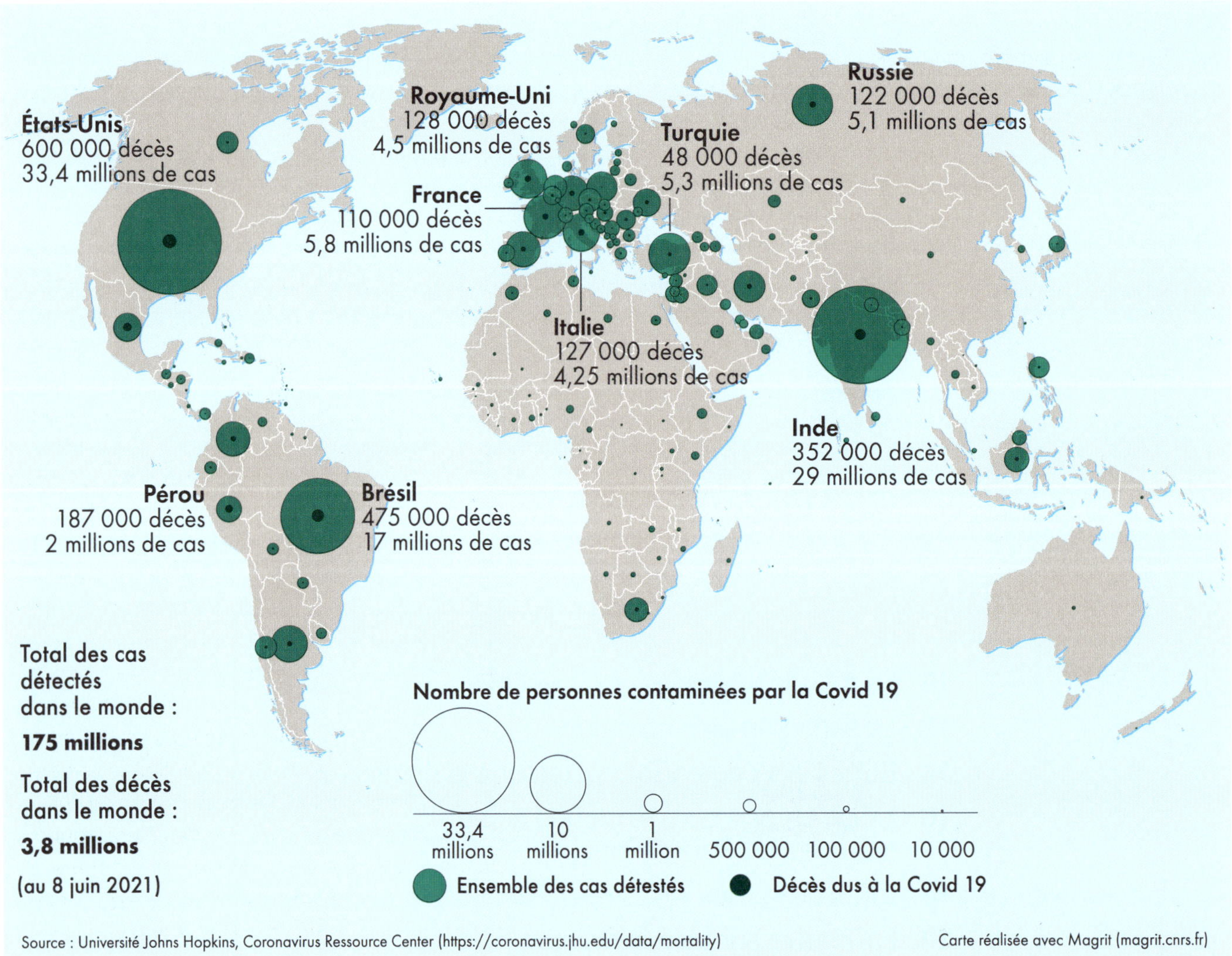

Source : Université Johns Hopkins, Coronavirus Ressource Center (https://coronavirus.jhu.edu/data/mortality)

Carte réalisée avec Magrit (magrit.cnrs.fr)

Un virus qui a conquis le monde

Au 15 juin 2021, selon les données de l'Université américaine Johns-Hopkins, la covid-19 avait contaminé plus de 176 millions de personnes et fait 3,8 millions de victimes. Aucun pays n'est épargné, mais la maladie évolue de façon très inégale. À la mi-juin, cette épidémie a contaminé plus de 33 millions d'Américains, dont 600 000 en sont morts, près de 30 millions d'Indiens (375 000 morts), 17 millions de Brésiliens (487 500 morts). L'Afrique reste à cette date bien moins touchée. Des événements publics ont souvent été à l'origine de diffusions fortes, comme l'ont montré certaines fêtes religieuses en Inde.

Les premiers cas seraient apparus en décembre 2019 dans le marché de la ville de Wuhan (province du Hubei). Personne n'imaginait alors qu'on compterait à la mi-juin 2020, *a minima*, 8 millions de cas dans le monde dans 188 pays touchés.

Les chauves-souris semblent le réservoir du virus, mais un hôte intermédiaire serait intervenu dans la chaîne de contamination : le pangolin. Une fois la transmission interhumaine établie, celle-ci se fait par les postillons. Les coronavirus forment une vaste famille de virus pathogènes, à l'origine par exemple du syndrome respiratoire du Moyen-Orient (MERS) ou du syndrome respiratoire aigu sévère (SRAS). Tous ces virus semblent similaires, mais leur pouvoir infectant et la sévérité de la maladie sont différents. Ainsi le SARS-CoV-2 est bénin pour 80 % des personnes infectées, mais présente le pouvoir de transmission le plus élevé (1 personne pourrait en contaminer 3 à 4). Par ailleurs, il affecterait surtout les populations âgées et celles souffrant de pathologies chroniques (diabète, maladies cardiovasculaires…).

Un révélateur d'inégalités

Souvent les pays les plus pauvres subissent le plus durement les fléaux infectieux (paludisme, dengue, Ebola, etc.). Dans le cas de la Covid-19, et presque à l'inverse, les pays les plus riches ont été fortement touchés. Le confinement n'a pas été perçu de la même façon selon les aides des gouvernements ou des capacités à s'adapter (travailler et étudier à distance…). Partout les populations les plus pauvres ont été les plus touchées. En France, on a enregistré une surmortalité importante dans les zones plus défavorisées (Seine-Saint-Denis).

À l'origine, plusieurs facteurs : une moindre offre de soins, un moindre accès aux soins, une comorbidité plus fréquente. S'y ajoute la pollution de l'air, facteur de fragilités respiratoires, et peut-être vecteur de virus. L'épidémie a aussi révélé des situations d'insécurité alimentaire (enfants qui perdaient la garantie des repas à la cantine) et de fragilité sociale (violences domestiques). Certaines catégories socioprofessionnelles ont été plus affectées : soignants, salariés des commerces, des transports ou du ramassage des déchets, et ceux qui n'avaient pas les moyens de se protéger (sans-abri ou migrants).

L'espoir d'un vaccin ?

Les pays étaient inégalement préparés. En France, le manque de masques, de tests, la fragilisation des hôpitaux par des fermetures de lits et le manque de personnel ont créé une tension extrême avec l'arrivée massive de malades, révélant la situation critique de notre système de soins, et montré le coût final exorbitant d'une politique voulant rentabiliser les soins hospitaliers. Cette crise a également révélé la dépendance des pays vis-à-vis des industries pharmaceutiques, qui ont délocalisé leurs activités en Chine ou en Inde.

Le développement et la diffusion rapide et massive de vaccins donnent aujourd'hui une note d'espoir au monde, permettant un retour à une vie presque normale. À la mi-juin 2021, plus de 2,3 milliards de doses avaient déjà été injectées dans le monde, sachant que deux sont nécessaires pour se prémunir contre le virus, mais avant tout dans les pays développés. Selon l'OMS, seulement 0,3 % de la population des pays à faibles revenus a eu accès au vaccin, contre 30 % des Européens. Le dispositif Covax mis en place pour lutter contre cette inégalité peine encore à répondre au défi de la vaccination des pays du Sud.

Les conséquences de cette pandémie sont multiples : les générations futures porteront longtemps le coût économique de cette crise ; sur le plan sanitaire, il faut repenser notre système préventif et curatif ; les libertés individuelles et publiques ont été mises à mal. On veut croire que l'utilisation de drones ou de chiens-robots (Singapour) ne sera que temporaire… Mais l'histoire des épidémies a montré que ces crises avaient souvent été l'alibi de politiques discriminatoires.

Les décès en France

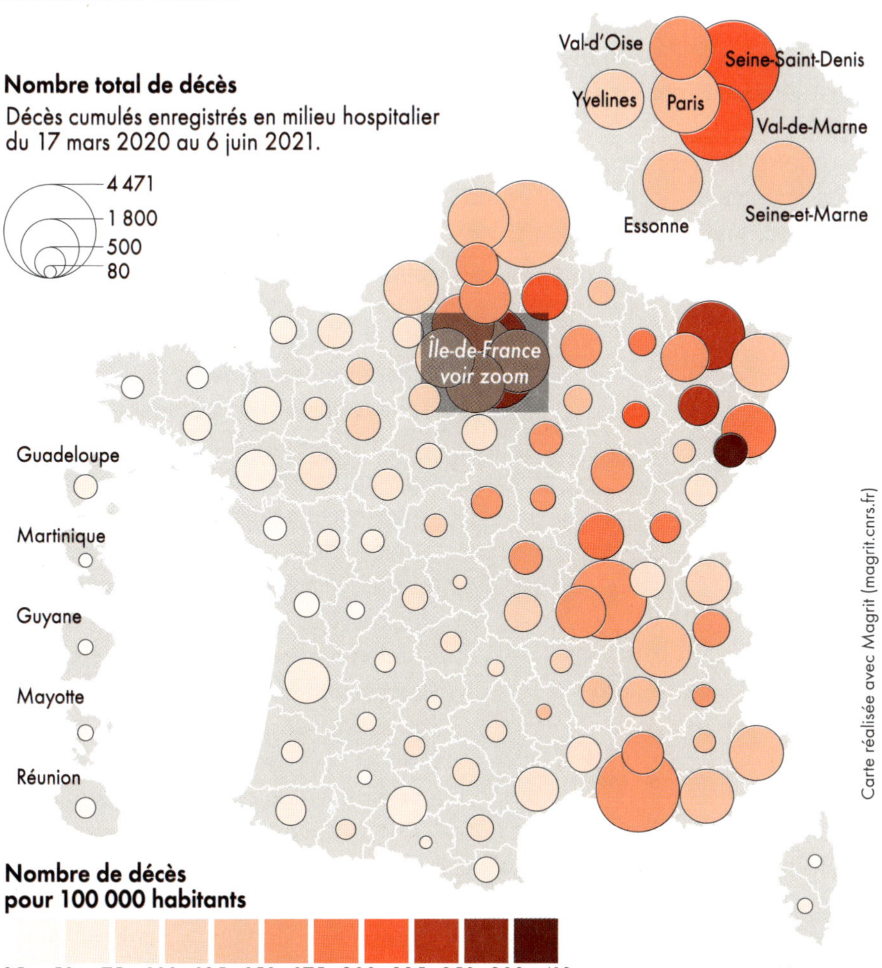

Source : Santé publique France.

> **« Au rythme actuel de vaccination, il faudrait 57 ans aux pays à faibles revenus pour atteindre le même niveau de protection que celui des pays du G7. »**
>
> **Selon Oxfam**

La santé, un bien commun

Un discours libéral voudrait que la santé occasionne des dépenses coûteuses pour les États, et soit un bien marchand comme les autres. Les études montrent pourtant que les dépenses de santé sont le plus souvent des investissements, et à l'heure de la pandémie, la Covid-19 rappelle ô combien la santé est un bien commun.

Les systèmes de soins se caractérisent selon de multiples critères : organisation, hiérarchie, équipement, système de tarification, offre, recours, accessibilité, etc. Malgré cette évidente complexité, on a pu parler de transition sanitaire, c'est-à-dire de convergence vers des systèmes de soins traitant de la même manière les mêmes pathologies, avec des patients uniformisant leurs itinéraires thérapeutiques. Or, on en est encore loin.

Dépenser beaucoup ou dépenser efficacement ?

Une idée reçue voudrait que plus les pays sont riches, plus ils dépensent une part importante de leur PIB pour la santé : les États-Unis dépensent ainsi pour leur santé 17 % de 21 345 milliards de dollars de PIB, tandis que le Malawi ne consacre que 9 % de 8 milliards de dollars. Ce n'est pourtant pas une règle générale : si les pays d'Afrique subsaharienne dépensent peu, c'est également le cas de la Chine, pourtant seconde puissance économique du monde. À l'inverse, Cuba et le Liberia dépensent une part importante de leurs ressources pour la santé, témoignant d'une vision politique qui fait de l'argent consacré à la santé un investissement pour le développement de leur pays. D'autres dépensent beaucoup parce que le système est peu régulé, comme aux États-Unis et au Brésil, selon une logique de l'offre et de la demande et non de l'offre et des besoins.

Au regard des sommes considérables engagées, leurs résultats sont médiocres, toujours marqués par de grandes inégalités sociales. Ce sont malheureusement ces exemples qui ont inspiré les politiques d'ajustement structurel du FMI et de la Banque mondiale. L'examen des cartes montre qu'il n'y a pas de correspondances systématiques entre le niveau de dépenses et le niveau de santé d'un pays, que l'allocation de ressources financières est une condition nécessaire, mais pas suffisante pour répondre aux besoins de santé, et que la santé est fonction de bien d'autres facteurs que le soin, fût-il préventif. Ainsi l'Europe occidentale consacre-t-elle une part toujours croissante de ses revenus à la santé, augmentant de façon quasi parallèle ses espérances de vie, non sans inégalités socio-territoriales.

Une offre de soins variable

Les densités de soignants constituent un autre indicateur robuste de la réponse aux besoins de soins, même si les densités ne disent rien des conditions matérielles d'exercice des soignants, de leur niveau de formation, du degré d'organisation du système de soins, notamment des complémentarités des soins primaires, secondaires et tertiaires. Les densités d'infirmiers et de sages-femmes donnent une première indication de soins théoriquement proches et financièrement accessibles, qui devraient être particulièrement fortes où ces soignants sont fréquemment les premiers recours. Il n'en est rien, les densités épousent les oppositions Nord/Sud déjà observées, les plus faibles densités affectant d'abord l'Afrique, et dans une

Les dépenses de santé dans le monde

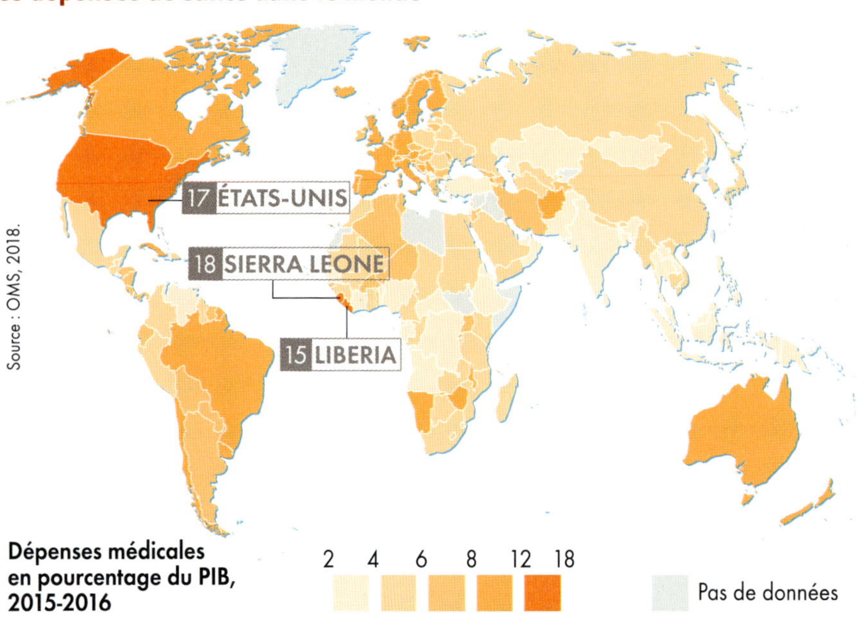

moindre mesure l'Asie et les pays andins. Il est regrettable que les statistiques ne permettent pas de distinguer les infirmiers des sages-femmes, parce que ces dernières concourent au bon suivi des grossesses et de l'accouchement.

On observe à peu près le même dispositif géographique pour les médecins, mais la comparabilité des données est sujette à caution. On est bien loin du seuil minimum de 23 médecins, infirmières et sages-femmes pour 10 000 habitants recommandé par l'OMS ! C'est encore plus vrai pour les dentistes dont la quasi-absence dans plusieurs pays d'Afrique ou d'Asie fait écho aux graves problèmes de santé orale (affectations buccodentaires, des gencives, caries...).

Soigner autrement

Cet examen de l'offre de soins d'inspiration occidentale ne doit pas faire oublier l'existence d'autres propositions thérapeutiques, comme les médecines millénaires chinoises, ou ayurvédiques, qui n'apparaissent pas dans les statistiques officielles. Il faut aussi faire référence aux développements d'offres de soins alternatifs – médecines douces, médecines néo-traditionnelles, phytothérapies, soins inspirés par des groupes charismatiques, des églises dites révélées, etc. – développant leur propre approche, souvent dans des syncrétismes innovants avec la médecine scientifique.

Les recherches anthropologiques menées sur ces mouvements soulignent qu'il ne s'agit pas de choix thérapeutiques par défaut, mais d'une inscription dans des soins correspondant à des modèles de croyance locaux très construits en matière de santé.

> La part des dépenses de santé par rapport au PIB varie dans des proportions considérables, de moins de **2 % au Bangladesh** à **18 % en Sierra Leone**, qui fait figure d'exception en Afrique.

L'offre de soins : où sont les médecins, infirmières et dentistes ?

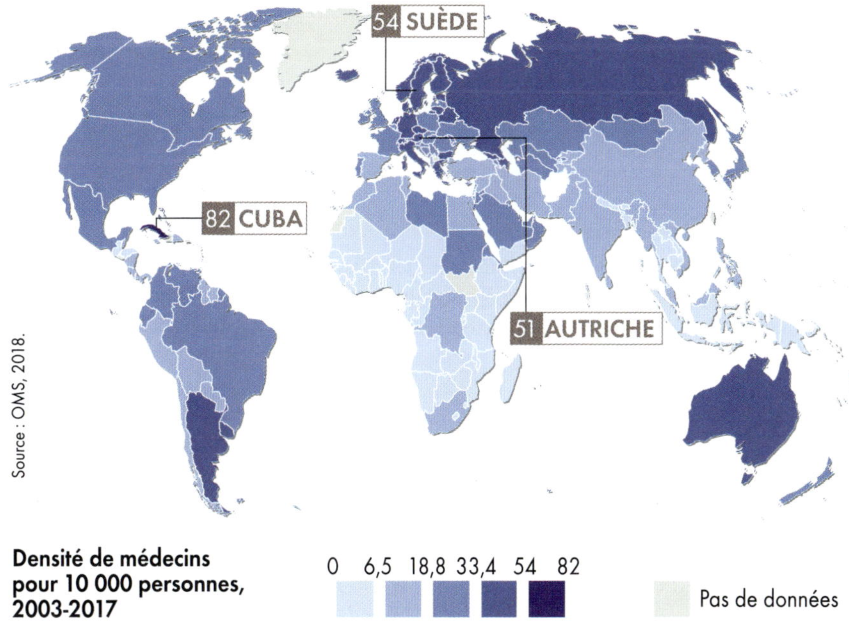

Source : OMS, 2018.

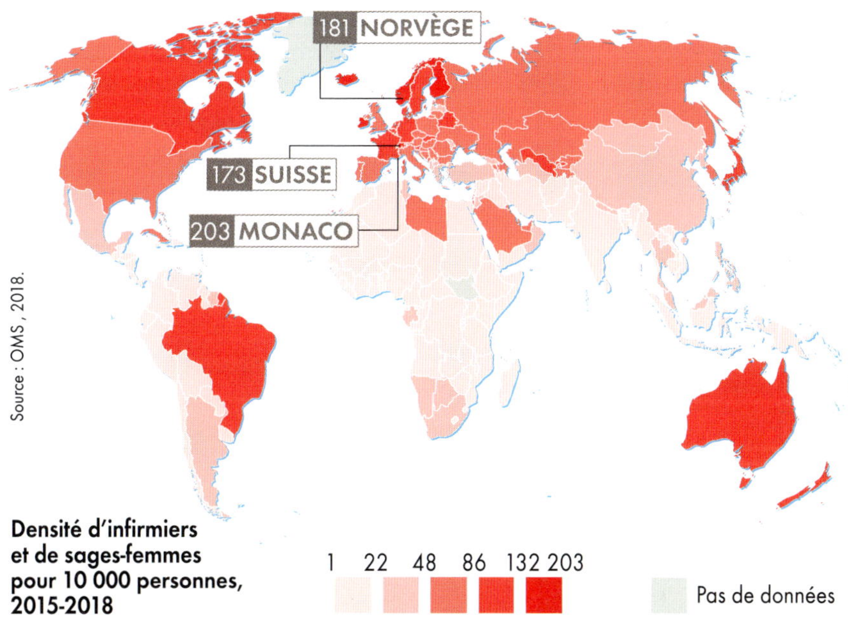

Source : OMS , 2018.

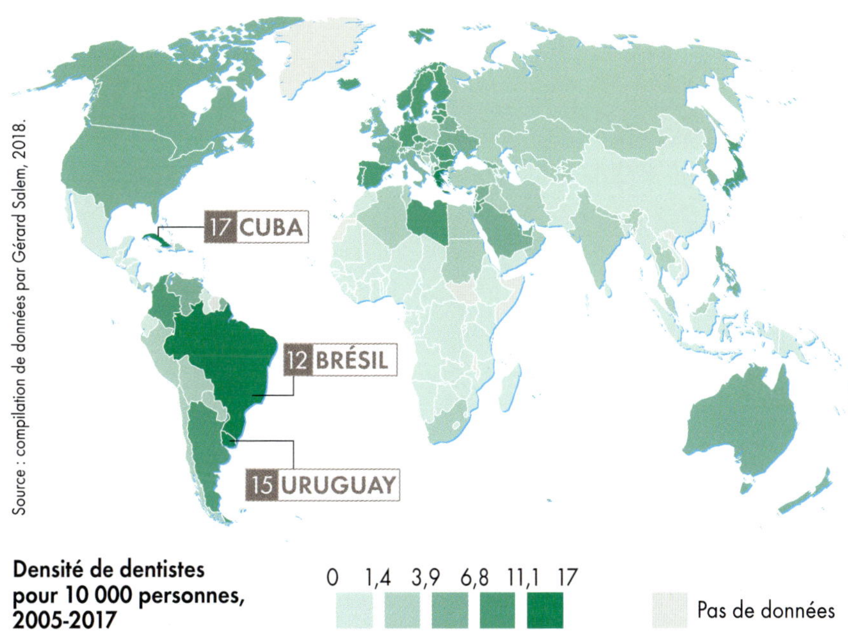

Source : compilation de données par Gérard Salem, 2018.

États-Unis : après Trump, retour à la normale ?

La politique « America First » de l'administration Trump (2016-2020) peut se résumer par l'expression : « mettre les États-Unis au premier rang », consistant à toujours donner la priorité aux intérêts américains. Si l'arrivée à la Maison-Blanche de Joe Biden marque le retour du multilatéralisme et la volonté de réunir les Américains, elle n'atténue pas les rivalités avec la Chine.

Perception des États-Unis dans le monde

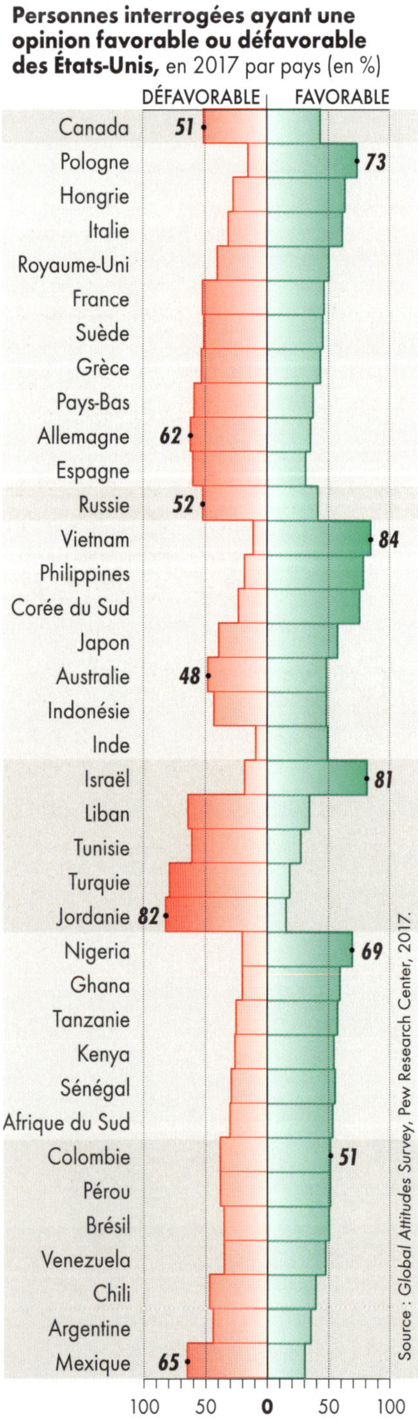

Retour au multilatéralisme ?

La politique étrangère de l'administration Trump (2016-2020) a été qualifiée de transactionnelle, car elle repose sur la négociation de « transactions » (*deals*), révocables et précaires, entre deux intérêts nationaux et une vision à court terme. La volonté de diminuer les coûts financiers de la diplomatie américaine était de plus récurrente, faisant écho à des objectifs de politique intérieure et à la recherche permanente du plébiscite des électeurs américains.

Cette conception des relations diplomatiques a été critiquée pour son caractère impulsif et imprévisible. Elle déstabilise souvent les partenaires historiques des États-Unis, rarement consultés alors qu'ils sont directement concernés par la remise en cause des rapports de force et des fragiles équilibres trouvés jusqu'alors par la communauté internationale. À l'inverse, elle permet de s'affranchir des héritages diplomatiques et de rebattre complètement les cartes des relations internationales. En témoignent la rencontre historique entre Donald Trump et le

Projection militaire

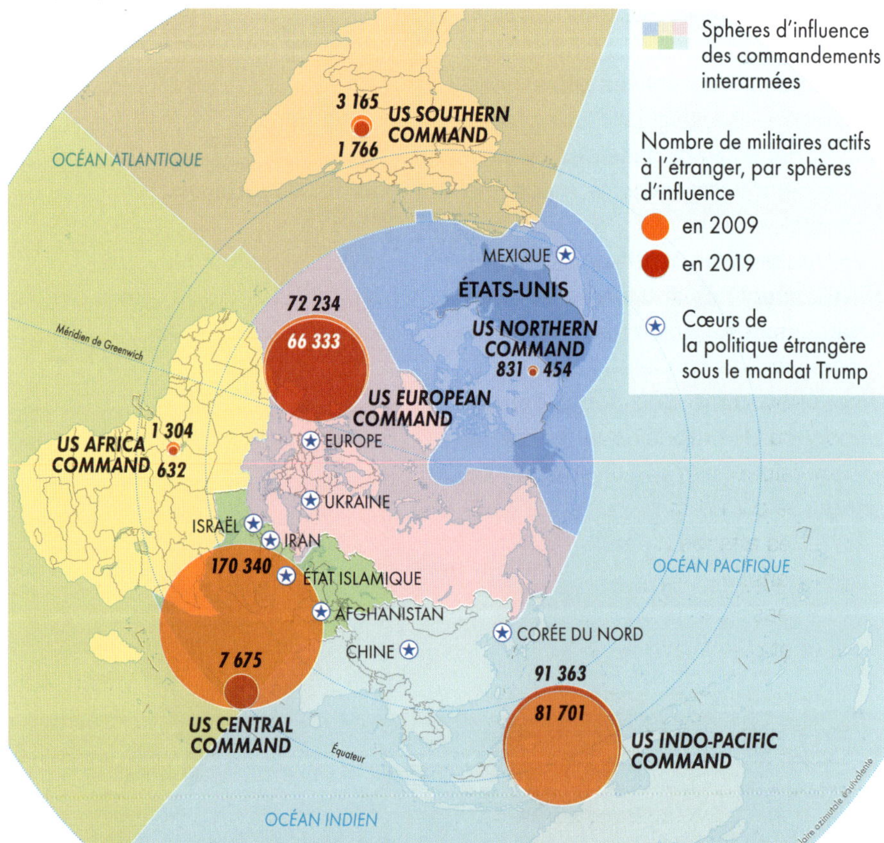

Sources : DoD Personnel, Workforce Reports & Publications, DMDC, 2020 ; Base Structure Report, U.S. Department of Defense, 2020 ; *L'Empire américain*, hors-série Le Monde/La Vie, 2019.

Mobilisations contre les violences policières

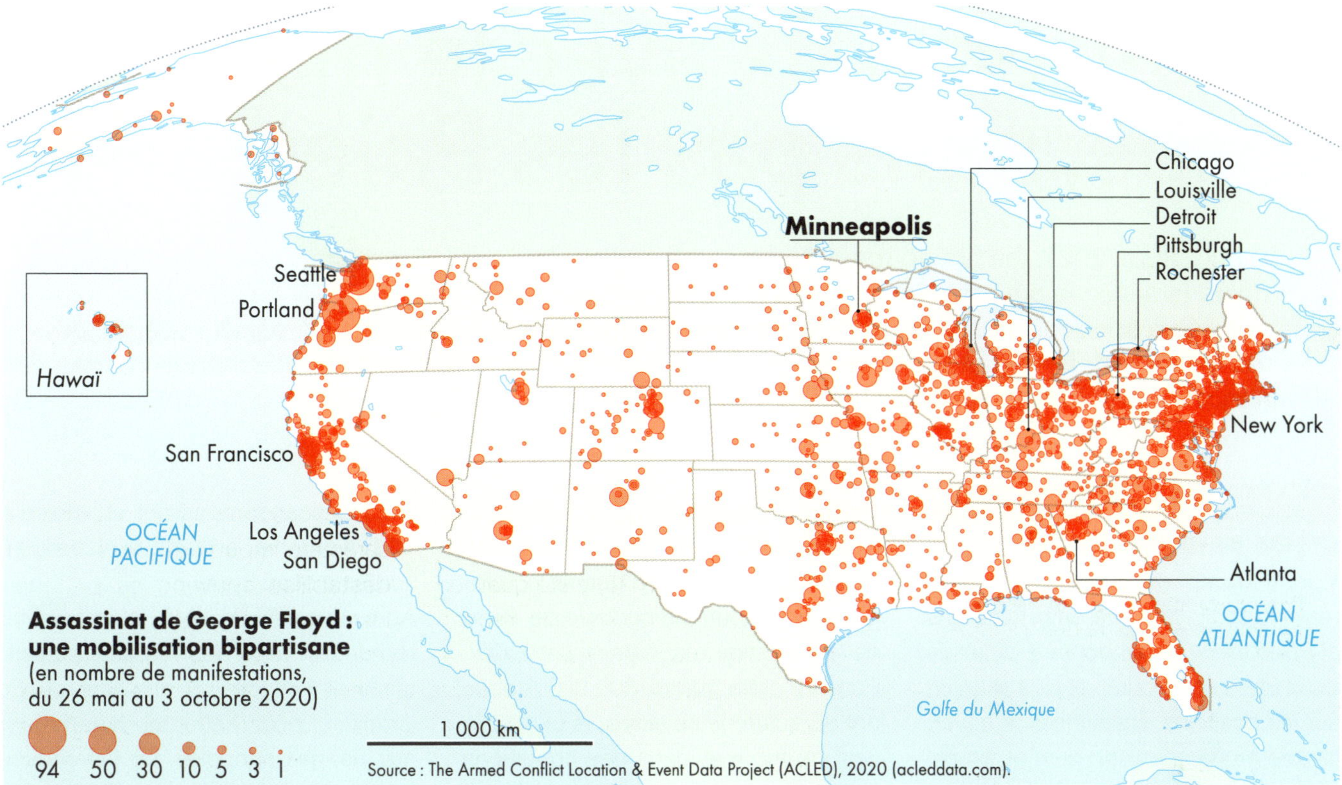

Source : The Armed Conflict Location & Event Data Project (ACLED), 2020 (acleddata.com).

dirigeant nord-coréen Kim Jong-un en juin 2019, la remise en cause d'accords conclus par l'administration Obama, notamment l'accord sur le nucléaire iranien et le traité de Paris sur le climat (COP21) ou le rapprochement avec le gouvernement Poutine en Russie. Si cette attitude a accentué encore plus le poids des États-Unis au sein des relations internationales, elle a aussi généré de fortes oppositions à des décisions perçues comme unilatérales, alimentant l'antiaméricanisme.

Dès son arrivée au pouvoir, Joe Biden a fait le choix du multilatéralisme et de la cause climatique. Il a choisi de réintégrer le traité de Paris et d'engager des négociations avec l'Iran pour relancer l'accord de 2015. Enfin lors d'un voyage en Europe pour les sommets du G7 et de l'OTAN en juin 2021, le président américain a souligné sa volonté d'« un retour de l'Amérique » dans les affaires du monde et de forts liens transatlantiques, tout en rappelant la nécessité de contrer les influences russe et chinoise dans le monde.

Rassembler un pays divisé

Sur le plan intérieur, Joe Biden doit atténuer les divisions du pays que la politique de Trump a exacerbé au cours des quatre dernières années.

La radicalisation de l'opinion aux extrêmes de l'échiquier politique au détriment du centre a rendu difficiles les compromis entre les deux partis et a fragilisé la démocratie américaine. En découle une crispation idéologique autour de sujets clivants, comme le droit à l'avortement, le contrôle des armes à feu ou encore les questions migratoires et raciales. La polarisation conduit à une paralysie de la vie démocratique quand le président ne dispose pas d'une majorité au Congrès : le parti d'opposition tend à bloquer, par principe, tout projet législatif venant de « l'autre camp ».

La démocratie s'est également trouvée fragilisée par la remise en cause incessante des médias par le président Trump. En popularisant l'expression « *fake news* » (« fausse nouvelle »), il a participé au discrédit des journalistes, accusés de partialité lorsqu'ils n'appartiennent pas à des médias d'orientation républicaine. Cela a conduit à théoriser une période de « post-vérité », définie par le dictionnaire Oxford comme « circonstances dans lesquelles les faits objectifs ont moins d'influence pour modeler l'opinion publique que les appels à l'émotion et aux opinions personnelles ». Elle se traduit par une tendance à ne consulter que les sources d'information partisanes et à s'informer en vase clos, renforçant d'autant la polarisation politique.

La lutte contre le racisme systémique s'est aussi imposée sur la scène médiatique américaine en raison de la succession de morts de personnes noires, le plus souvent du fait de bavures provoquées par des policiers blancs. Cette accumulation terrible a fait prendre conscience à une grande partie de l'opinion publique de la permanence du racisme et des discriminations envers les Noirs. Un pic de mobilisation a été atteint à la suite de l'assassinat de George Floyd par un policier blanc, le tout filmé par un passant : le 6 juin 2020, entre 15 et 26 millions de personnes ont manifesté dans les rues de 550 villes pour dénoncer la violence de cette interpellation ayant conduit à une mort par asphyxie.

Le mouvement politique **Black Lives Matter** (« Les vies noires comptent ») est né en 2013 pour dénoncer le racisme systémique envers les Noirs, après l'assassinat d'un adolescent noir, Trayvon Martin, par un voisin le suspectant d'activité criminelle en raison de sa seule couleur de peau.

Israël, en paix avec le monde arabe, mais pas les Palestiniens

Au printemps 2021, les tirs de roquettes du Hamas depuis Gaza contre Israël suivis de 11 jours de riposte israélienne ont rappelé la permanence du conflit israélo-palestinien et l'absence de solution apportée à son règlement depuis plus de 70 ans. Une situation d'autant plus paradoxale qu'au même moment, Israël fait la paix avec plusieurs pays arabes et apparaît dans le monde comme un modèle de réussite dans sa gestion de la Covid-19.

Fin de la solution à deux États ?

Le plan de paix proposé par le président Trump en janvier 2020 pour régler le conflit territorial entre Israéliens et Palestiniens a abandonné le projet de deux États souverains, et en s'alignant sur les positions israéliennes, a ouvert la voie à une annexion pure et simple d'une grande partie de la Cisjordanie.

Proposé par l'ONU en novembre 1947, le plan de partage de la Palestine est d'emblée rejeté par les Arabes, qui le trouvent injuste, notamment car il prévoit de leur octroyer 43 % du territoire contre 56 % pour l'État juif. La proclamation de l'État d'Israël le 14 mai 1948 déclenche la première guerre israélo-arabe qui aboutit au contrôle de 78 % de la Palestine mandataire par Israël. Pendant cette guerre, 800 000 Arabes ont dû quitter leurs terres, le plus souvent de force et dans des conditions relativement planifiées, qu'éclairent aujourd'hui les travaux de certains historiens israéliens. Stipulant le retour de ces réfugiés, la résolution 191 votée en décembre 1948 reste *de jure* d'actualité. Pour l'heure, les survivants et leurs descendants vivent en majorité en Cisjordanie, à Gaza, au Liban, en Jordanie et en Syrie.

Après le conflit de 1948, le nouvel État reprend la terre des réfugiés palestiniens et l'intègre au domaine public israélien, pour l'affecter notamment aux usages agricoles. Or l'étroitesse de la bande côtière où se concentrent populations et activités inquiète les dirigeants israéliens qui souhaitent gagner de la profondeur stratégique. Cela d'autant plus que la bande côtière se trouve en contrebas des montagnes

États arabes reconnaissant Israël

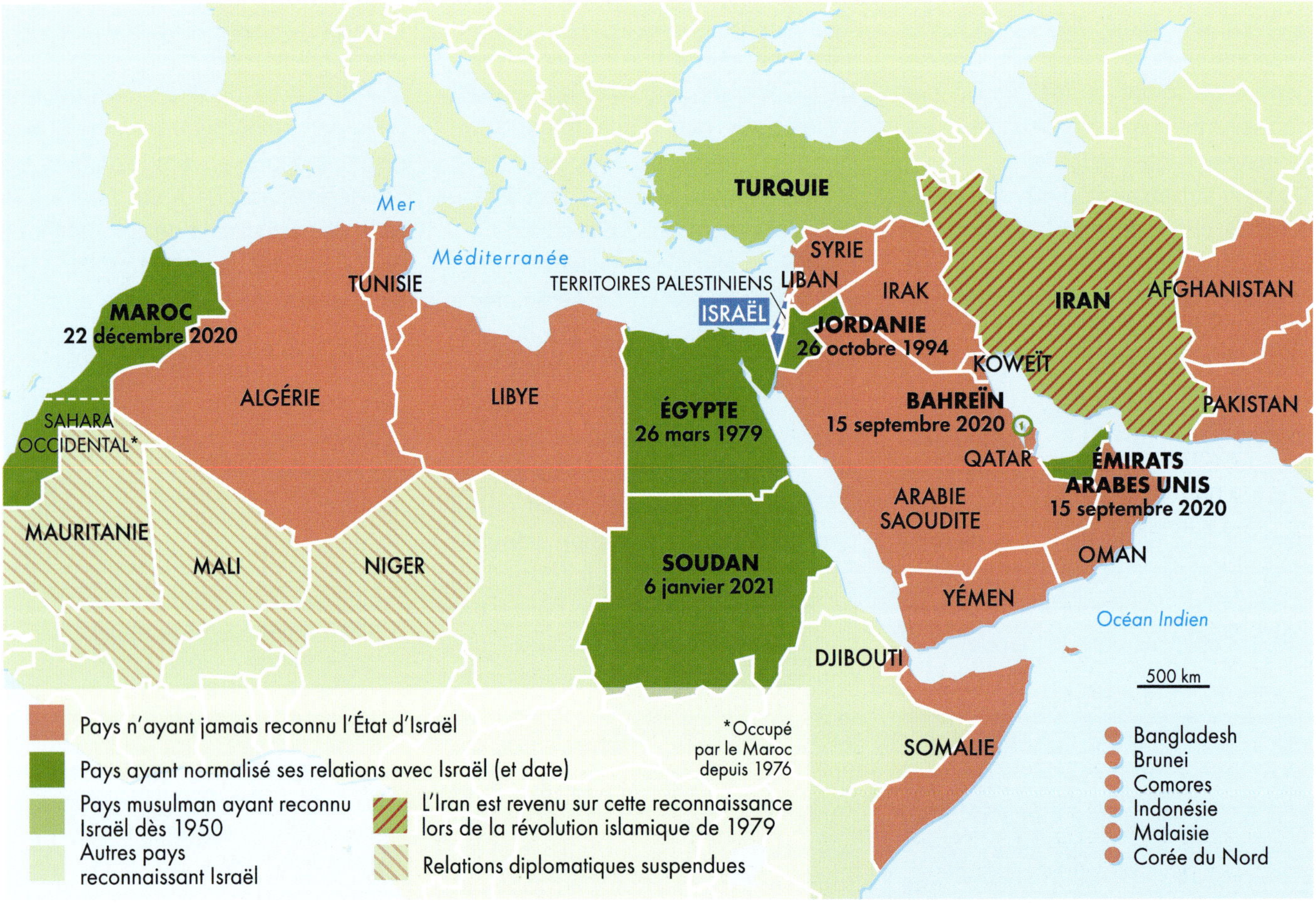

de Cisjordanie et du Golan. L'occasion leur est fournie en 1967 avec le déclenchement de la guerre des Six Jours. Le Golan, la Cisjordanie et la bande de Gaza sont alors conquis : le premier étant annexé en 1981 et la seconde demeurant encore largement sous contrôle, en raison de l'abandon du processus de paix (Accords d'Oslo de 1993) qui a contribué à une accélération de la colonisation de la Cisjordanie. Le nombre de colons y passe de 112 000 en 1993 à plus de 440 000 en 2020. À Jérusalem-Est, ce chiffre est passé de 8 600 en 1972 à 220 000 aujourd'hui. La construction du mur est le dernier avatar d'une politique de sécurisation israélienne jusqu'au-boutiste.

C'est d'ailleurs la mobilisation des habitants palestiniens du quartier de Cheikh Jarrah Jérusalem-Est contre l'expulsion de ses résidents palestiniens décidée par Israël en mars 2021 qui a conduit au cycle d'affrontements entre Israël et le Hamas à Gaza entre le 10 et 21 mai 2021.

Plan de paix de Trump pour la Palestine

Sources : www.peacenow.org ; « Peace to prosperity », janvier 2020.

Une normalisation avec le monde arabe au détriment des Palestiniens

En reléguant le conflit avec les Palestiniens au second plan face à la menace de la nucléarisation de l'Iran, le gouvernement israélien a poursuivi sa politique de fait accompli dans les territoires occupés et progressivement convaincu le monde arabe d'une possible normalisation que l'administration Trump a largement appuyée. Cela a rendu possibles les accords d'Abraham fin 2020 qui ont permis l'établissement de relations diplomatiques avec 4 pays arabes : les Émirats arabes unis, Bahreïn, le Soudan et le Maroc.

Si les Émirats ont officiellement conditionné la normalisation avec Israël au report de l'annexion israélienne de la vallée du Jourdain, leur soutien à la cause palestinienne s'est avéré sans effet dès lors que les affrontements ont eu lieu, d'abord à Jérusalem sur l'esplanade des Mosquées, puis à Gaza. C'est finalement l'Égypte, aidée de la Jordanie, premiers États arabes à avoir signé la paix avec l'État hébreu, et du Qatar, soutien financier du Hamas, qui ont permis l'obtention d'un cessez-le-feu entre Israël et le Hamas. Quant au Maroc, il a arraché aux Américains la reconnaissance de l'annexion du Sahara occidental contre l'établissement de relations diplomatiques avec Israël.

La normalisation avec le monde arabe apparaît donc sans effet sur le règlement du conflit israélo-palestinien. Cela est d'autant plus dommageable que l'Union européenne, désunie sur la question, ne joue plus aucun rôle au Proche-Orient et que les États-Unis de Joe Biden n'ont pas encore véritablement pris position sur la question, sauf en réitérant que la solution à deux États était la seule possible. Sans véritable médiation américaine ou internationale, l'éviction de B. Netanyahou du pouvoir israélien, qu'il occupait depuis 2009, ne marquera donc pas la rupture indispensable dans la gestion du dossier palestinien.

BILAN DES 11 JOURS D'AFFRONTEMENTS (10-21 MAI 2021)

- 232 Palestiniens tués (dont 65 enfants) et 1 900 blessés.
- 12 Israéliens et 355 blessés

L'Iran aux urnes

Le 18 juin 2021, l'Iran a élu un nouveau président de la République, Ebrahim Raïssi. Cet ultraconservateur soutenu par le guide suprême de la Révolution a remporté avec 62 % des voix ce scrutin marqué par une forte abstention. Dans ce pays exsangue en raison des sanctions économiques, quel est le sens à donner à cet événement ? Permettra-t-il de faire aboutir les négociations sur le nucléaire avec les Américains ?

L'Iran, une mosaïque de peuples

Source : CNRS, www.irancarto.cnrs.fr, 2013.

Un pays exsangue

Bien que disposant d'importantes ressources en hydrocarbures, l'Iran est aujourd'hui exsangue. Les sanctions économiques infligées par les Américains quasiment depuis la naissance de la République islamique en 1980 et renforcées en raison de son programme nucléaire par la Communauté internationale ont affaibli le pays en limitant ses capacités commerciales et financières. La signature de l'accord sur le nucléaire du 14 juillet 2015 signé par le président américain Obama augurait des jours meilleurs, mais il a été dénoncé par son successeur Donald Trump, contribuant à la dégradation de la situation économique du pays. L'inflation y est galopante et frôle les 40 %, tandis que le chômage est en forte hausse et atteint 12 % selon les chiffres officiels sous-estimés. Les 80 millions d'Iraniens vivent de la débrouille pour s'en sortir, manifestent, dès que faire se peut, au risque de subir la répression du régime, comme en 2018 et 2019.

Cette crise économique a été aggravée par la pandémie de Covid-19, dont le pays a connu quatre vagues de contamination, occasionnant quelque 83 000 morts. Fin juin 2021, à peine 5 % de la population iranienne avait reçu une dose de vaccin d'origine russe ou chinoise.

Après deux mandats de Hassan Rohani, un religieux modéré partisan de plus de libertés individuelles et promoteur de l'accord sur le nucléaire de 2015, l'élection de l'ultraconservateur Ebrahim Raïssi marque le raidissement du régime et la reprise en main de tout l'espace politique par les conservateurs, en cette période de crise économique et sociale. Ce proche du guide suprême, chef de l'autorité judiciaire depuis 2019, est un conservateur connu pour son rôle dans le massacre de prisonniers politiques à la fin des années 1980, et pour sa répression du mouvement vert lors de la réélection contestée de Mahmoud Ahmadinejad à la présidentielle de 2009, et de la plupart des manifestations contre le régime. Dans ce contexte, et alors que le choix des sept candidats avait été soigneusement verrouillé par le régime, l'on comprend qu'une majorité d'Iraniens, notamment les jeunes, étaient sans illusion et aient choisi l'abstention. Selon les résultats diffusés par le ministère de l'Intérieur, celle-ci atteint 51,2 %, un record pour une présidentielle, tandis que près de 3,7 millions de bulletins blancs ou nuls ont été recensés.

L'enjeu du nucléaire

De toute façon, au vu de la situation économique du pays, l'enjeu principal aujourd'hui pour le régime est l'accord sur le nucléaire que l'administration américaine de Joe Biden au pouvoir depuis janvier 2021 cherche à relancer. Des négociations ont été ouvertes à Vienne en avril 2021 entre les diplomaties des deux États pour remettre sur des rails le « plan d'action global commun » (JCPOA, selon son acronyme anglais), conclu en 2015 pour empêcher Téhéran de se doter de l'arme nucléaire en échange de la levée des sanctions économiques et financières.

La finalisation d'un accord est vitale pour l'Iran, mais aussi pour les États-Unis de Biden qui voudrait tourner la page Trump au Moyen-Orient et y favoriser la stabilité.

LIBERTÉ POUR FARIBA !
LIBERTÉ POUR LA RECHERCHE !

Arrêtée en Iran en juin 2019, la chercheuse **Fariba Adelkhah** désignée en 2020 « Femme scientifique de l'année » reste toujours assignée à résidence à son domicile, condamnée à cinq ans de prison pour « collusion en vue d'attenter à la sûreté nationale ». Une sentence révoltante dénoncée par la France et la communauté universitaire et scientifique.

Géopolitique de l'Iran

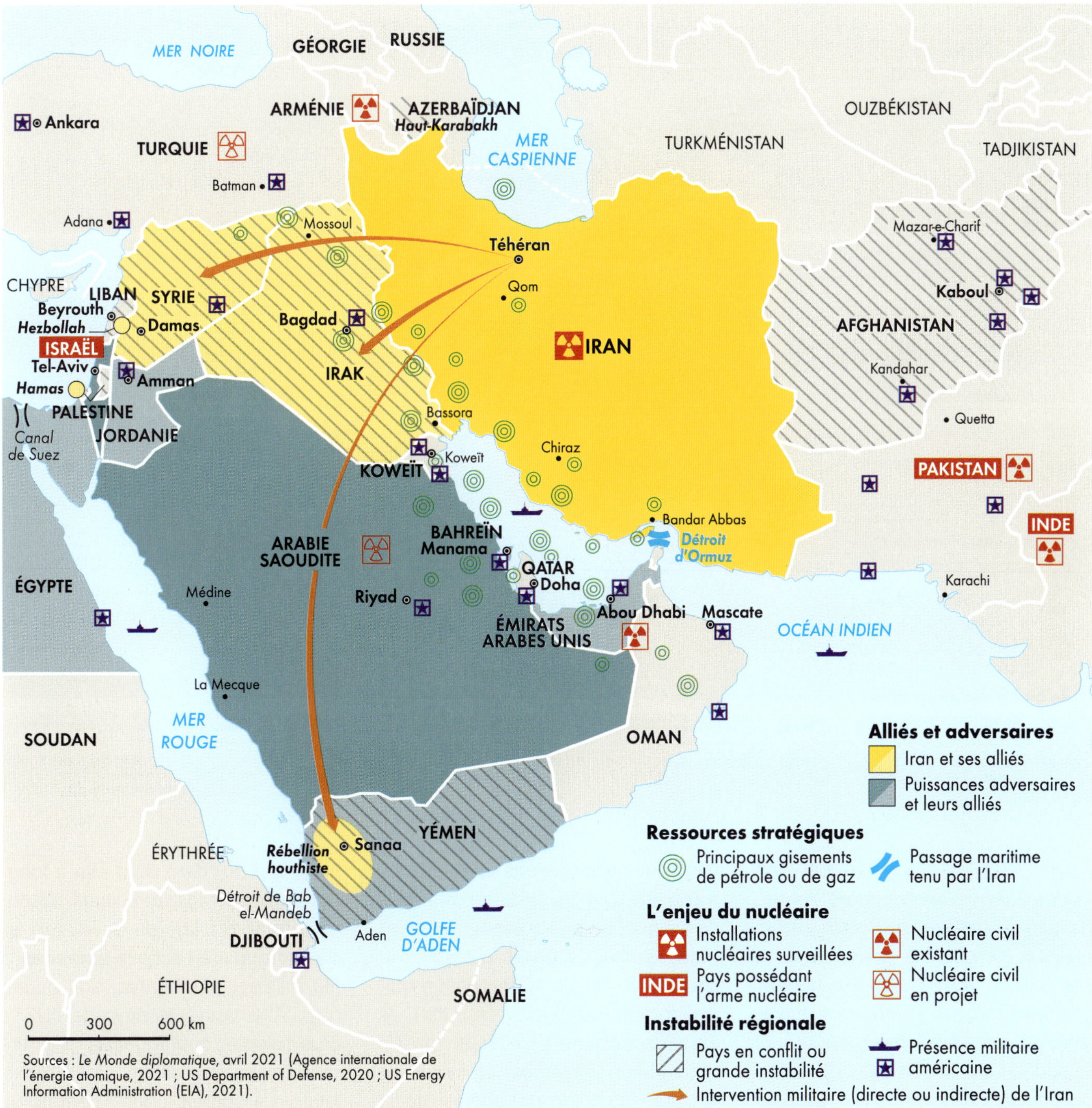

Sources : *Le Monde diplomatique*, avril 2021 (Agence internationale de l'énergie atomique, 2021 ; US Department of Defense, 2020 ; US Energy Information Administration (EIA), 2021).

La Turquie sur tous les fronts

L'implication de la Turquie dans le conflit syrien ou au Haut-Karabakh, les tensions croissantes en Méditerranée orientale montrent les velléités de puissance de la Turquie. Cette posture est le résultat du rejet par la plupart des membres de l'UE de son intégration européenne, par un projet qui la tire vers son espace historique du Moyen-Orient et par les choix politiques du leader turc, Erdogan, au pouvoir depuis 2003.

La Turquie dans le jeu régional

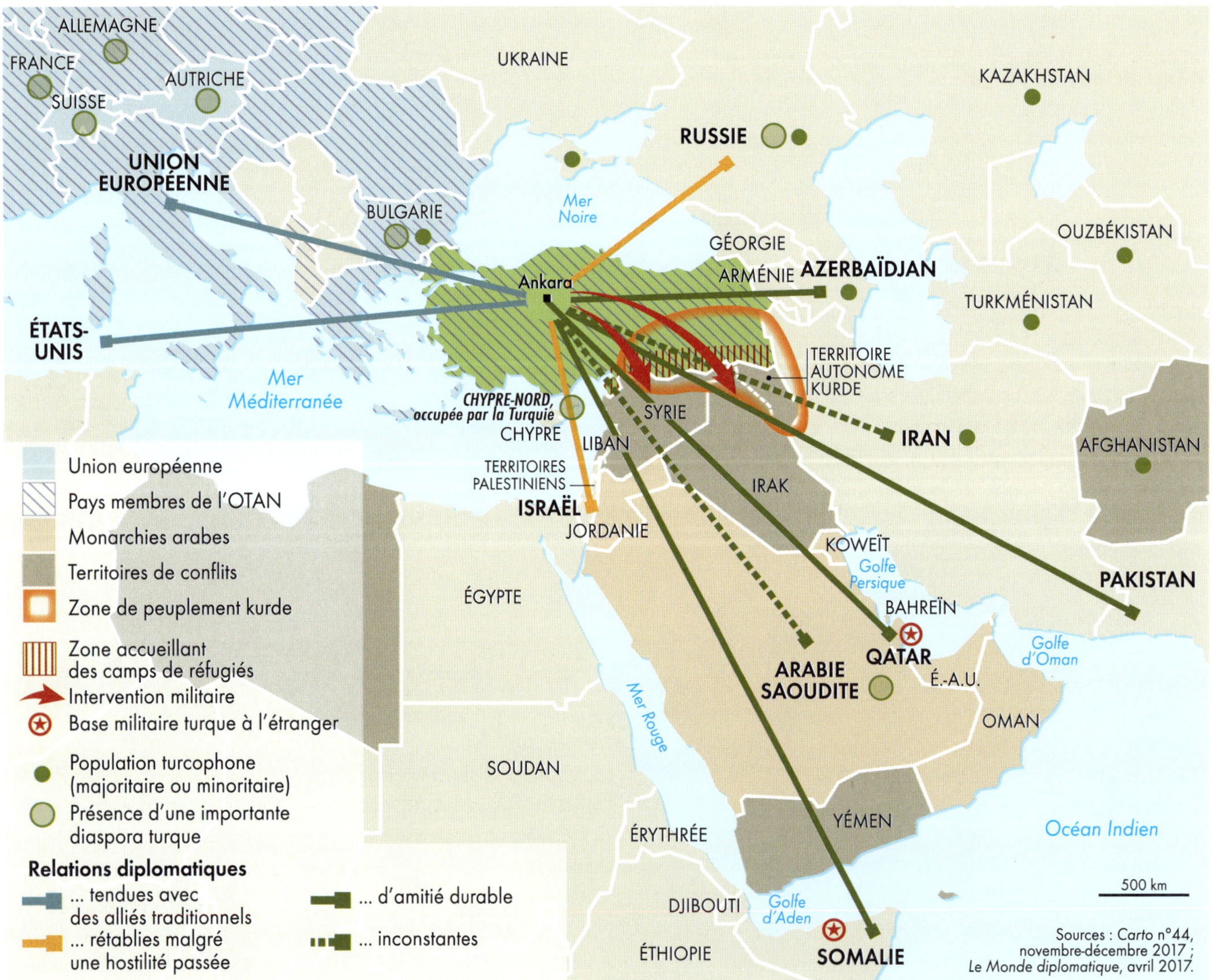

Pont entre Europe et Asie

Située à cheval entre Europe et Asie, de part et d'autre du Bosphore qui marque la frontière entre les deux continents, la Turquie peut justifier une appartenance européenne et prétendre à une adhésion européenne. Si le soutien à une candidature turque s'est progressivement étiolé, c'est en raison des divergences européennes à son égard, mais aussi de projets et choix politiques hasardeux, incompatibles avec le projet européen et sources de tensions. Reconnue officiellement candidate en 1999, la Turquie a d'emblée suscité de vifs débats, non seulement en raison de Chypre, dont elle occupe la moitié nord, des Kurdes, dont elle a longtemps renié l'identité, mais essentiellement du fait du poids de sa démographie à l'échelle européenne (82 millions d'habitants, soit autant que l'Allemagne, le pays de l'UE le plus peuplé) conjuguée à l'identité musulmane majoritaire de sa population. Le contexte des attentats du

La formation du territoire turc

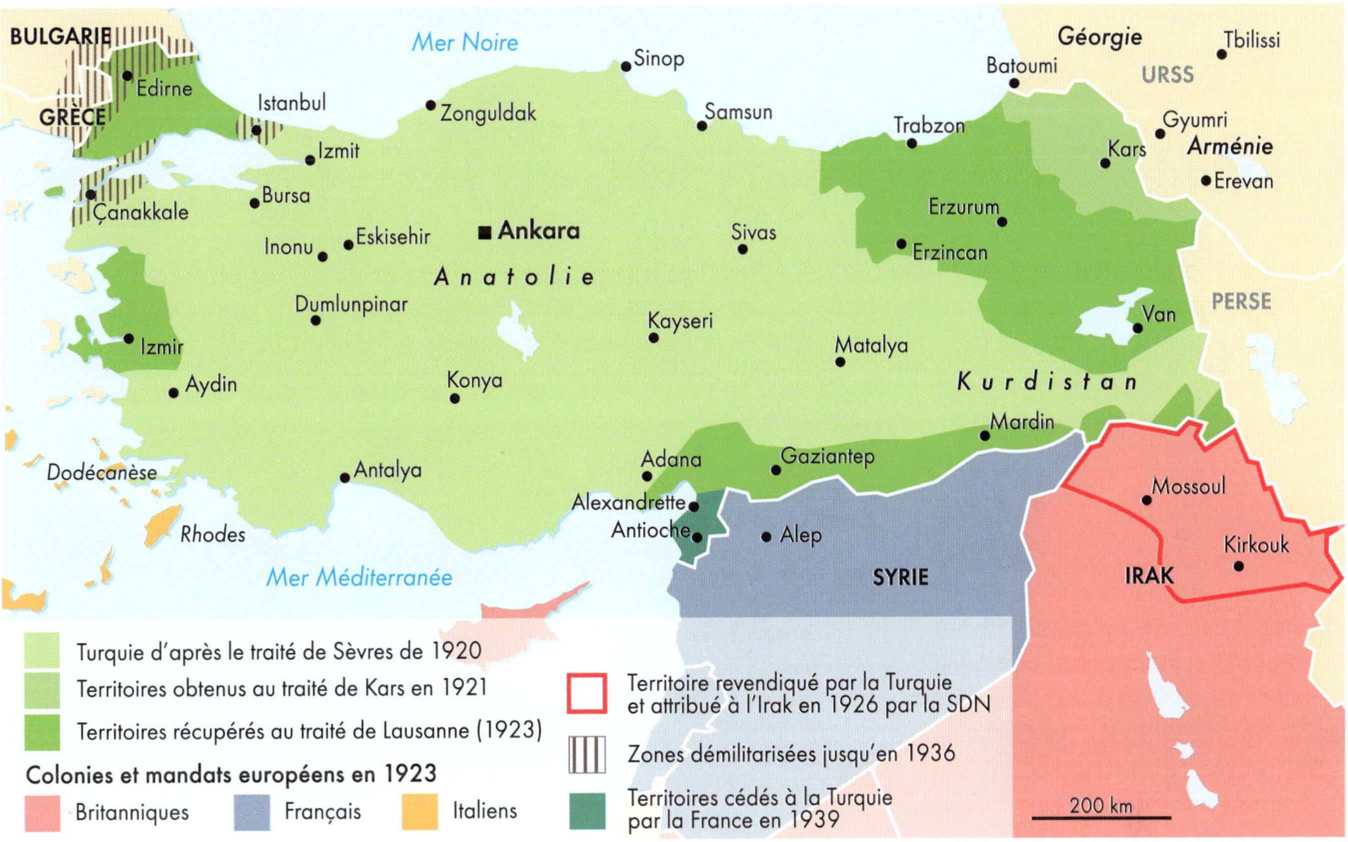

11 septembre 2001 a sans aucun doute joué en sa défaveur et renforcé les amalgames, parmi les opinions publiques européennes, entre islam et islamisme. Il conduit dès 2007 au blocage des négociations par la France et l'Allemagne. Cette situation engage alors la Turquie sur une politique étrangère « néottomane », réorientée vers l'Asie centrale et les peuples turcophones et surtout le Moyen-Orient, dont la Syrie voisine.

Une posture « néo-ottomane » ?

Alors que la Turquie contemporaine avait entretenu des relations délétères avec l'Irak et la Syrie, le pouvoir de l'AKP lance la « diplomatie du zéro problème avec ses voisins », définie par Ahmed Davutoglu alors ministre des Affaires étrangères. Cette diplomatie aussi qualifiée de « néo-ottomane » débouche à partir de 2007 sur plusieurs accords de coopération avec la Syrie. Après le déclenchement de la révolution syrienne en 2011 rapidement transformée en guerre civile, la Turquie se retrouve dans le camp opposé à Bachar el-Assad, prenant fait et cause pour les secteurs islamistes de l'opposition syrienne, à l'exception de Daech qu'Ankara a finalement décidé de combattre. Fin 2013, l'objectif prioritaire de la Turquie en Syrie vise à réduire à néant le séparatisme kurde, dès lors que les hostilités ont repris entre le gouvernement et le Parti des travailleurs du Kurdistan (PKK). Dans ce contexte, les opérations militaires turques en Syrie donnent souvent l'impression que la Turquie cherche moins à abattre Daech que les indépendantistes kurdes. Son implication dans le conflit syrien l'a poussée à un rapprochement avec la Russie et l'Iran.

L'influence de la Turquie s'étend aussi au Golfe et à l'Afrique, où elle a tissé des liens privilégiés politiques et commerciaux notamment avec le Maroc, le Soudan, le gouvernement de transition libyen. Mais c'est sans doute avec le Qatar que le rapprochement s'est avéré le plus spectaculaire. Il a abouti à l'ouverture en 2015 d'une base militaire à Doha, la première base militaire permanente de la Turquie hors de ses frontières. Les deux pays partagent des intérêts communs, qu'il s'agisse du soutien à la résistance palestinienne, aux Frères musulmans, et une approche diplomatique reposant sur la médiation et le dialogue avec toutes les catégories d'acteurs. Ce rapprochement avec le monde arabe et son soutien à la cause palestinienne a d'ailleurs contribué à la rupture de ses relations diplomatiques avec son allié israélien entre 2010 et 2016. En Méditerranée orientale, la découverte de gisements de gaz a provoqué des tensions avec la Grèce et Chypre. Enfin, dans le Caucase, son soutien à l'Azerbaïdjan dans le contentieux du Haut-Karabakh a permis la victoire de son allié face à l'Arménie.

Rejet occidental ?

Cette politique étrangère reflète également la politique intérieure turque depuis le coup d'État manqué de juillet 2016 et le référendum constitutionnel de 2017 qui ont transformé la République en régime semi-présidentiel à l'autoritarisme très marqué.

Avec un PIB de 717 Mds USD en 2020, la Turquie est la **19e puissance** économique mondiale, juste derrière l'Arabie saoudite (18e).

L'Écosse, bientôt indépendante ?

La sortie effective du Royaume-Uni de l'Union européenne le 1er janvier 2021, après 47 ans de coopération intense, marque une rupture non seulement pour les institutions européennes, mais aussi pour l'union des peuples vivant sur les îles britanniques. À l'issue des élections régionales en Écosse en mai 2021, les indépendantistes appellent à l'organisation d'un nouveau référendum d'autodétermination.

Désunion de l'Union britannique

Au sein du Royaume-Uni, le Brexit fragilise l'unité de ce pays bâti par l'incorporation autour de la couronne d'Angleterre de trois autres nations : les Gallois (1535-1542), les Écossais (1707) et les Nord-Irlandais (1801). Le drapeau britannique, l'Union Jack souligne parfaitement la construction politique de l'État et son caractère multinational. Il superpose en effet les croix de Saint-Georges (anglaise), Saint-André (écossaise) et Saint-Patrick (irlandaise).

Le Brexit contribue à renforcer les clivages identitaires de cet État multinational, que ce soit en Irlande du Nord ou en Écosse, deux territoires britanniques qui ont majoritairement voté contre. Au terme d'un accord de 1300 pages signé le 24 décembre 2020 qui règle les nouvelles relations entre l'Union européenne et le Royaume-Uni, un protocole annexe permet de préserver la frontière « ouverte » entre l'Irlande du Nord et la République irlandaise, car elle est un gage de paix depuis les accords de 1998 scellés entre catholiques et protestants de l'Ulster. Sauf que le maintien de l'Irlande du Nord dans le marché intérieur, alors que des contrôles douaniers entre la région et le Royaume-Uni ont été introduits dans les ports nord-irlandais, a conduit début avril 2021 à une série de troubles violents entre unionistes (protestants partisans du maintien dans l'État britannique) et républicains (catholiques irlandais), notamment à Belfast.

Quant à l'Écosse, où la dévolution de 1999 rétablissant un parlement écossais a conduit à l'accession au pouvoir local du parti nationaliste écossais (SNP), le Brexit a été massivement rejeté en 2016 par 62 % des Écossais.

La nation écossaise

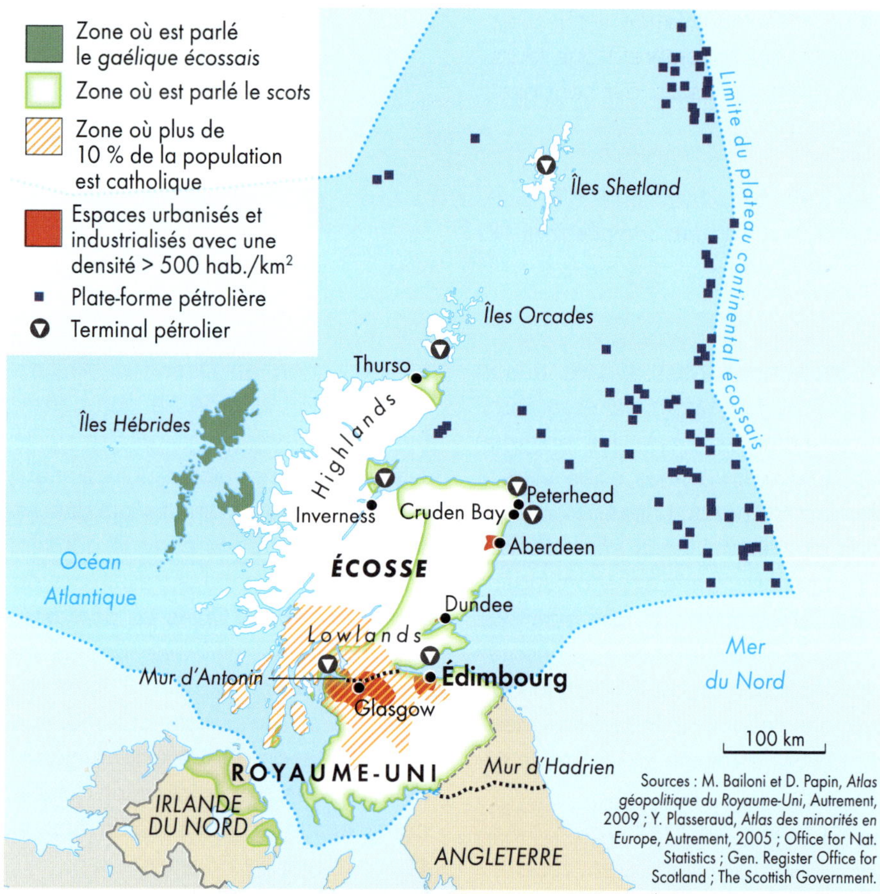

Sources : M. Bailoni et D. Papin, *Atlas géopolitique du Royaume-Uni*, Autrement, 2009 ; Y. Plasseraud, *Atlas des minorités en Europe*, Autrement, 2005 ; Office for Nat. Statistics ; Gen. Register Office for Scotland ; The Scottish Government.

	Royaume-Uni		Écosse
Superficie (km²)	228 945	34,0 %	77 933
Population (nb d'hab.)	66 796 807	8,2 %	5 463 300
PIB (milliards d'euros)	2 526	7,7 %	195

Le renouveau du nationalisme écossais

Plusieurs facteurs peuvent expliquer le renouveau du nationalisme en Écosse, comme ailleurs en Europe (Catalogne, Flandres, Corse...). Il s'agit d'abord de l'existence d'un certain nombre d'éléments communs : un territoire bien identifié (les Highlands, Lowlands, îles Orcades, Hébrides et Shetland), une culture celte, distincte de celle des Anglais, une histoire singulière marquée par les affrontements avec les Anglais, des institutions spécifiques : Église d'État, système judiciaire basé sur la coutume du droit écrit, système d'éducation, et un certain poids démographique (5,4 millions d'habitants). La deuxième dynamique qui permet d'expliquer l'affirmation du mouvement nationaliste écossais est économique. La découverte de pétrole en mer du Nord a contribué à revitaliser le mouvement autonomiste écossais, sachant qu'une Écosse indépendante disposerait d'un accès sans partage aux ressources en hydrocarbures. Le différentiel économique entre l'Écosse et le reste du pays conduit à l'apparition d'un sentiment de « victimisation » chez les habitants, qui considèrent que leurs propres ressources ne leur sont pas, ou peu bénéfiques.

Enfin, la valorisation par l'Union européenne de l'échelon régional a aussi favorisé le renouveau identitaire des régions européennes, dont l'Écosse. Charte européenne d'économie locale, développement de la coopération transfrontalière, ou politique régionale, la mise en place par l'Union européenne de relations directes avec les collectivités territoriales en a fait des acteurs importants des politiques européennes et leur a donné une visibilité accrue. Bruxelles héberge depuis 1994 un Comité des régions, organe consultatif composé de représentants des autorités régionales et locales d'Europe. L'UE apparaît dès lors une alliée, capable de proposer une tutelle plus flexible que celle des États. D'ailleurs, bon nombre de régions européennes ont ouvert à Bruxelles des délégations, afin de défendre leurs intérêts, parfois contre leur propre État d'origine. L'on comprend dès lors que l'opposition au Brexit fut plus marquée en Écosse qu'en Angleterre.

La victoire du camp nationaliste

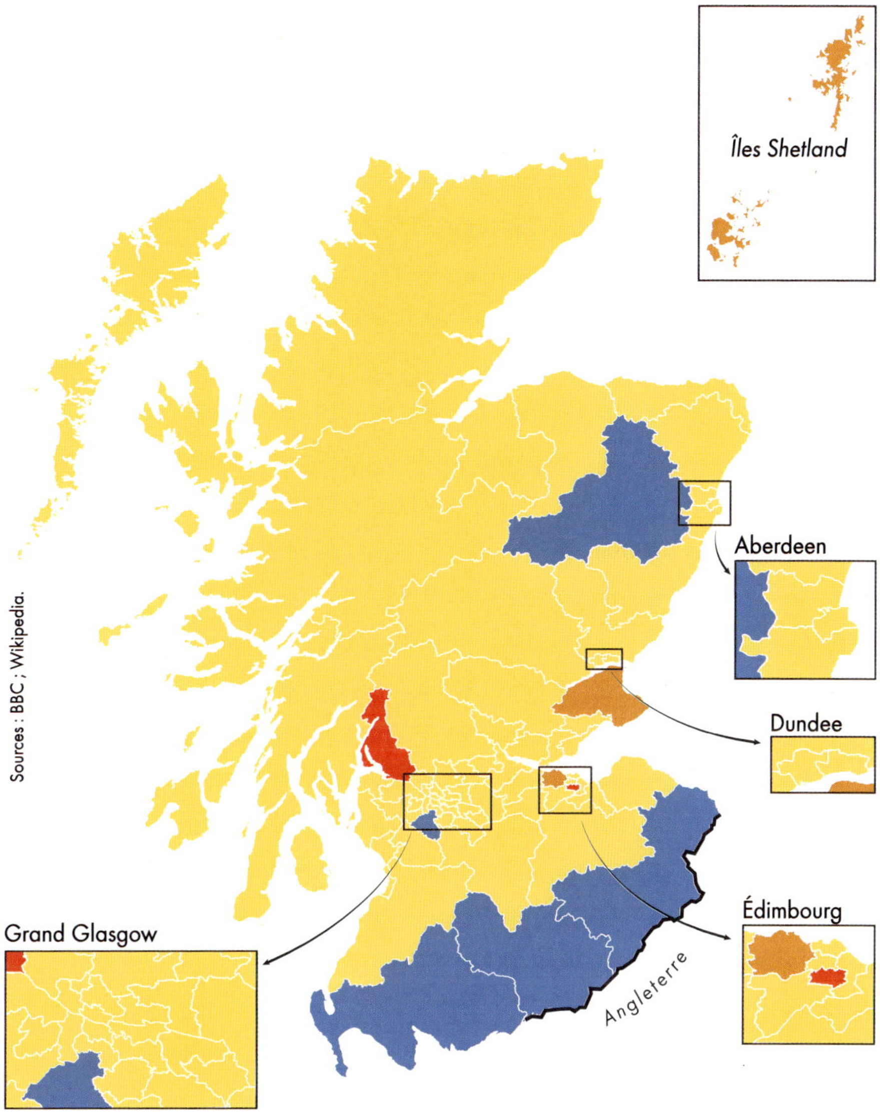

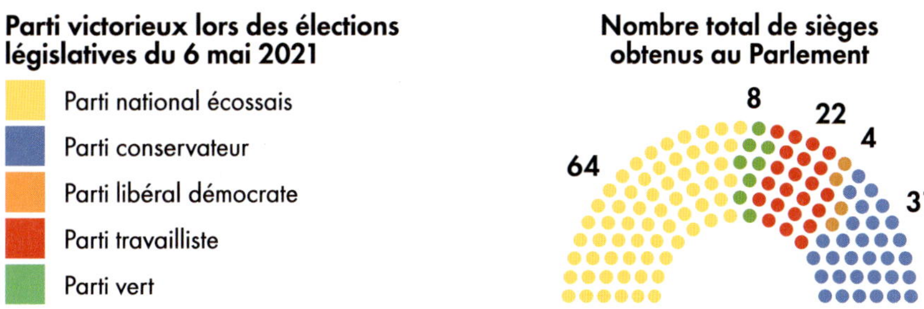

Vers une nouvelle consultation ?

La victoire du SNP (Scottish National Party) aux élections locales de mai 2021 pourrait donc conduire à l'organisation d'un nouveau référendum sur l'indépendance, après celui avorté de 2014. Bien que le SNP ne dispose pas de la majorité absolue (mais à une voix près), ils peuvent compter sur le soutien de leur allié écologiste sur la question de l'autodétermination et ainsi chercher à se passer de l'avis du gouvernement britannique, seul à même de l'organiser.

Depuis le Brexit, l'avenir du Royaume uni semble donc remis en question autant par les revendications indépendantistes des Écossais que les velléités de réunification des Irlandais, partagées, selon un sondage effectué en janvier 2021, par plus de la moitié des habitants des deux régions.

62% DES ÉCOSSAIS
ont voté en 2016 pour le maintien dans l'UE et donc contre le Brexit.

La Biélorussie sur le chemin de la démocratie ?

La Biélorussie, ou Bélarus, est un pays enclavé de 207 000 km² qui apparaît comme une zone tampon entre l'Union européenne à l'ouest et la Russie à l'est. Devenu indépendant en 1990, cet État composé de 10 millions d'habitants, dont la majorité sont des Slaves orientaux, fut l'une des républiques fondatrices de l'URSS avec la Révolution d'octobre 1917, et est dirigé depuis 1994 par Alexandre Loukachenko.

La dernière dictature d'Europe

Élu démocratiquement en 1994 malgré un scrutin empreint d'irrégularité, Alexandre Loukachenko fait modifier la Constitution en 1996 pour pouvoir se faire réélire sans discontinuer. Le régime devient alors un État autoritaire permettant sa réélection dans un climat de terreur en 2001, 2006, 2010, 2015 et 2020.

C'est que la politique de Loukachenko se construit, malgré l'indépendance, dans l'étroite lignée de la politique soviétique. Ancien chef d'un sovkhoze, les fermes d'État créées par Staline après 1929, la nostalgie de la période soviétique structure l'ensemble de la propagande d'État, à commencer par son drapeau. Alors qu'en 1990, le drapeau choisi – blanc et rouge – fut celui de l'éphémère république de 1918 à 1919, le dictateur réintroduit dès sa prise de pouvoir le drapeau soviétique, composé de vert et de rouge, supprimant seulement la faucille et le marteau. La nostalgie ne se réduit pas aux symboles. Elle structure en réalité l'ensemble des rapports économiques et sociaux. Contrairement aux anciennes démocraties populaires, le régime a ainsi fait le choix de conserver une économie très dirigiste, avec des industries d'État, ce qui permet de maintenir un haut niveau d'emploi avec des salaires plus élevés qu'ailleurs. De même, la politique de contrôle des populations et le refus des libertés démocratiques et des droits de l'homme empruntent à la dialectique marxiste : Loukachenko n'hésite pas à s'afficher fusil à la main, faisant peser la menace d'un spectre révolutionnaire venu de l'étranger ou des citoyens corrompus. Le pluralisme est quasi-inexistant en raison de l'emprisonnement des opposants, de la répression des manifestations démocratiques et de l'encadrement de la population du fait de la surveillance opérée par le KGB qui a été conservée. Les plus jeunes sont d'ailleurs embrigadés dans des organisations comme l'Union de la jeunesse républicaine biélorusse, créée pour promouvoir l'identité biélorusse et souvent qualifiée de « Loukamol » par ses détracteurs, en référence à l'organisation du Komsomol pendant la période soviétique.

Sur le plan international, et malgré une rhétorique visant à glorifier l'indépendance, le pays reste étroitement lié à la Russie. Il faut dire que les industries, vieillissantes, souvent peu rentables, restent largement subventionnées par l'État (on estime que 7 % de son PIB sert à renflouer ces usines) et ne fonctionnent encore que parce qu'elles sont alimentées par

La Biélorussie, entre Russie et Pologne

Un pays sous influence russe

le pétrole et le gaz russe à des prix défiant toute concurrence. Ce sont ces sources d'énergie peu coûteuses qui permettent au régime de chauffer et nourrir la population, et par conséquent qui permettent de faire accepter un compromis : la sécurité en échange des libertés politiques. Si la Fédération de Russie consent à pratiquer cette politique, c'est aussi qu'elle en tire un avantage géopolitique : la Biélorussie est ainsi un glacis qui protège son territoire de l'Union européenne et de l'OTAN.

Vers une révolution démocratique ?

Malgré l'autoritarisme du régime, un souffle démocratique semble naître en Biélorussie lors des élections présidentielles d'août 2020. Quelques mois avant le scrutin, le régime arrête Viktar Babaryka, le principal opposant. Contrainte de s'organiser dans l'urgence, l'opposition se structure alors autour de Svetlana Tikhanovskaïa, l'épouse du blogueur Sergueï Tikhanovski, emprisonné lui aussi pour avoir assimilé Loukachenko à un cafard, reprenant à son compte un conte populaire, où un cafard est écrasé par une pantoufle. Le soir des résultats, en dépit des tentatives du régime de faire taire l'opposition, la foule descend dans les rues armée de simples rubans. C'est le début de la « révolution des pantoufles ». Le mouvement s'étend rapidement malgré l'ampleur de la répression orchestrée par le régime. Depuis, les mouvements se multiplient et le pays est mis au ban de la communauté internationale, seulement soutenu par la Russie et la Chine.

Plusieurs raisons sont susceptibles d'expliquer ce tournant : les difficultés économiques se sont renforcées, notamment du fait de la récession russe, conduisant à une inflation galopante. La gestion de l'épidémie de coronavirus est également considérée par les observateurs comme une erreur stratégique : aucune mesure de confinement n'a été réellement prise. Cela a certes permis de faire connaître le championnat de football biélorusse, qui fut pendant des mois la seule possibilité de jeu pour les parieurs du monde entier (les autres championnats étant arrêtés), mais a conduit à fragiliser le pacte social sur lequel se construit le régime. Enfin, Loukachenko a sans doute commis une autre erreur en permettant à Svetlana Tikhanovskaïa de se présenter aux élections présidentielles et qui est devenue en quelques mois l'égérie de la démocratie.

Au printemps 2021, la situation reste confuse : d'un côté, le régime appuyé par Moscou poursuit sa politique de répression, n'hésitant pas à détourner un avion de ligne pour arrêter un opposant, le journaliste Roman Protassevitch ; de l'autre l'opposition ne désarme pas et bénéficie du soutien d'une grande partie de la communauté internationale puisque des dissidents ont pu déposer plainte en Allemagne pour crime contre l'humanité.

Un seul élément semble certain : Loukachenko, chantre de l'indépendance en 1991, a perdu son pari. Son pouvoir ne dépend plus que de Moscou.

FELIX DZERJINSKI (1877-1926)

Le fondateur de la police secrète soviétique, ancêtre du KGB, a une statue de 10 tonnes inaugurée en 2006 en son honneur à Minsk, après que son nom a déjà servi à nommer la plus haute colline du pays.

L'Allemagne aux urnes sans Merkel

Le 26 septembre 2021, l'Allemagne vote pour renouveler les membres du Bundestag (parlement fédéral). À l'issue de ce vote sont désignés le chancelier et le gouvernement allemand. Ce scrutin se déroule dans un contexte particulier, puisque la chancelière sortante, Angela Merkel, au pouvoir depuis 2005, ne se représente pas, et que le parti d'extrême droite, Alternative für Deutschland (AfD) gagne du terrain.

Un scrutin complexe

Régime parlementaire, l'Allemagne dispose de deux chambres : le Bundestag, chambre fédérale élue tous les quatre ans, et le Bundesrat, qui rassemble les représentants des États fédérés, les Länder.

Les députés du Bundestag sont élus au suffrage universel, selon un mode de scrutin particulier, le scrutin à compensation proportionnelle. La moitié des députés est ainsi élue au scrutin majoritaire uninominale à un tour, tandis que l'autre l'est au scrutin proportionnel plurinominal. Concrètement, les Allemands votent donc pour un candidat représentant leur canton (Wahlkreis) et une liste (un parti politique). À l'issue du vote, les 598 sièges du Bundestag sont répartis proportionnellement au pourcentage des voix exprimées pour chaque parti politique, dès lors qu'ils ont recueilli plus de 5 % des suffrages au niveau national ou dans au moins trois circonscriptions. Avec ce système, il arrive qu'un parti remporte plus de sièges au scrutin majoritaire que de votes à la proportionnelle. Il peut conserver ces mandats, mais dans ce cas des mandats supplémentaires sont octroyés aux autres partis, afin de les compenser et conserver la proportionnalité du scrutin. Résultat, une législature peut compter plus que les 598 députés théoriques ! Ainsi, l'assemblée fédérale sortante comptait 709 députés, soit 111 de plus que la normale.

Après son élection, il revient au Bundestag d'élire, à bulletin secret et à la majorité absolue, le ou la chancelière sur proposition du président de la République.

Fin de l'ère Merkel

Ces élections sont marquées par l'absence d'Angela Merkel, chancelière depuis 2005, qui a choisi de ne pas se représenter, en raison des critiques qu'a notamment suscitées sa politique d'ouverture aux migrants venus de Syrie et d'Irak en 2015. La décision d'ouvrir les frontières de l'Allemagne aux migrants est pourtant sans doute l'acte politique majeur d'Angela Merkel à la tête de

Élections fédérales de 2017

Le système électoral allemand est un système mixte dans lequel, lors des élections au Bundestag, chaque électeur dispose de deux voix. La première voix sert à désigner la moitié des députés à la majorité relative. Ceux-ci, représentant une circonscription, disposent d'un mandat direct. La deuxième voix sert à élire la seconde moitié des députés, désignés à la proportionnelle à partir des listes proposées par chaque parti.

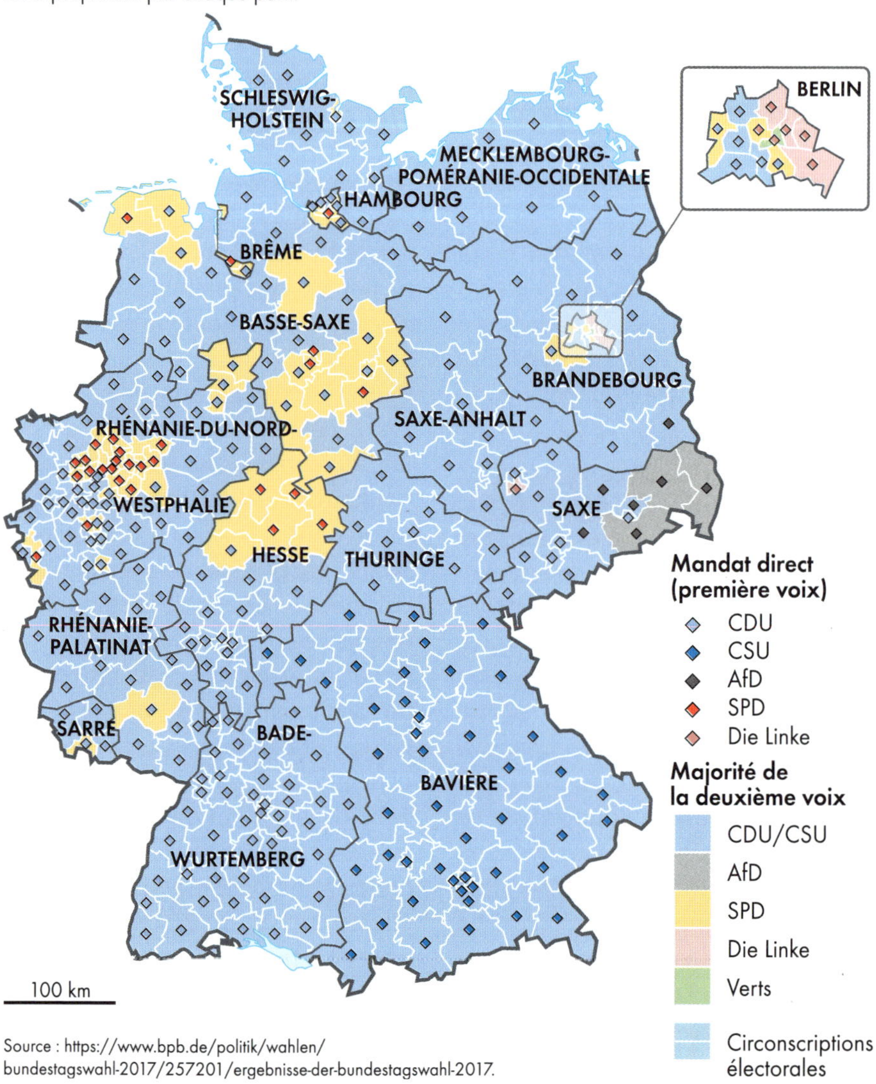

Source : https://www.bpb.de/politik/wahlen/bundestagswahl-2017/257201/ergebnisse-der-bundestagswahl-2017.

l'Allemagne. Mais il lui a fait perdre une grande partie du soutien dont elle disposait au sein de la population, l'empêchant de construire en 2017 une coalition avec les Verts et les libéraux. Cet échec a contribué à un certain discrédit politique, puisqu'elle a dû recomposer avec les sociaux-démocrates du SPD, face à la montée en puissance de l'AfD, le parti d'extrême droite Alternative für Deutschland (AfD), fondé en 2013, qui a fait son entrée au Bundestag en 2017 comme premier parti d'opposition (12,6 %, 94 députés).

Poussée des Verts et de l'AfD

À son départ, Angela Merkel laisse son parti, la CDU, l'Union chrétienne-démocrate, affaibli par plusieurs revers électoraux, un scandale financier et la gestion de la crise de la Covid-19. C'est son successeur à la tête du parti depuis janvier 2021, Armin Laschet qui mène la campagne électorale. Il doit faire face à la poussée des Verts, dirigés par la jeune Annalena Baerbock, qui ont remporté plusieurs scrutins régionaux, et face à l'AfD, le parti d'extrême droite dirigé par Alice Weidel, qui séduit plus particulièrement dans l'est du pays. Trente ans après la réunification, des différences subsistent entre est et ouest de l'Allemagne, engendrant malaise et mécontentement parmi les habitants de l'est, qui pour un tiers encore se considèrent comme des Allemands de seconde zone. À l'automne 2019, l'AfD s'est ainsi hissée en deuxième position lors des élections régionales en Saxe, au Brandebourg et en Thuringe avec respectivement 27,5 % des voix, 24,5 % et 23,5 %.

La fin de l'ère Merkel s'apparente à un tournant pour l'Allemagne 30 ans après sa réunification.

NOMBRE DE DÉPUTÉS AU BUNDESTAG

- Théorique : 598
- Élections 2017 (19e législature) : 709
- Élections 2013 (18e) : 631
- Élections 2009 (17e) : 622

Population allemande en 2035

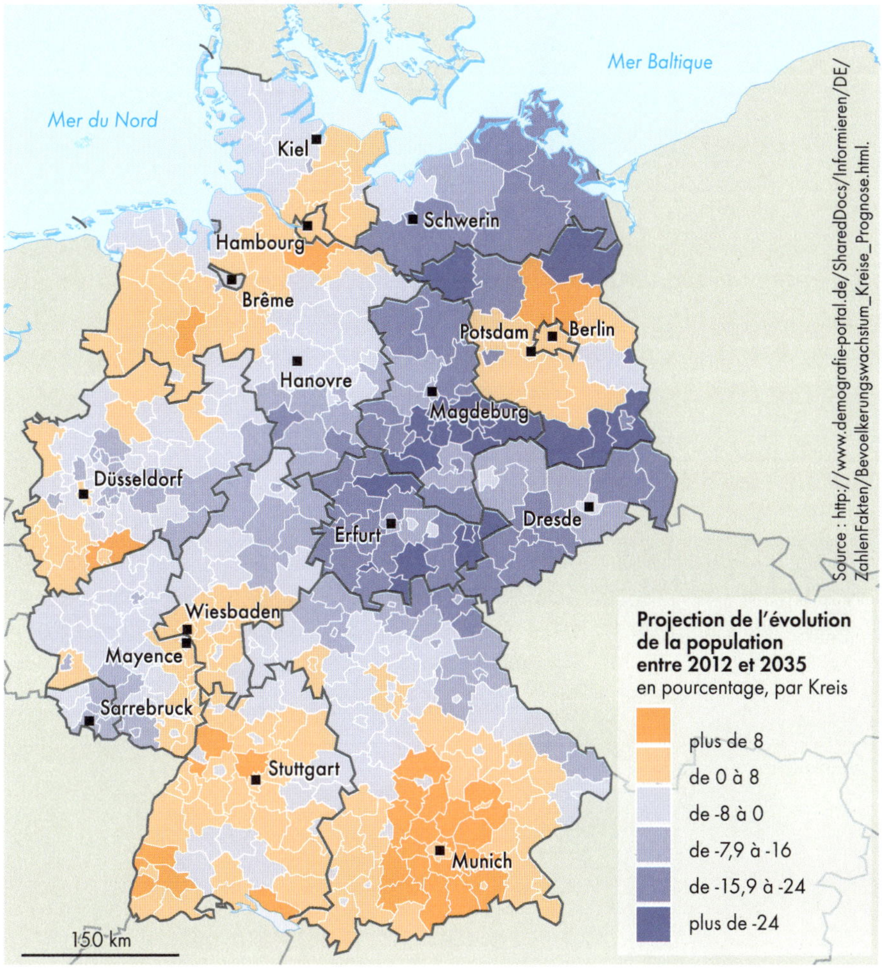

Réindustrialisation de l'Est

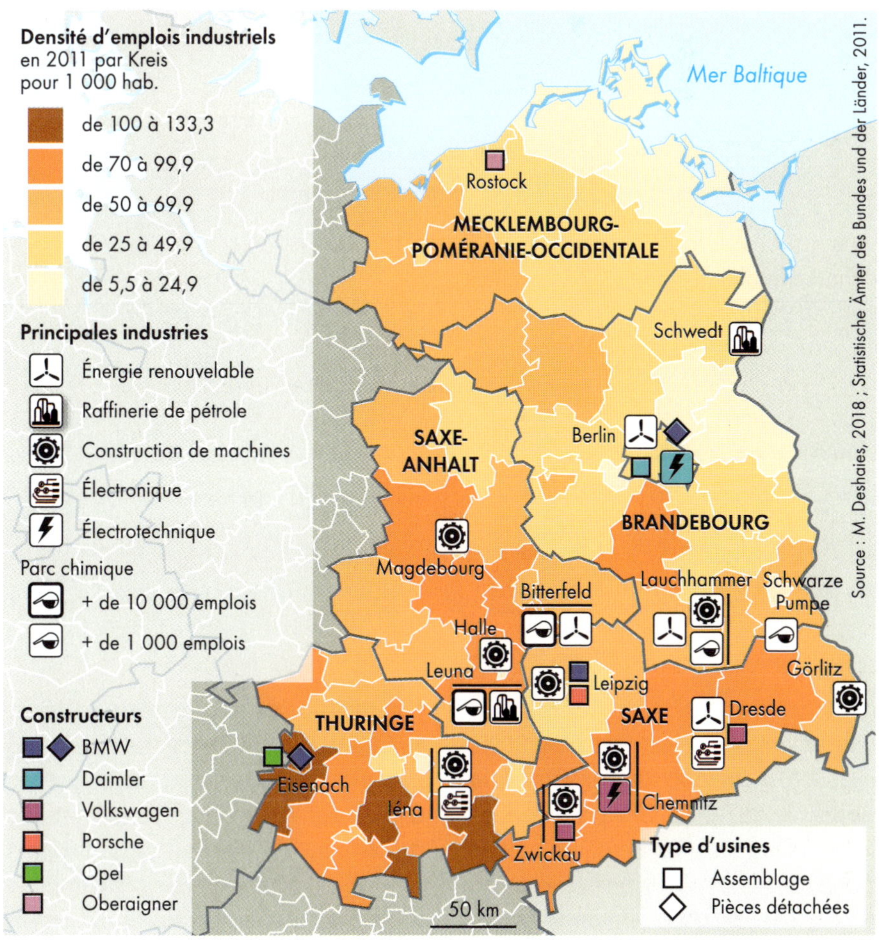

COP26 à Glasgow

Glasgow accueille le 1er novembre 2021 la Conférence 2021 sur les changements climatiques. Depuis la signature historique de l'accord de Paris 2015, les États peinent à prendre les mesures radicales pour contenir le réchauffement de la planète entre 1,5 °C et 2 °C pour la fin du siècle. Au lieu d'être incitative, l'épidémie de Covid-19 semble atténuer les objectifs pris, au nom de la relance économique.

Toujours trop d'émissions de GES

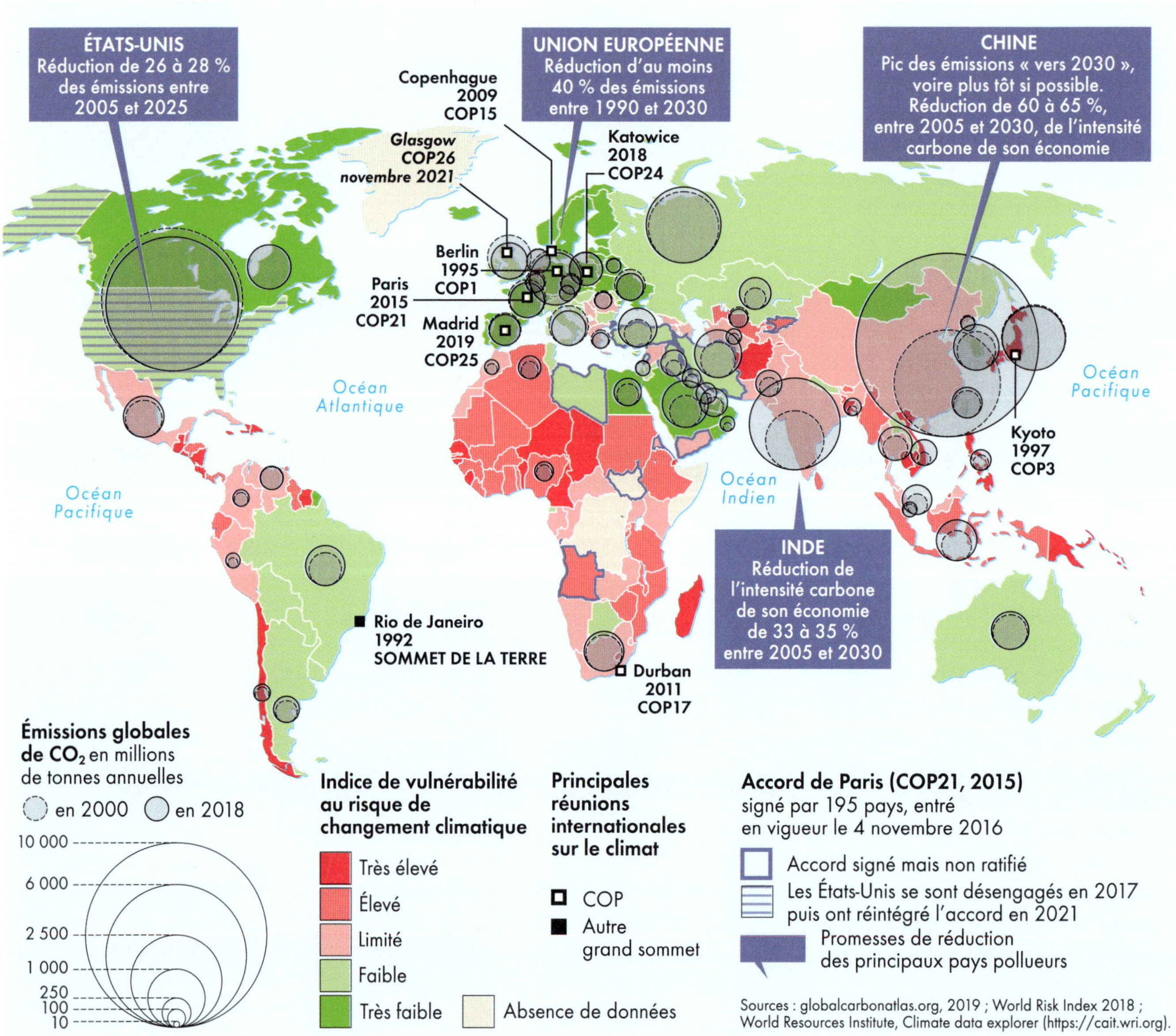

Le climat déréglé

Initialement prévue en novembre 2020, la COP26 a été reportée en raison de la pandémie de Covid. Or il y a urgence : selon l'Organisation météorologique mondiale, 2020 a été la troisième année la plus chaude dans le monde jamais enregistrée, *ex aequo* avec 2016 et avant 2019. Cette tendance ne semble pas près de s'inverser, alors que les signes du réchauffement climatique deviennent de plus en plus évidents avec la multiplication des catastrophes naturelles, des températures extrêmes, des sécheresses et des incendies. Ces vingt dernières années, l'évolution du climat se caractérise par une fréquence, une intensité, une étendue spatiale et une durée inhabituelles des extrêmes météorologiques. Pas un continent n'échappe à la multiplication des événements météorologiques extrêmes : tempêtes plus fréquentes sur la façade atlantique de l'Europe, cyclones aux Caraïbes, dans les océans Indien et Pacifique ; canicule puis record de pluie dans le sud-ouest de la France et en Europe ; sécheresses inattendues en plusieurs parties du monde, dont l'Australie. Reste que les intempéries d'aujourd'hui ne sont pas plus violentes que celles d'hier : il y eut maintes fois dans l'histoire de la Terre des Xynthia submergeant les littoraux et des sécheresses affamant des régions entières. Lors de la dernière déglaciation qui a commencé il y a 20 000 ans, la température moyenne de la planète augmenta de 5 °C et le niveau des mers s'éleva de 120 m. Or ce changement climatique s'étala sur 10 000 ans. Ce qui est plus préoccupant aujourd'hui c'est la rupture dans l'échelle du temps avec une élévation moyenne de 0,74 °C en un siècle. Nous allons vers un climat plus chaud, avec plus d'eau dans l'atmosphère, une eau mobilisable pour des événements dits extrêmes. Les scientifiques s'attendent à des canicules record combinées à des pluies torrentielles et des inondations, des hivers qui n'en sont pas, une augmentation du nombre annuel de jours chauds et de nuits chaudes, ainsi que d'autres événements extrêmes comme les cyclones d'une intensité rare.

Inverser la tendance

Face à cette urgence climatique, des citoyens se mobilisent, à l'instar de la Suédoise Greta Thunberg, pour dénoncer l'inaction des États depuis l'accord de Paris de 2015 (COP21). À ce jour, cet accord semble être resté une promesse sans lendemain. Aboutissement de quatre ans de négociations, il a pourtant été signé par la presque totalité des États et a marqué une étape majeure dans les efforts pour appliquer une politique mondiale de lutte contre le réchauffement climatique en le contenant entre 1,5 °C et 2 °C d'ici à la fin du XXIe siècle. Pour ce faire, les États signataires se sont engagés sur des objectifs nationaux de limitation des émissions de gaz à effet de serre (GES) à mettre en œuvre à partir de 2020. Cependant, la somme de ces engagements n'est pas à la hauteur des besoins : dans l'état actuel des choses, elle mène *a minima* à +3 °C, voire à une hausse de 5 °C d'ici la fin du siècle. Pour limiter l'augmentation des températures à 1,5 °C, les États du monde doivent, d'ici à 2030, réduire leurs émissions de 45 % par rapport à 2010.

Le retrait américain de l'Accord en 2017 par le président climatosceptique Trump a également paralysé la mise en œuvre de mesures que les COP suivantes étaient censées définir. Lors des COP22 à Marrakech (Maroc), 23, sous présidence de la République de Fidji, 24 à Katowice en Pologne, 25 à Madrid sous présidence chilienne, les États ont globalement échoué à s'entendre sur une hausse des efforts collectifs pour parvenir à un réchauffement global inférieur à 2 °C.

Nouvel espoir

Le retour des États-Unis dans l'accord de Paris décidé par le nouveau président Joe Biden donne l'espoir de nouvelles avancées à Glasgow. En amont de la Conférence, l'Union européenne a d'ores et déjà adopté l'objectif ambitieux de réduire ses émissions de gaz à effet de serre (GES) d'ici 2030 d'au moins 55 % par rapport à l'année de référence 1990. Une mesure exemplaire qui doit permettre de parvenir à la neutralité carbone en 2050. Au menu des négociations de novembre à Glasgow entre les 195 États signataires, les règles de fonctionnement des futurs marchés carbone, le calendrier des objectifs de réduction à atteindre, les moyens de transparence pour le suivi des engagements des États et l'engagement financier des États les plus riches pour atténuer les effets du changement climatique dans les pays en développement et leur permettre de s'y adapter. Lors des précédentes COP, la création d'un fonds vert pour le climat d'un montant de 100 milliards de dollars avait été évoquée, sans que des engagements fermes ne soient pas pris par les États.

Espérons que la crise de la Covid-19 permettra une prise de conscience des États de l'urgence à agir, et que les décisions concernant la reprise économique incluront des mesures pour « décarboner », comme l'ont fait les 27 membres de l'Union européenne, en actant que le plan de relance de l'UE consacre 50 % de son budget à la transition climatique.

PLUS 5 °C :

L'Arctique fait partie des premières victimes du réchauffement climatique, tout particulièrement en Sibérie, où les températures ont été supérieures de plus de 5 °C à la moyenne en 2020.

L'augmentation des températures

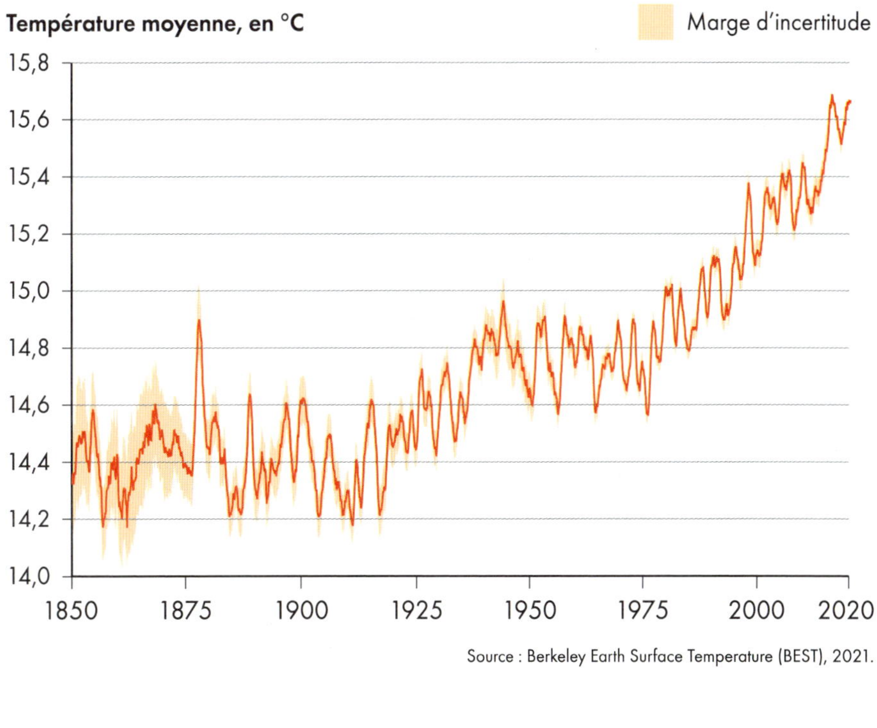

Source : Berkeley Earth Surface Temperature (BEST), 2021.

L'Allemagne expérimente le revenu universel

Après une campagne citoyenne et des référendums locaux, des villes allemandes vont tester le versement de 1200 euros par mois pendant trois ans à 10 000 personnes.

—**Die Welt** *(extraits) Berlin*

Gagner de l'argent sans travailler ? Un rêve plus palpable que jamais en Allemagne. Dans le sillage de la pandémie, le Bundestag [Parlement] a reçu une pétition [qui, en avril 2020, avait déjà reçu 176 134 signatures] demandant l'instauration d'un revenu universel pour résoudre la crise. Pour la première fois, ce concept est également évoqué dans le programme d'un parti politique : les Grünen [le parti écologiste] souhaitent se pencher sur le sujet. Le revenu universel a le vent en poupe, et certains de ses défenseurs comptent bien en profiter pour franchir une nouvelle étape : l'expérimenter grâce à des financements publics.

À l'origine de ce projet, l'association Expédition revenu universel, qui souhaite offrir à 10000 participants le droit de recevoir 1200 euros par mois pendant trois ans. *"Nous voulons connaître les répercussions d'un tel revenu. Il existe de nombreux modèles théoriques, mais ils sont encore trop méconnus"*, explique Laura Brämswig, l'une des fondatrices de l'association. Il s'agit notamment d'observer les effets de cette mesure sur la santé, les habitudes de consommation, la situation économique et sociale des participants. L'expérimentation devrait débuter en 2023 et tester différentes approches. L'Institut allemand de recherche économique (DIW), qui travaille déjà sur une expérience similaire, apporte sa caution scientifique.

Cette nouvelle expérimentation est cependant bien particulière : elle verra le jour dans les communes, qui financeront les versements. *"*[*Depuis*] *le 23 février, toutes les communes allemandes sont appelées à participer à l'expérience"*, détaille Laura Brämswig. Dans un premier temps, les citoyens peuvent exprimer, sur le site Internet de l'association, leur volonté de voir leur ville participer au projet. Dans les villes où 1 % au moins de la population aura manifesté son intérêt, l'association prévoit la tenue de référendums locaux. D'ici à la fin de 2021, on devrait connaître toutes les collectivités participantes.

Groupe témoin. L'association élaborera ensuite des protocoles de recherche et formera différents groupes, afin de tester plusieurs types de revenu universel. Un habitant sur 1000 participera à l'expérimentation, ainsi qu'un groupe témoin n'ayant pas droit à la rétribution. Toutes les formes de revenu universel à l'étude s'inspirent du concept de l'impôt négatif sur le revenu : chaque participant aura droit, en théorie, à un montant fixe de 1200 euros, mais ne le percevra pas systématiquement. *"Ceux dont le taux d'imposition dépasse un certain seuil ne toucheront rien"*, explique Laura Brämswig. —

↖ *Dessin de* **Walenta,** *Pologne.*

Ceux qui se situent au-dessous de cette limite auront un crédit d'impôt.

Le coût pour les communes est estimé à 30000 euros par participant. Dix pour cent seront consacrés aux frais généraux, comme la recherche et la gestion de l'expérience, les 27000 euros restants seront versés aux bénéficiaires. Sur trois ans, cela représente donc en moyenne 750 euros par mois et par personne. Selon l'estimation réalisée par Expédition revenu universel pour Leipzig, 605400 habitants, le budget pour 605 participants serait de 18,2 millions d'euros.

La crise sanitaire est l'occasion de rallier de nouveaux partisans. *"Aujourd'hui, de nombreux Allemands s'inquiètent pour leur avenir,* souligne Laura Brämswig. *Le revenu universel pourrait permettre d'adoucir les conséquences des grands bouleversements que nous connaissons en offrant davantage de sécurité et de liberté."*

Reste à savoir si l'expérimentation suscitera l'engouement des municipalités. À Berlin, la coalition rouge-rouge-verte [les sociaux-démocrates du SPD, le parti de gauche Die Linke et les Grünen] a déjà mis en place un système comparable : le revenu de base solidaire. Dans la capitale, il ne s'agit toutefois pas de verser un revenu universel mais d'offrir des emplois d'intérêt général rémunérés au salaire minimum.

Si Expédition revenu universel parvient à recueillir suffisamment de soutiens, Jürgen Schupp, chercheur au DIW, mettra son expertise au service de l'expérimentation. Il coordonne déjà le projet pilote de l'association Mon revenu universel, qui prévoit, pendant une durée similaire, de verser à 120 participants un revenu financé par la société civile. Les premiers versements auront lieu en juin. *"Le financement public me paraît plus difficile à mettre en œuvre"*, prévient le chercheur, qui estime néanmoins nécessaire de tester de nouveaux modèles de protection sociale.

D'autres économistes portent un regard plus critique sur ces expérimentations. Pour Henning Vöpel, directeur de l'Institut pour l'économie mondiale, à Hambourg, la consultation citoyenne est faisable. Tant qu'il n'est pas question de modifier la législation sociale, il estime possible de laisser les Allemands décider du financement d'un tel projet à l'échelle locale. Mais il anticipe déjà les apports [limités] de l'étude. *"Les conditions d'une expérimentation ne sont jamais vraiment transposables dans la réalité"*, prévient-il.

Réserves. Henning Vöpel exprime des réserves quant au principe même du revenu universel : *"Son caractère forfaitaire est injuste."* Au lieu de créer un nouveau modèle, on devrait, selon lui, s'attaquer à la stigmatisation induite par le système Hartz IV actuellement en vigueur [dans le cadre de la réforme du marché du travail mise en place sous le mandat du chancelier Gerhard Schröder au début des années 2000, la loi Hartz IV a supprimé l'allocation réservée aux chômeurs en fin de droit et a durci les conditions d'accès à l'aide sociale]. L'économiste craint également que le revenu universel n'incite l'État à négliger le retour à l'emploi. *"Cela doit pourtant être l'objectif principal"*, affirme-t-il. C'est pourquoi, d'après lui, l'État devrait investir massivement dans la formation au lieu de favoriser une transformation du système – d'autant plus que le marché du travail connaît une profonde mutation.

Un avis partagé par Dominik Enste, de l'Institut pour l'économie allemande (IW), connu pour sa proximité avec le patronat. Pour lui, il faut améliorer le système Hartz IV : *"Ainsi, nous sommes sûrs de continuer à aider ceux qui en ont vraiment besoin."* La situation actuelle et les craintes que ressentent de nombreux Allemands vis-à-vis de l'avenir ne suffisent pas, selon lui, à justifier l'instauration d'un revenu de base. *"Ses partisans s'appuient systématiquement sur les grandes ruptures pour promouvoir un changement* [du système] *: la révolution numérique, la crise financière et désormais le coronavirus"*, poursuit-il, arguant que l'État providence a prouvé son efficacité dans différents domaines, notamment grâce au recours au chômage partiel.

"Bien sûr, les mesures actuelles d'urgence sont laborieuses et l'État n'a pas aidé tout le monde comme il le devrait", concède-t-il. Des améliorations demeurent donc nécessaires. Mais plutôt qu'un revenu universel, il préférerait une adaptation du système centrée sur les besoins.

—*Christine Haas*
Publié le 23 février 2021

"Le revenu universel pourrait permettre d'adoucir les conséquences des grands bouleversements que nous connaissons en offrant davantage de sécurité et de liberté."

Laura Brämswig,
FONDATRICE DE L'ASSOCIATION EXPÉDITION REVENU UNIVERSEL

SOURCE

DIE WELT
Berlin, Allemagne
Quotidien, 119 000 ex.
welt.de

"Le Monde", porte-drapeau des éditions Springer, est une sorte de *Figaro* à l'allemande. Très complet dans le domaine économique, il est aussi lu pour ses pages concernant le tourisme et l'immobilier. Notamment avec sa rubrique d'analyse, nommée Arrière-plan, le journal se revendique conservateur. Il est quotidiennement distribué dans plus de 130 pays. Depuis 1948 paraît l'édition dominicale, *Welt am Sonntag*, qui fait partie des médias allemands les plus repris.

Homme glissant son bulletin dans l'urne. © Daniel Jedzura / Shutterstock

Présidentielle 2022 : « le dégagisme toujours en marche »

Les prochaines élections présidentielles se tiendront en France en avril 2022. Et si 2022 n'était que l'épilogue de 2017 ?

Ce serait le dernier acte d'un bouleversement de la vie politique française, initié par un jeune candidat polymorphe, surgi de nulle part, qui aura démarré son quinquennat au centre gauche, en évidant un Parti socialiste en obsolescence programmée, pour aller poursuivre son œuvre au centre droit. Tout cela en tentant la même opération chez des Républicains tout aussi épuisés, après des décennies d'un pouvoir incapable d'enrayer ce qui est perçu comme un déclin national.

Le souffle du dégagisme, qui a permis la victoire d'un candidat d'*extrême centre*, n'est en réalité jamais retombé. L'opinion publique française, qui rêvait de démocratie participative, de renouvellement de la vie politique, a découvert, médusée, que les visages avaient certes changé, mais que les pratiques, peu ou prou, elles, n'avaient guère évolué. Dix-huit mois plus tard seulement éclatait la crise des gilets jaunes, démonstration que le dégagisme était toujours en marche. L'épidémie de Covid-19 a ouvert une parenthèse sanitaire longue et incertaine, qui n'a fait qu'attiser les mécontentements.

Les préoccupations des Français demeurent inchangées : sécurité, immigration, chômage caracolent en tête des enquêtes, comme si le grand bouleversement de 2017 était resté lettre morte. Ce pessimisme érigé en sport national se nourrit également d'un sentiment de déclassement mondial, la pandémie ayant consacré la suprématie des États-Unis et de la Chine.

La principale difficulté de la présidentielle de 2022 sera de pouvoir tenir un discours de promesse crédible, à des électeurs qui justement ne croient plus au meilleur des mondes. Le risque majeur, y compris pour ceux qui l'ont initié, d'une manière ou d'une autre, est que ce dégagisme toujours en marche emporte tout sur son passage. L'enjeu ultime de l'élection présidentielle de 2022, en l'absence de rêves auxquels plus personne ne croit, est que la raison l'emporte au final. Il en va de la survie de l'idéal démocratique.

Jean-François Achilli
Journaliste-présentateur des Informés sur franceinfo

Tensions, crises et conflits

Sommaire

Le Haut-Karabakh du conflit gelé à la guerre

Gelé depuis les années 1990, le conflit du Haut-Karabakh, région sécessionniste d'Azerbaïdjan, a repris à l'automne 2020. La guerre particulièrement brève a entraîné la reprise du contrôle de ce territoire majoritairement peuplé d'Arméniens grâce au soutien de la Turquie.

Un territoire né des découpages soviétiques

Ancien territoire de l'Union soviétique, le Haut-Karabakh est situé au Caucase, une région au sud de la Russie, qui s'étend entre mer Noire et mer Caspienne, frontalière de la Turquie et de l'Iran. Le Caucase est décrit par les géographes arabes comme la « montagne des langues », tant le lieu est réputé par son hétérogénéité démographique et l'imbrication de peuples issus de trois grandes familles ethnolinguistiques : indo-européenne (Arméniens, Ossètes...), altaïque (Azéris) et caucasique (Géorgiens, Abkhazes...). Il a été pendant plus d'un millénaire l'objet de rivalités entre les grandes puissances régionales, en particulier l'Empire ottoman, la Perse (l'actuel Iran) et la Russie. Trois siècles ont été nécessaires à cette dernière pour soumettre l'ensemble des ethnies du Caucase à sa domination (impériale puis communiste). Aussi la rupture causée par l'effondrement de l'Union soviétique en 1991 ravive-t-elle dans cet espace complexe ethniquement et politiquement, une dynamique nationaliste.

Sauf que la complexité des frontières internes à l'Union soviétique, dessinées d'une main de maître par Staline, selon l'adage « diviser pour mieux régner », rend après 1991 l'émergence nationale complexe, voire impossible. Souhaitant éviter un morcellement infini en une multitude d'États, seules les trois anciennes Républiques soviétiques d'Arménie, de Géorgie et d'Azerbaïdjan peuvent prétendre à l'autodétermination lors de la dissolution soviétique. Rien n'est donc prévu pour les régions autonomes à l'intérieur des républiques soviétiques, même lorsqu'elles sont le refuge de populations minoritaires. Ainsi, au sein de plusieurs anciennes républiques soviétiques (Géorgie, Azerbaïdjan), ces territoires autonomes sont les victimes des affirmations nationales des populations majoritaires, occasionnant de multiples conflits. En Géorgie, par exemple, le premier président géorgien démocratiquement élu, Zviad Gamsakhourdia, veut supprimer l'autonomie des régions autonomes d'Ossétie du Sud et d'Abkhazie, les considérant comme des « plaies sur le corps de la nation géorgienne ». Aux termes de conflits armés violents, l'Ossétie du Sud et l'Abkhazie, soutenues par la Russie, qui trouve dans ces conflits un moyen de garder une influence dans le Caucase, se déclarent unilatéralement indépendantes à l'été 1992.

Le Haut-Karabakh arménien ?

En Azerbaïdjan voisin, la région autonome du Haut-Karabakh (4330 km^2) peuplée majoritairement d'Arméniens proclame son indépendance en septembre 1991, après avoir en vain demandé son rattachement à l'Arménie et subi la répression sanglante du gouvernement azerbaïdjanais. Pour les Arméniens, ce territoire est l'une des dix provinces historiques du Royaume antique d'Arménie et se doit donc d'être défendu.

Ce conflit interne opposant les forces d'autodéfense du Haut-Karabakh aux forces azéries dégénère en décembre en une guerre ouverte entre les États arménien et azerbaïdjanais nouvellement indépendants. Après avoir occupé la ville de Latchine qui permet de créer un couloir reliant le Haut-Karabakh à l'Arménie en mai 1992, les Arméniens parviennent fin 1993 à constituer un glacis militaire autour de la région autonome et ainsi contrôler 20 % du territoire azéri. Le cessez-le-feu signé en 1994 contribue à « geler » le conflit pendant plus de deux décennies. Le groupe de Minsk, émanation de l'OSCE présidée par la France, les États-Unis et la Russie, est chargé des négociations visant à résoudre pacifiquement le conflit, mais participe surtout au maintien du statu quo.

Le Haut-Karabakh devient pendant cette période un quasi-État doté d'un gouvernement, d'une population à majorité arménienne estimée à environ 150 000 habitants, d'institutions et de symboles (drapeau, armoiries...), tout en restant dépendant économiquement de l'Arménie voisine, avec laquelle il est désormais relié via le couloir de Latchine.

Le retour de la guerre

À l'automne 2020, une offensive de l'Azerbaïdjan épaulé par son allié turc conduit à un nouveau conflit armé. Depuis 2016, aucun affrontement de haute intensité n'avait eu lieu entre Arméniens et Azerbaïdjanais. Le rôle de la Turquie dans cette guerre est donc à souligner : il s'explique par la politique étrangère offensive du président turc Erdogan qui, de la Méditerranée orientale à la Syrie, cherche à s'imposer pour défendre ses intérêts. Dans le Caucase, la

La poudrière caucasienne

Turquie défend la vision du panturquisme des alliés ultranationalistes du président Erdogan, mais veut aussi placer ses pions face à son rival russe, allié traditionnel de l'Arménie.

La victoire de l'Azerbaïdjan au terme de six semaines de combat tient d'abord à sa supériorité militaire : le pays producteur de pétrole s'est doté d'un arsenal d'armes sophistiquées, notamment auprès d'Israël, qui a fait de Bakou son allié, dans sa politique d'endiguement de l'Iran voisine de l'Azerbaïdjan. La reprise du contrôle de ce territoire par Bakou s'est opérée, sans que la Russie intervienne militairement, malgré son alliance avec Erevan. Elle a toutefois joué un rôle dans la médiation entre Arméniens et Azéris pour permettre un cessez-le-feu, puis a déployé des forces d'interposition pour cinq ans. L'objectif est de se rapprocher de l'Azerbaïdjan, tout en marginalisant la Turquie. Ce positionnement russe a été perçu comme une trahison par les Arméniens, qui rejettent la responsabilité de la défaite sur le président arménien Nikol Pachinian. Critiqué et affaibli politiquement, il a décidé d'organiser des élections anticipées avant de démissionner fin avril 2021.

Conformément à l'accord de cessez-le-feu, des corridors surveillés par les forces russes sont mis en place entre l'Azerbaïdjan et son enclave du Nakhitchevan et entre l'Arménie et le Haut-Karabakh.

Bien que l'Azerbaïdjan ait recouvré son intégrité territoriale, le sort du Haut-Karabakh reste suspendu à la présence russe, dans l'attente d'un nouveau « dégel ».

EN BREF

- Nakhitchevan (5500 km^2 pour 400 000 habitants)
- République autonome de l'Azerbaïdjan, enclavée entre la Turquie et l'Arménie

Éthiopie, le retour de la guerre

Parade aux risques de division dans de vastes États, l'organisation fédérale a été choisie dans les années 1990 par l'Éthiopie, un État pluriethnique et pluriconfessionnel. Alors que ce pays connaît d'importantes transformations depuis deux décennies, l'arrivée au pouvoir d'Abiy Ahmed a occasionné de nombreux affrontements ethniques et de violents combats dans la région du Tigré. En cause, les rivalités de pouvoir entre Oromos et Tigréens.

L'ethnofédéralisme

Héritier d'une forte centralisation politique, l'État éthiopien est aujourd'hui organisé sur un modèle ethnofédéral, c'est-à-dire selon un principe d'homogénéité ethnique des régions autonomes. Depuis la prise de pouvoir, en 1991, par une coalition politique représentant les Oromos (40 % de la population), les Amhara (25 %), les Tigréens (10 %) et les groupes du Sud (45 ethnies), le pays a été divisé par la Constitution de 1994 en 9 États fédérés, subdivisés en districts (woredas). Cette réforme vise à limiter l'irrédentisme et à maintenir unie la Grande Éthiopie. Les États fédéraux perçoivent moins de 20 % du revenu national et le gouvernement fédéral a repris en main la gestion foncière. À tous les échelons, des administrations régionales sont élues où sont nommés des représentants locaux, tandis que les décisions importantes sont concentrées au niveau fédéral et que les représentants du parti fédéral sont présents à tous les niveaux (État, région, commune). Le fédéralisme éthiopien s'avère donc finalement, de manière paradoxale, assez centralisé. En tout état de cause, en 30 ans de fonctionnement, l'ethnofédéralisme éthiopien a permis de juguler les tensions apparues entre les différentes ethnies éthiopiennes, soit par la négociation soit par la répression, alors que des tensions ont éclaté dans toutes les régions du pays ces dernières années. Les rapports de force politiques ne sont pas seulement ethniques, mais également gouvernés par la religion. Ils voient s'opposer, schématiquement, trois grands ensembles politico-religieux : les chrétiens orthodoxes au nord (Amhara, Tigréens), les musulmans à l'est (Somalis) et les Oromos devenus majoritairement protestants (pentecôtistes) au sud-ouest.

L'ethnofédéralisme éthiopien

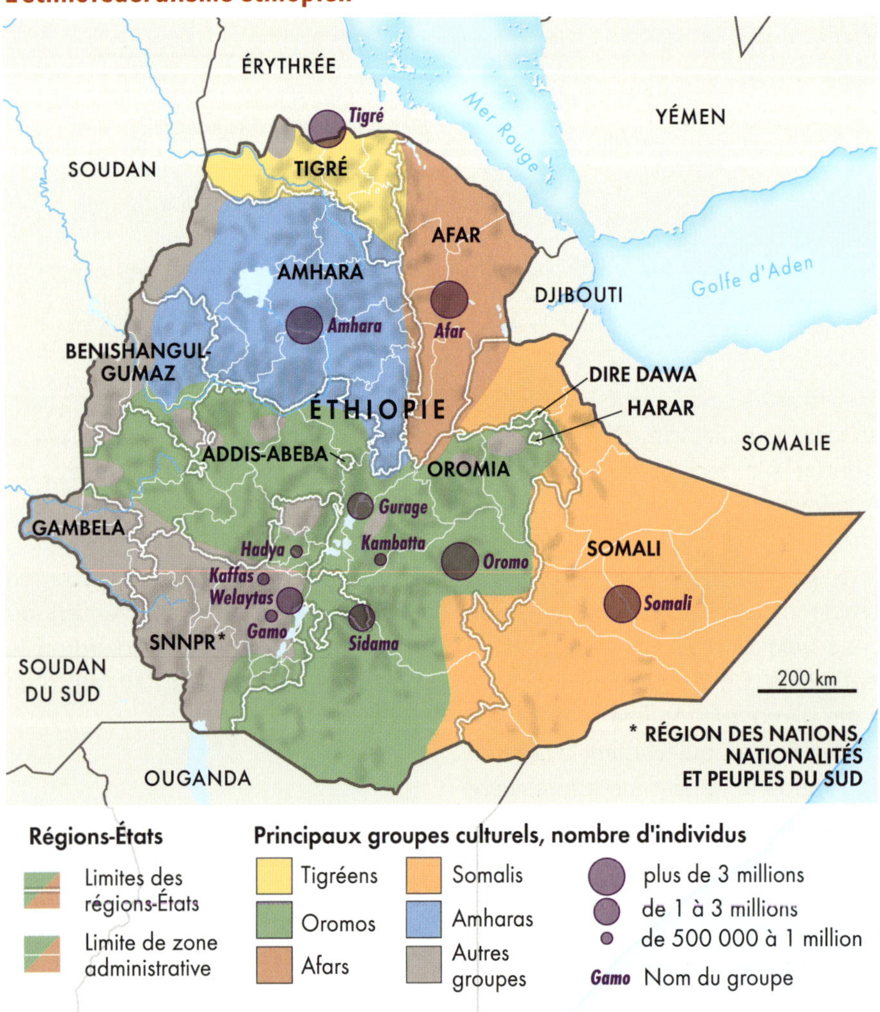

Stabilité et développement

Ce système a permis au pays de retrouver la stabilité après la « révolution » de 1974 qui avait certes mis fin au régime impérial de Hailé Sélassié, mais avait conduit au régime autoritaire de Mengistu (1974-1991) caractérisé par sa violence, la pauvreté, la famine et les guerres en Ogaden et en Érythrée. Au cours des dix dernières années, l'Éthiopie a connu une croissance économique à deux chiffres (10 %), grâce à sa main-d'œuvre abondante (110 millions d'habitants) et à bas coût qui ont attiré des investisseurs étrangers, dont de nombreuses entreprises chinoises. Le pays s'est progressivement modernisé (barrages, métros, routes, universités…), la mortalité infantile a chuté, l'espérance de vie a crû. Mais aujourd'hui, le conflit au Tigré remet en cause les espoirs suscités par le pays.

Le retour de la guerre

Si les Tigréens ont pris les armes contre le gouvernement central en novembre 2021, c'est d'abord en réponse à leur sentiment de marginalisation au sein des institutions politiques et militaires éthiopiennes de leur parti, le Front pour la libération du peuple du Tigré (FLPT). Le FLPT est pourtant l'un des fondateurs en 1989 du Front démocratique révolutionnaire du peuple éthiopien (FDRPE) qui ont renversé Mengistu et mis fin à son régime après la prise d'Addis Abeba en mai 1991. Il reproche au Premier ministre Abiy Ahmed, un Oromo parvenu pour la première fois dans l'histoire éthiopienne au pouvoir en 2018, d'accaparer le pouvoir, alors que de 1995 jusqu'à 2012, c'était l'un des leurs, Meles Zenawi qui dirigeait le pays.

Pourtant, Abiy Ahmed a obtenu en 2019 le prix Nobel de la paix pour avoir signé un traité de paix avec l'Érythrée voisine, dont le tracé de la frontière était l'enjeu d'un conflit qui durait depuis quasiment l'indépendance érythréenne de 1993. Mais étant en première ligne, les Tigréens gardent une rancœur vis-à-vis de l'Érythrée et de cet accord qui leur est imposé. Ce qui met le feu aux poudres, c'est l'annulation des élections générales prévues le 29 août 2020 en raison de l'épidémie de Covid-19. Le Tigré tente alors d'organiser ses propres élections, ce qui est considéré comme une tentative de sécession par le pouvoir fédéral et un *casus belli*. Le 4 novembre, Abyi Ahmed lance une offensive militaire pour riposter à une attaque FLPT contre une position de l'armée éthiopienne au Tigré, marquant le début d'une guerre sanglante et particulièrement violente, marquée par des nombreux massacres de civils, y compris de religieux et d'enfants. L'aide apportée par l'Érythrée a permis à l'armée fédérale de repousser les forces du FLPT.

Guerre au Tigré

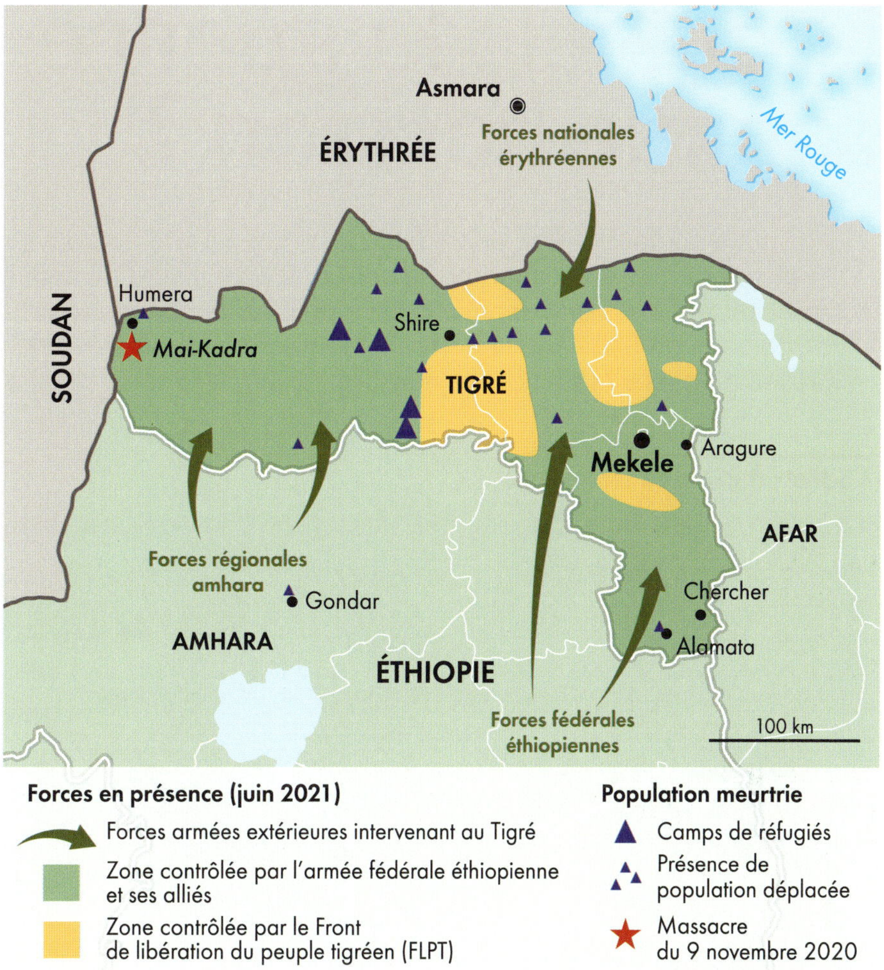

Source : UNHCR, juin 2021.

Massacres et crimes de guerre

Ce conflit qui dure depuis plus de six mois a conduit au déplacement de près de 4,5 millions de personnes sur les 6 millions que compte la région du Tigré, selon le représentant des Nations unies pour les affaires humanitaires, qui craint de possibles crimes de guerre après le massacre de civils dans la région, et dénonce des risques de famines. C'est une véritable politique de la terre brûlée qui est menée au Tigré pour mettre hors jeu le FLPT. Selon Médecins sans frontières, 87 % des infrastructures sanitaires ont été pillées ou détruites. Mais les destructions concernent aussi les écoles, les moyens de production agricoles indispensables au développement de la région.

Après une décennie de croissance, l'Éthiopie est de nouveau fragilisée par les tensions ethniques au risque d'embraser l'ensemble de la région.

> **« L'objectif officiel du gouvernement fédéral reste de mettre le FLPT hors jeu […]. Faute de mieux, il fait payer à tout Tigréen, au Tigré comme en dehors, la guérilla et la domination nationale de leur élite pendant près de trois décennies. Les Tigréens sont mis à genoux et même dépossédés des moyens de se relever. C'est tout à la fois une guerre civile, revancharde, interethnique, territoriale, internationale. »**
>
> **René Lefort**,
> spécialiste de la Corne de l'Afrique

Le Sahel : la guerre comme horizon ?

À la suite du coup d'État du 24 mai 2021, qui a porté au pouvoir malien le colonel Assimi Goïta, la France a décidé de suspendre sa coopération militaire bilatérale avec le Mali. À la tête d'une coalition pour le Sahel depuis 2015 pour lutter contre la menace islamiste, la France se désengage de ce pays du Sahel, où la légitimité démocratique fait désormais défaut, alors que la région reste un lieu de crises et de conflits majeurs.

Le Sahel : théâtre du terrorisme

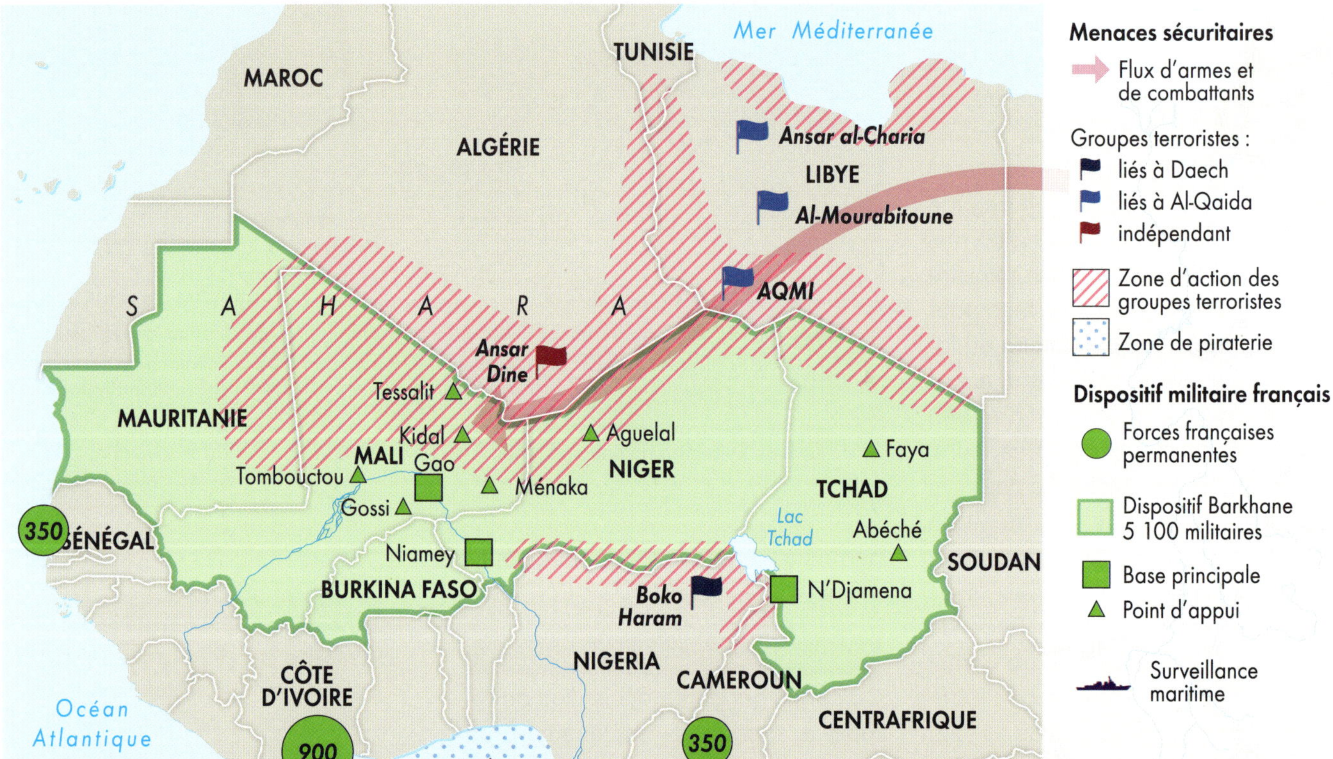

Source : Cassini/Diploweb.com, 2016; ministère des Armées, 2021.

De la Libye au Mali

La déstabilisation de la Libye consécutive au Printemps arabe en 2011 a créé une onde de choc au Sahel, précipitant la région dans un continuum ininterrompu de crises et de conflits. Cette bande sèche et semi-aride de 5 500 km sur 500 de large définie par opposition à l'océan saharien (Sahel signifiant « le rivage » en arabe) est à la rencontre entre populations nomades et de fermiers d'origines diverses (Touaregs, Maures, Peuls...), et le lieu d'une vive rivalité entre islam confrérique traditionnel et islam rigoriste du Golfe (le salafisme), facilitant l'émergence d'un radicalisme armé.

La fin du régime de Kadhafi en Libye permet en effet à des milliers de mercenaires et combattants étrangers à la solde de Kadhafi et à des islamistes libérés puisant dans les considérables arsenaux libyens de profiter de la faiblesse des États sahéliens. La situation au Mali notamment est particulièrement favorable, car la non-résolution de la question touarègue a laissé une somme de frustrations pendantes.

Les organisations djihadistes locales comme le MUJAO, Ansar Dine, le MNLA, le FNLA et le Front de libération de l'Azawad se retrouvent avec Al-Qaida au Maghreb islamique (AQMI) pour s'attaquer à un pouvoir malien incapable de réagir. En l'espace de quelques semaines, ces groupes conquièrent le nord du Mali. Gao, Tombouctou, Kidal tombent facilement pendant l'année 2012. En janvier 2013, les djihadistes poussent leur avantage et montent sur Bamako. C'est à ce moment que les armées françaises interviennent dans une opération combinée et aéroportée, l'opération Serval. Les groupes sont balayés et poursuivis (avec le soutien d'un solide contingent tchadien) dans leurs réduits montagnards de l'Adrar des Ifoghas. Des élections et une période de stabilisation conduite

Un espace aux enjeux multiples

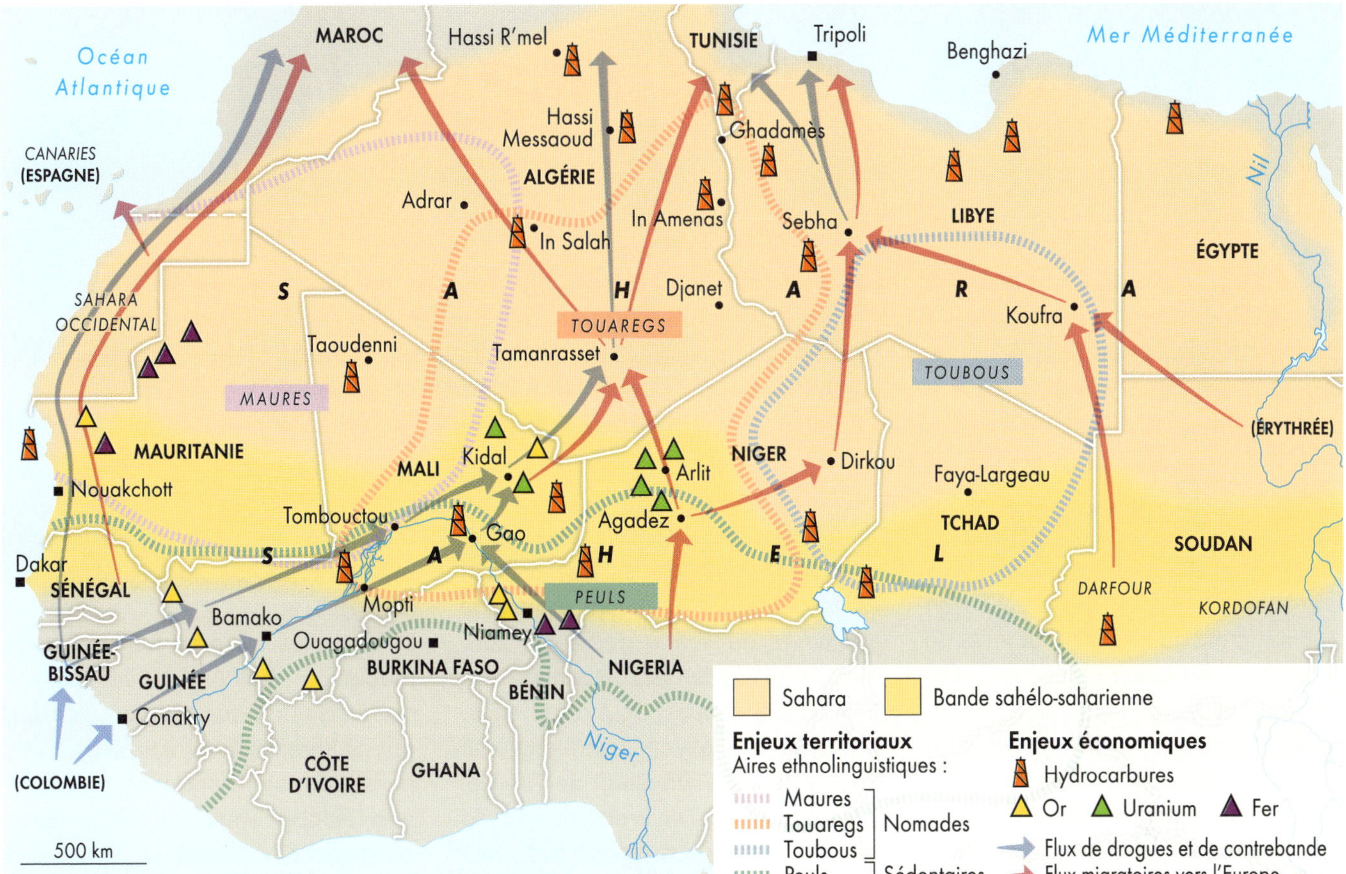

Source : *Retaillé et Walther, 2011.*

avec l'appui des alliés européens (MINUSMA) et d'une force africaine ont suivi cette période exclusivement militaire.

Mais les groupes se sont éparpillés sur l'espace sahélien (Niger, Burkina Faso, lac Tchad) et ont conduit des attentats jusqu'en Côte d'Ivoire, et l'État islamique (Daech) qui a poussé sa corne en Libye commence à s'implanter au Sahel au détriment d'AQMI, alors que depuis le Nigeria, Boko Haram pousse vers le Tchad et le Cameroun. Face à cette situation, la France lance en août 2014 une nouvelle phase, l'opération Barkhane dont le but est d'agir dans la mobilité sur cet espace gigantesque. 3 000 hommes ont ainsi pour mission de briser les implantations des groupes djihadistes au Sahel.

Des réponses politiques et militaires suffisantes ?

Face à l'immensité du territoire à couvrir et à une menace en perpétuelle recombinaison, les autorités françaises ont poussé à la mise en place en 2015 d'une force africaine conjointe composée des cinq pays principaux du Sahel et réunis sous l'appellation G5-Sahel : Mauritanie, Mali, Niger, Tchad, Burkina Faso. Cependant, l'horizon est sombre. La France tient quasiment seule, à bout de bras, la sécurité de cette zone majeure, et cet engagement militaire est de plus ouvertement critiqué par les opinions publiques africaines. À Pau, en janvier 2020, le président français instigue un nouveau cadre de coopération, « la coalition pour le Sahel » réunissant la France et les États du G5 avec un commandement conjoint pour lutter contre l'État islamique. Avec 11 États alliés européens, elle lance officiellement fin mars 2020 la Task Force Takuba (qui signifie « sabre », en langue tamasheq/touarègue) visant à l'autonomisation des forces armées locales et à appuyer l'opération Barkhane. Composée de 500 hommes issus des forces spéciales européennes, celle-ci doit combattre aux côtés des armées malienne et nigérienne au Sahel. Quant aux États-Unis (AFRICOM), ils laissent opérer les Français en dehors d'un soutien actif en renseignement.

> **« L'échec des instruments internationaux de gestion des conflits est patent, mais on continue de dire aux pays sahéliens : vous ne savez pas faire ! Pourtant, la solution leur appartient en grande partie. »**
>
> **Niagalé Bagayoko**, présidente de l'African Security Sector Network, février 2021 dans *Le Monde*.

Tentations autoritaires

Or la situation au Sahel ne cesse de se détériorer. Les groupes djihadistes continuent de proliférer avec des États ayant de plus en plus de mal à contrôler leur territoire tout en développant des tentations autoritaires et alors qu'une démographie désormais galopante va empêcher tout espoir de stabilisation économique. Ainsi, le Mali a connu deux coups d'État militaires depuis l'été 2020, qui ont conduit au désengagement provisoire des Américains et des Français, et un arrêt des opérations conjointes menées par la force Barkhane et les forces armées maliennes.

Le Yémen, conflit sans fin

Depuis l'été 2014, le Yémen est en guerre. Elle a été déclenchée par les Houthis, qui se sont soulevés en pleine transition politique post-printemps arabes contre le régime de transition yéménite, suscitant l'implication des pays voisins. Le bilan humain est catastrophique et la population civile souffre aujourd'hui de malnutrition et de maladies chroniques.

Une révolution en suspens

Si le Yémen a été gagné par la vague de révolte initiée en décembre 2010 en Tunisie, c'est que tous les facteurs de l'insurrection étaient réunis, en particulier la présence d'un régime autoritaire et prédateur, celui d'Ali Abdallah Saleh. Militaire de carrière, élu président du Yémen du Nord en 1978 avant d'être le principal artisan de la réunification avec le Yémen du Sud en 1990, Ali Abdallah Saleh a progressivement perdu sa légitimité historique dans les méandres de la prédation et de l'autoritarisme. À l'extérieur, le président avait certes réussi à se présenter comme un rempart contre Al-Qaida implantée dans une partie du Sud. Mais en même temps, cette implantation traduisait aussi un état de déréliction dans le pays. Quand les vents insurrectionnels arrivèrent de Tunisie, le Yémen fut ainsi en première ligne de la contestation, notamment celle des étudiants inquiets des faibles perspectives économiques sur fond des dérives ploutocratiques et policières du régime. N'oublions pas non plus le népotisme, Ali Abdallah Saleh ayant même projeté de nommer son fils à sa place.

La sortie de crise fut facilitée par la médiation de l'Arabie saoudite et du Conseil de coopération du Golfe qui obtinrent qu'Ali Abdallah Saleh passe la main à son vice-président, Abd Rabbo Mansour Hadi, tandis qu'étaient envisagées une conférence de dialogue national, la rédaction d'une nouvelle Constitution et de nouvelles élections. Mais rien ne se passa vraiment comme prévu : les Houthis,

Forces en présence

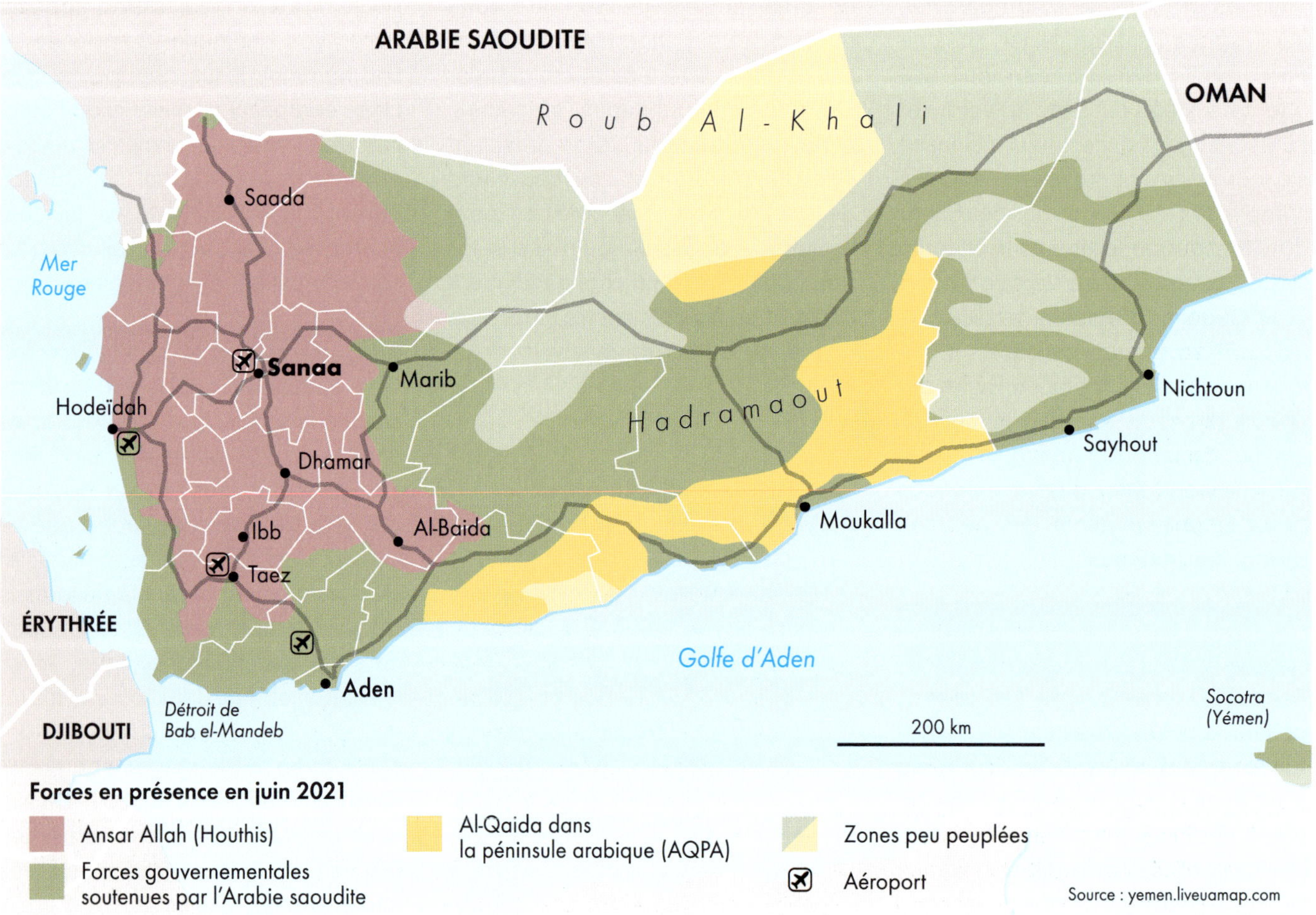

Source : yemen.liveuamap.com

Le retour de la famine avec la guerre

Insécurité alimentaire de janvier à juin 2021

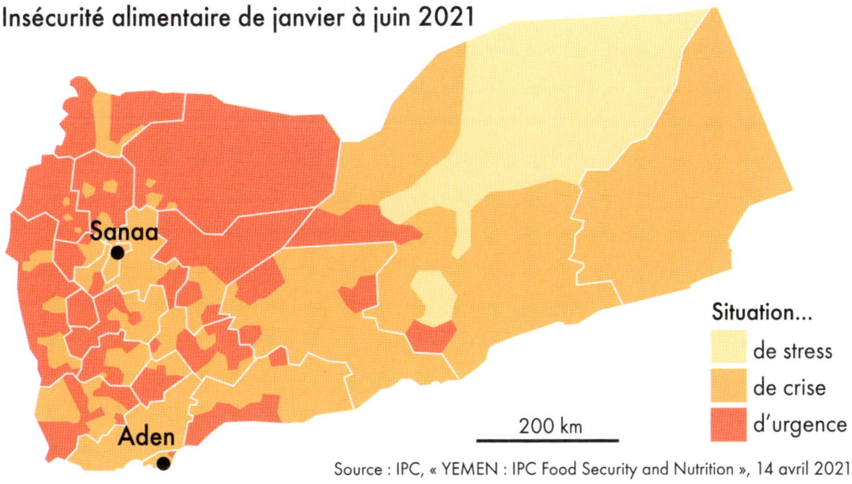

Source : IPC, « YEMEN : IPC Food Security and Nutrition », 14 avril 2021.

déjà entrés dans une première rébellion en 2004, considéraient que dans le nouveau Yémen le découpage régional devait lui permettre d'obtenir une région avec accès à la mer. N'ayant pas obtenu gain de cause, ils firent une démonstration de force en s'emparant progressivement de Sanaa à partir de juin 2014. La population, effarouchée par les coupures budgétaires du gouvernement Hadi, sur injonction du FMI, ne s'opposa pas à cette entrée dans la capitale yéménite quand elle ne la salua pas.

Les revendications houthies

Le nom de la rébellion houthie emprunte à la figure d'Hussein Al Houthi qui fut assassiné en 2004. C'est sa mort qui causa la première guerre contre le pouvoir central qui dura jusqu'en 2010. Les partisans d'Al Houthi revendiquaient déjà des droits à la hauteur de leur histoire. Car cette milice se revendique du chiisme zaydite qui, malgré son statut de minoritaire, a eu une place prépondérante dans l'histoire du pays. Établis dans les montagnes refuges du nord, les zaydites, nés d'un schisme dans le chiisme, sont à l'origine de l'État yéménite au Xe siècle. Ces zaydites, du nom du 5e Imam Zayd Ibn Ali qu'ils avaient reconnu, trouvèrent une véritable consécration au début du XXe siècle, lorsqu'en 1904 la puissance ottomane leur donna le pouvoir au Nord, le Sud étant sous domination britannique. Une monarchie zaydite contrôla ainsi le Nord jusqu'à la révolution républicaine de 1962. N'exerçant plus directement le pouvoir au Nord, ils s'opposèrent ensuite à la réunification des deux Yémens craignant de se voir davantage marginalisés, le Sud certes moins peuplé étant sunnite. Deux ans après la réunification en 1990, ce sentiment devenu prégnant poussa certains à se mobiliser pour fonder un mouvement zaydite, le forum des jeunes croyants, qui prendra le nom de Houthis après la mort du fondateur en 2004. Après une guerre de 6 années contre le pouvoir central, les Houthis ont vu dans la révolution de 2011 une opportunité politique, celle de reprendre une place centrale dans la reconfiguration du pays.

Un conflit devenu régional

Or, non seulement le pouvoir de transition ne leur a pas apporté les garanties qu'ils souhaitaient, mais le voisinage régional ne voulait pas qu'ils endossent trop de place dans le pays, en particulier l'Arabie saoudite, très soucieuse d'éviter un encerclement chiite, les Houthis étant soutenus par l'Iran.

L'arrivée en janvier 2015 de Mohamed Ben Salman comme ministre de la Défense de l'Arabie saoudite a eu pour effet de transformer cette crainte en posture martiale. Révélant progressivement sa brutalité, c'est lui qui initia l'opération « Tempête décisive » le 25 mars 2015, une opération destinée à écraser la rébellion des Houthis et par-delà à lutter contre les desseins iraniens. Non seulement Téhéran était soupçonné de créer un « arc chiite » avec l'Irak, la Syrie et le Liban, mais avec la menace d'un basculement du Yémen dans cette alliance, l'Arabie saoudite se voyait désormais prise à revers. Pour conduire cette opération, Riyad a pu compter sur une dizaine de pays sunnites, les uns par proximité idéologique et stratégique comme les Émirats arabes unis dirigés par Mohammed Ben Zayed, les autres par dépendance économique, comme l'Égypte.

C'est une guerre totale qui s'est alors enclenchée, la population civile étant prise entre le feu du ciel de la coalition arabe et les troupes au sol du pouvoir yéménite et des Houthis. N'oublions pas aussi le blocus maritime imposé par l'Arabie saoudite, les Émirats arabes unis et leurs obligés.

Le bilan humain est effroyable : plus de 130 000 morts, 60 000 blessés et près de 4 millions de déplacés au plus fort de la crise, sur une population de 28 millions d'habitants. Si la population affronte la violence directe, elle doit aussi subir ses effets indirects : la faim, et certaines pathologies dont le choléra, qui témoignent d'un effondrement sanitaire massif.

Profitant de la crise du Covid-19, l'Arabie saoudite tente, après le retrait militaire des Émirats en février, de sortir de ce bourbier, et a proposé un nouveau cessez-le-feu le 22 mars 2021 aux Houthis, qui l'ont rejeté. Ils estiment que l'Arabie doit d'abord annoncer la fin de l'agression et lever le blocus contre le pays.

BILAN HUMAIN (SOURCE OXFAM)

- **130 000 morts**, dont 12 366 civils présumés morts.
- Plus de **13,5 millions de personnes** en situation d'insécurité alimentaire aiguë et risque de famine.
- Plus de **24 millions de personnes** ont besoin d'une aide humanitaire, dont 12,3 millions d'enfants.
- Plus de **4 millions de personnes** déplacées, soit en moyenne 90 personnes déplacées par heure, depuis 5 ans.
- **350 000 enfants de moins de 5 ans** sont en état de malnutrition sévère.
- **17,8 millions de personnes** (plus de la moitié de la population) n'ont plus l'accès à de l'eau potable
- **3 millions de femmes et filles** exposées à des risques directs de violences basées sur le genre.

L'Asie entre affirmation chinoise et poussée démocratique

Contrairement à l'image de stabilité qu'elle projette, l'Asie connaît des tensions nombreuses, notamment en raison de l'affirmation de la puissance chinoise et des rivalités que cela suscite entre États. À l'intérieur des États, ces tensions sont d'abord l'expression d'un rejet des régimes autoritaires que ce soit à Hong Kong, en Thaïlande ou en Birmanie.

Des tensions en mer de Chine

En mer de Chine méridionale, la poursuite des avancées chinoises, avec le remblaiement et la militarisation de bancs de sable occupés par Pékin, maintient un niveau de tension préoccupant avec les États riverains de l'ASEAN (Association of South East Asian Nations). La signature d'un code de conduite interdisant le recours à la force pour résoudre les conflits territoriaux est toujours retardée par la République populaire de Chine (RPC) qui se sent en position de force face à ses voisins. Les répercussions de ces tensions s'étendent au-delà du cadre régional, en menaçant le principe universel de liberté de circulation en haute mer, dans une zone dont dépend l'ensemble de l'économie mondiale. Plus de 80 % des échanges commerciaux de l'Union européenne avec l'Asie transitent en effet par la mer de Chine méridionale.

En Asie du Nord-Est, la rivalité entre la Chine et le Japon, par-delà une variabilité conjoncturelle, s'exprime au travers de la question des îles Senkaku-Diaoyu, administrées par le Japon depuis 1894 et revendiquées par la Chine depuis les années 1970. Selon Pékin, la racine des tensions est également à rechercher dans l'héritage de la Seconde Guerre mondiale, en dépit des multiples excuses exprimées par Tokyo. Pour la Chine, les prétentions du Japon à jouer un rôle plus actif en matière de sécurité sur la scène régionale ne sont pas acceptables dans la mesure où elles remettent en cause des équilibres stratégiques favorables aux intérêts de Pékin. Les pressions constantes de la RPC sur le Japon sont aussi un moyen de préserver un équilibre stratégique favorable à Pékin.

Dans le cas du couple Chine-Inde en Asie du Sud, le poids de l'histoire, avec la guerre sino-indienne de 1962 et son héritage de conflits territoriaux, ainsi que la dimension idéologique, entre la démocratie indienne et un régime de parti unique en Chine jouent aussi un rôle considérable. Le conflit sino-indien se traduit également au niveau sous-régional avec un jeu triangulaire impliquant le Pakistan, à la fois hostile à New Delhi et proche de Pékin avec qui il entretient une coopération militaire étroite. Globalement, cette rivalité favorise de nouveaux partenariats stratégiques entre l'Inde, le Japon et l'Australie autour du concept « d'Indo-Pacifique » libre et ouvert.

Pour Pékin, sans même évoquer les tensions politiques croissantes avec Hong Kong, la question de la réunification avec Taïwan constitue également une source de conflit potentiel, et justifie aux yeux des autorités chinoises sur le continent le développement rapide des capacités militaires de la RPC.

Une militarisation croissante de l'Asie

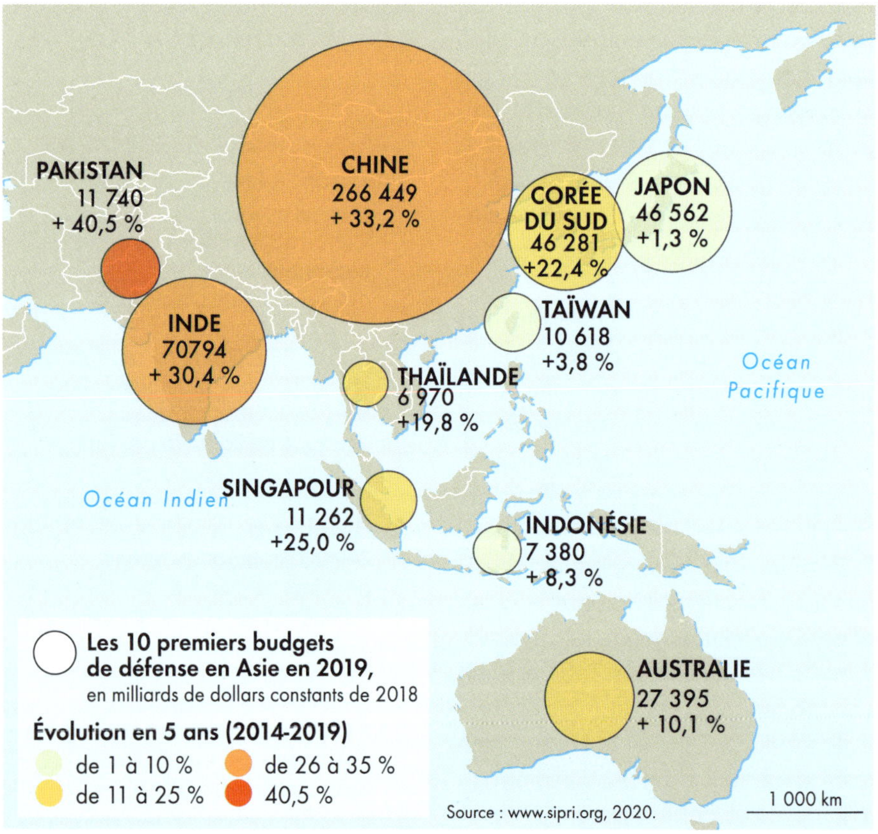

Source : www.sipri.org, 2020.

Contrer l'autoritarisme des pouvoirs

Mais les tensions en Asie sont également internes, et liées à une demande de démocratie. À Hong Kong, les manifestations se succèdent ces dernières années pour le maintien des institutions démocratiques issues de la colonisation britannique, face à une offensive chinoise pour faire rentrer le territoire dans son giron. Une nouvelle loi promulguée par Pékin en 2020 vise à interdire dans la cité-État « la trahison, la sécession, la sédition et la subversion ». En Thaïlande et en Birmanie, la population manifeste pour éviter un retour à des pouvoirs autoritaires et s'affranchir d'un modèle à la chinoise où les valeurs universelles sont rejetées.

La transition démocratique amorcée à partir de 2011 en Birmanie, qui avait conduit à la victoire électorale de la Ligue nationale pour la démocratie d'Aung San Suu Kyi, a été remise en cause par un coup d'État de la junte militaire, le 1er février 2021, au moment où les députés démocratiquement élus allaient prêter serment. L'un des prétextes de l'armée pour mener cette action est leur piètre score aux élections législatives (8 %), alors que la mise en place de la proportionnelle était censée leur assurer la majorité au Parlement en ne gagnant que 25 % des sièges. Depuis le cycle manifestations/répression s'enchaîne : plus de 800 personnes ont perdu la vie au cours du premier semestre 2021 et les arrestations se multiplient.

Selon le spécialiste de l'Asie du Sud-Est, David Camroux, si l'armée réprime de façon de plus en plus dure, elle ne pourra pas arrêter le soulèvement de toute une population. La désobéissance civile et l'unité nationale qu'elle libère, alors que le pays est une mosaïque ethnique, représentent le véritable danger pour les militaires birmans.

Des tensions à portée globale ?

En Asie, les tensions impliquent également d'autres puissances, au premier rang desquelles les États-Unis qui demeurent le principal facteur d'équilibre stratégique dans la région avec la 7e flotte et un réseau de bases, d'alliances et de partenariats bilatéraux avec le Japon, la Corée du Sud, l'Australie, les Philippines et Singapour.

Birmanie : une aspiration démocratique

#MILKTEAALLIANCE, OU L'ALLIANCE DU THÉ AU LAIT

Quand elle communique sur les réseaux sociaux, la jeunesse de Hong Kong, de Birmanie ou de Thaïlande utilise ce hashtag pour montrer leur opposition au modèle autoritaire de la Chine, où l'on consomme du thé nature.

L'Amérique latine en tensions face à l'épidémie de Covid

Alors que la Covid a fait plus d'un million de morts en Amérique latine, les critiques se font plus virulentes vis-à-vis des gouvernements, en particulier au Brésil, où la rue est redevenue le principal lieu d'expression libre et de mobilisation. Depuis 2019, l'on constate le retour d'une forte mobilisation des citoyens sud-américains contre leurs gouvernements, la corruption et les inégalités sociales.

Instabilité politique et sociale en Amérique latine

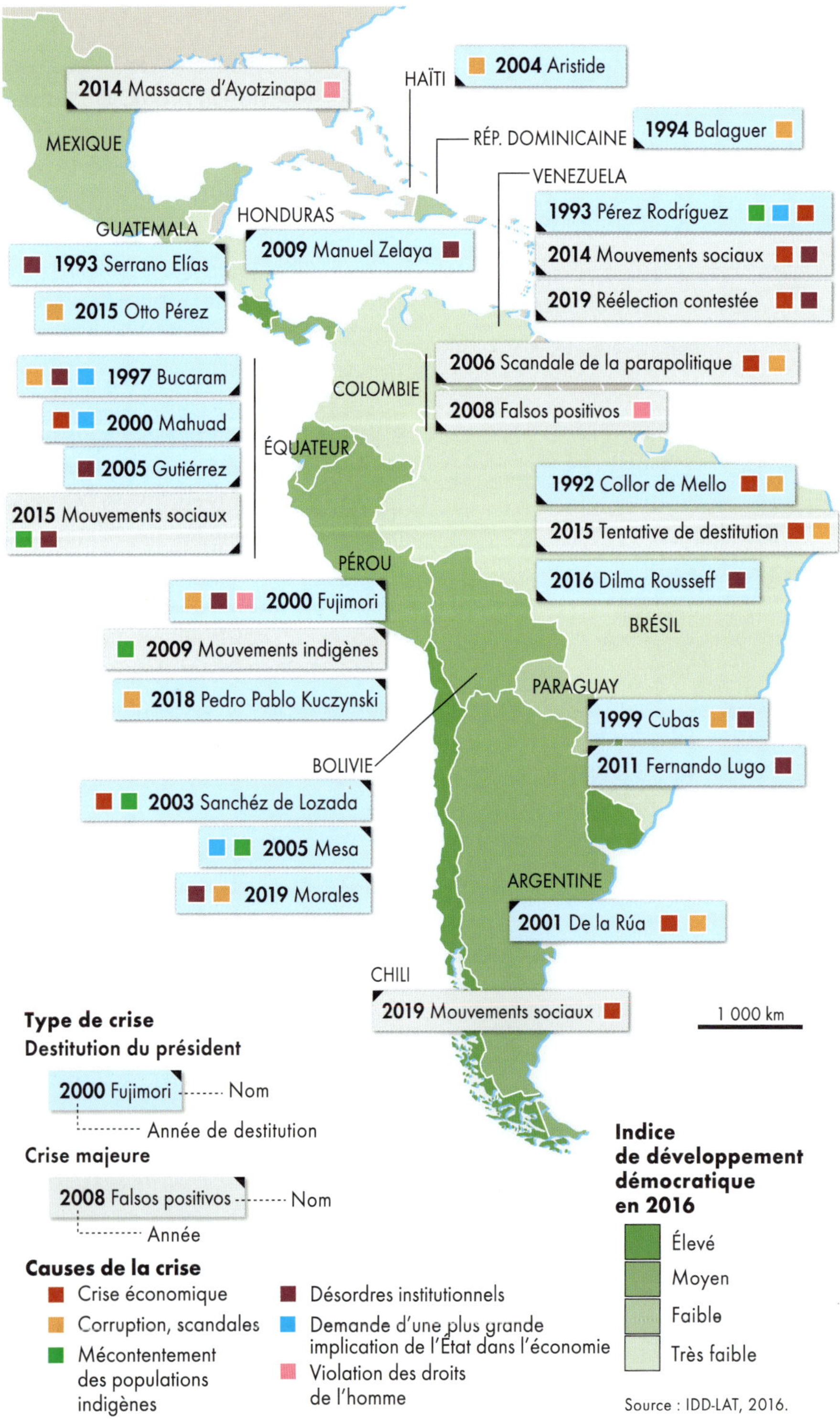

Mobilisations et élections

Alors que l'amélioration globale des conditions socio-économiques et le renforcement du pouvoir judiciaire depuis les années 2000 avaient favorisé une reprise de confiance envers les institutions démocratiques, la crise de la Covid-19 et ses conséquences sociales désastreuses ont fragilisé de nombreux pays du continent. Cinq pays sont particulièrement affectés, représentant 90 % des décès en juin 2021 : le Brésil (476 792 décès), le Mexique (229 100), le Pérou (186 757), la Colombie (92 922), et l'Argentine (82 667).

Conjuguée aux crises de gouvernabilité et aux scandales de corruption, la crise de la Covid a conduit à d'importantes manifestations en Amérique du Sud. Au Pérou, l'affaire Odebrecht, du nom d'une compagnie de BTP brésilienne qui a massivement versé des pots-de-vin en échange de l'attribution de marchés publics et a d'ailleurs concerné 18 pays du continent, entraîné la destitution du président Vizcarra et la succession de trois présidents en moins de 10 jours en novembre 2020, sous la pression de la rue. Les élections du printemps 2021 ont mis à jour un pays divisé entre Lima, la capitale, soutien à la candidate libérale Fujimori et le reste du pays rural et peuplé d'Amérindiens (45 % de la population), partisans de Castillo, un instituteur de gauche.

En Équateur voisin, trois millions de personnes ont plongé dans la pauvreté en raison de l'épidémie qui a débordé les services de santé et eu des conséquences au niveau social et économique dues aux mesures de confinement. Les rênes du pays ont

Venezuela : la fuite en avant

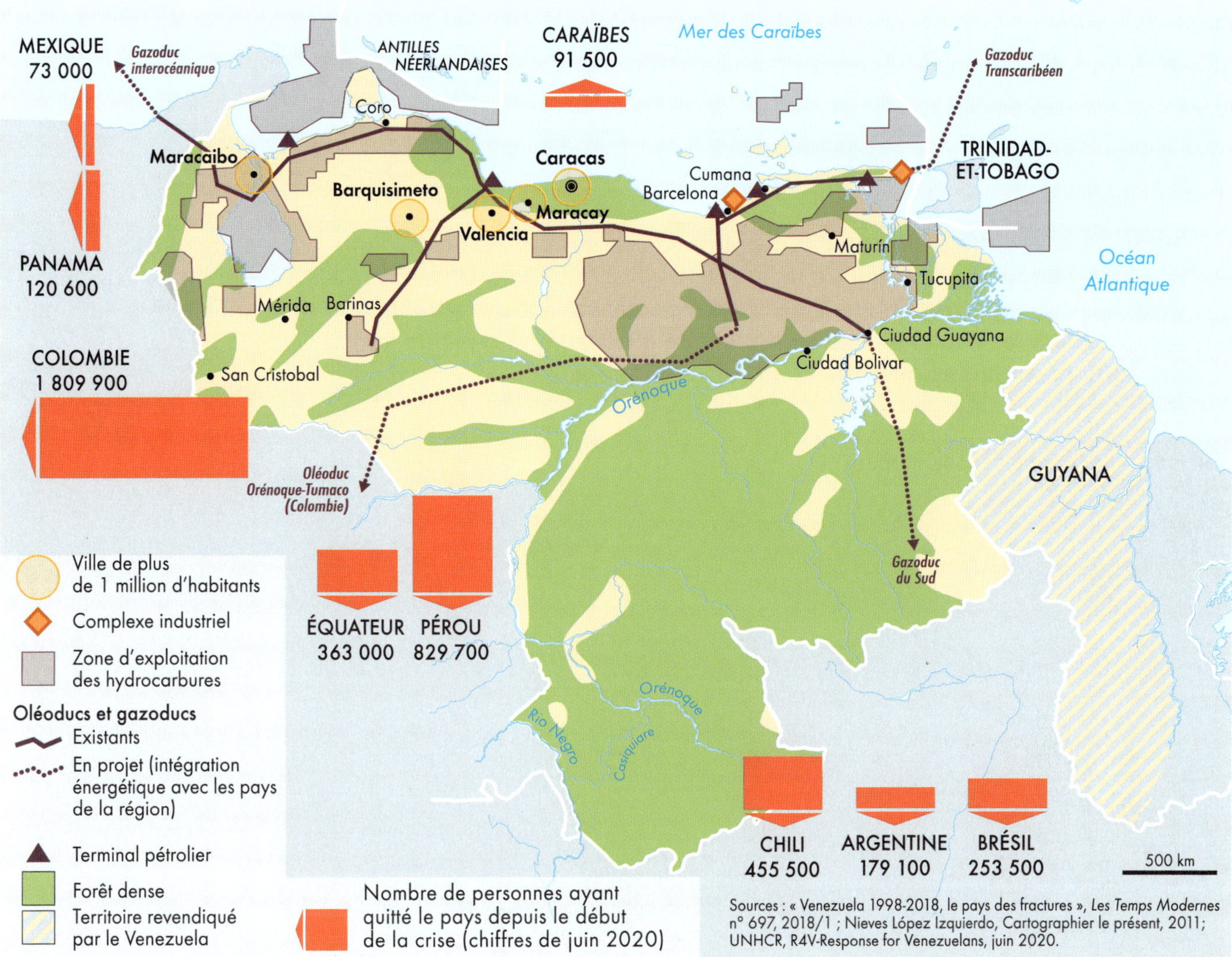

Sources : « Venezuela 1998-2018, le pays des fractures », *Les Temps Modernes* n° 697, 2018/1 ; Nieves López Izquierdo, Cartographier le présent, 2011 ; UNHCR, R4V-Response for Venezuelans, juin 2020.

ainsi été confiées à un conservateur Guillermo Lasso lors de l'élection présidentielle de 2021.

Quant au Brésil, les manifestations se succèdent dans la plupart des grandes villes du pays, pour critiquer la gestion calamiteuse de l'épidémie par le président d'extrême droite Jair Bolsonaro, dont la popularité est en chute libre. Près de la moitié des Brésiliens seraient désormais en faveur de sa destitution et place Lula, récemment libéré de prison et blanchi des accusations de corruption, en position de favori pour la prochaine élection présidentielle de 2022.

En Bolivie, après les élections truquées à l'origine de la contestation en octobre 2019 puis de la démission du président sortant, Evo Morales, le pays a renoué avec la démocratie, lors des élections présidentielles d'octobre 2020, repoussées *sine die* en raison de l'épidémie de Covid. C'est le candidat du Mouvement vers le socialisme (MAS), Luis Arce, qui a remporté l'élection présidentielle dès le premier tour avec plus de 52 % des voix. Les élections locales de mars 2021 confirment l'alternance en cours après l'ère Morales au pouvoir pendant 13 ans.

État d'urgence au Venezuela

Depuis l'instauration de l'état d'urgence en mai 2016, le Venezuela s'enfonce progressivement dans le chaos, contribuant à une fuite massive de la population vers les pays voisins. Depuis la baisse des prix du pétrole en 2013 et le décès de Chavez, Nicolás Maduro, son successeur, se montre incapable de résoudre la crise économique. Le chômage massif, les pénuries de nourriture, de médicaments et d'électricité ont entraîné une paupérisation croissante de la population. Au niveau politique, il s'est employé à marginaliser la chambre des députés gagnée par l'opposition, et tente de survivre en s'appuyant sur son armée tandis que Juan Guaido, leader de l'opposition, s'est autoproclamé président par intérim. Depuis, l'inflation est galopante (2959 % en 2020 selon la Banque centrale vénézuélienne), et plus de 5 millions d'habitants ont fui à l'étranger, mais pâtissent de l'épidémie de Covid.

> **« Vote à la présidentielle au Pérou, vote constitutionnel au Chili, on se dirige dans ces deux pays vers une augmentation des taxes sur les sociétés minières. Pourquoi pas ? Mais un certain nombre d'entreprises risquent d'y regarder à deux fois avant d'investir. L'arrivée d'un simili-marxiste au Pérou pourrait donc ne pas arranger les choses. »**
>
> **Philippe Chalmin**, économiste des matières premières, historien et universitaire

Les États-Unis, toujours gendarmes du monde ?

La capacité de projection de l'armée américaine sur tous les continents est incomparable. Cette prééminence stratégique reflète la volonté des États-Unis d'être les « gendarmes du monde », se préoccupant de la sécurité mondiale avant tout en fonction de leurs intérêts nationaux. Or, à travers les évolutions de leur politique extérieure et de leurs jeux d'alliance se dessine la réorganisation des rapports de force internationaux.

L'armée américaine dans le monde

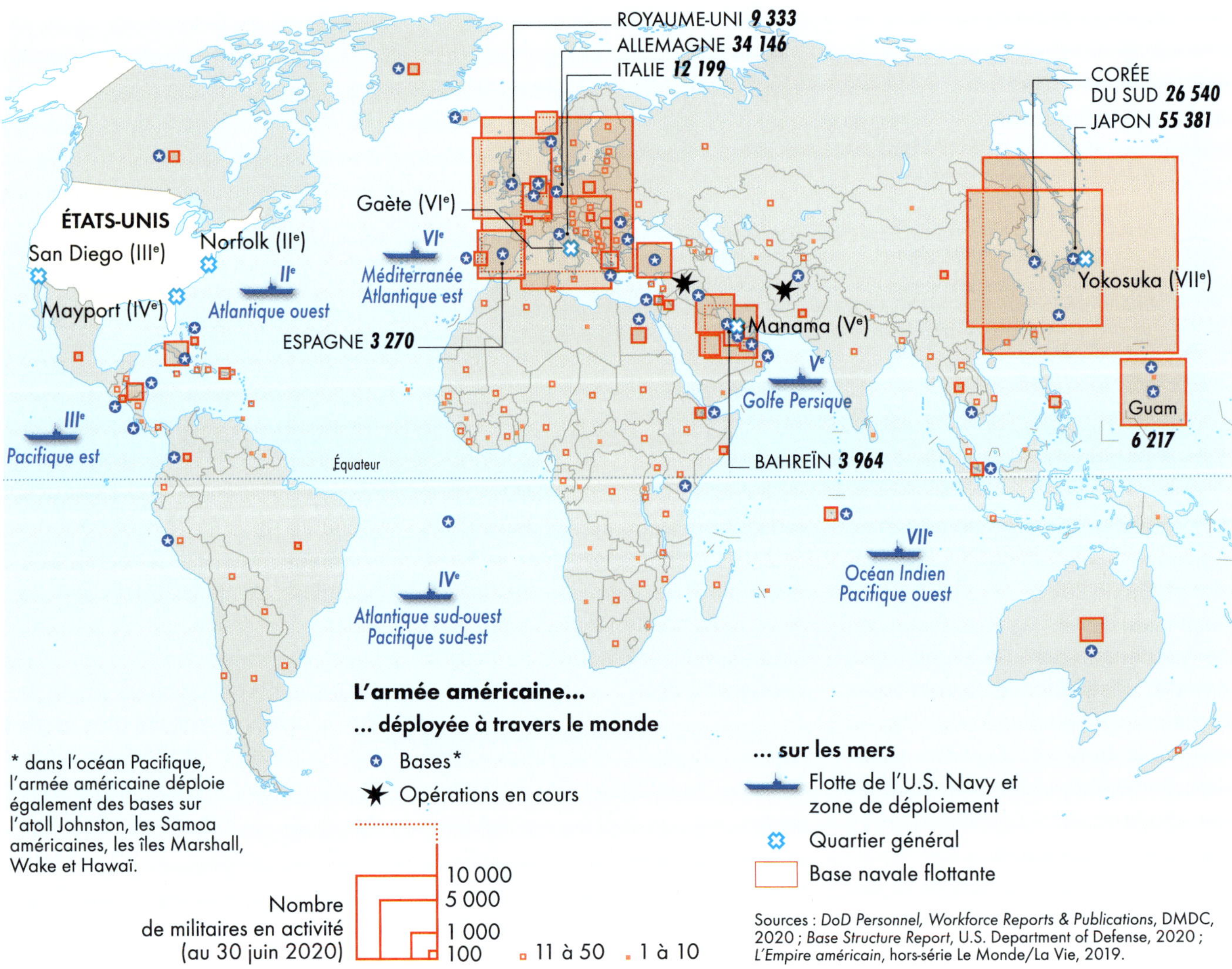

Sources : *DoD Personnel, Workforce Reports & Publications*, DMDC, 2020 ; *Base Structure Report*, U.S. Department of Defense, 2020 ; *L'Empire américain*, hors-série Le Monde/La Vie, 2019.

Un déploiement mondial

Les États-Unis disposent du plus grand nombre de bases militaires à l'étranger, réparties dans 45 pays en des points stratégiques. Les plus gros effectifs sont situés en Asie orientale (Japon, Corée du Sud) et en Allemagne. Le déploiement à l'étranger ne concerne qu'une minorité des forces actives et diminue depuis 2010 : 177 000 militaires américains (13,5 %) en 2019. Ces concentrations géographiques sont des héritages de la Seconde Guerre mondiale. Les Américains sont les plus présents au Japon, principalement sur l'île d'Okinawa, qui à elle seule rassemble près de 26 000 militaires. Si l'archipel japonais est stratégique pour le rayonnement des États-Unis dans la région, les habitants de l'île vivent mal son rôle de « base arrière » américaine. À Ramstein, en Allemagne, se trouve la base la plus grande en dehors du sol américain : elle accueille plus de 9 000 soldats. Au Proche et Moyen-Orient, l'installation de bases américaines est un sujet hautement sensible et fait l'objet de négociations poussées avec les pays alliés : par souci de sécurité, l'armée ne

Le coût humain des interventions américaines

Pertes humaines au cours des différentes guerres

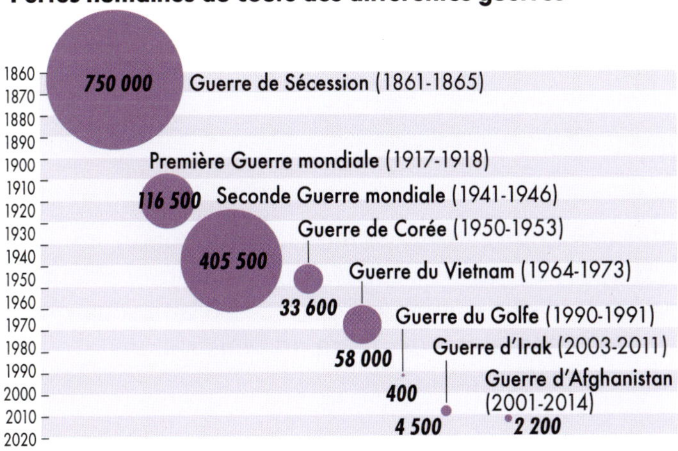

Nombre de soldats morts
durant les conflits en Irak et en Afghanistan

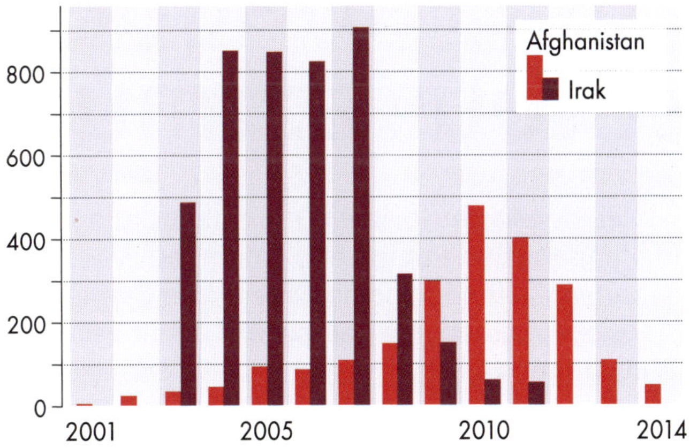

Sources : N.F. DeBruyne et A. Leland, *American War and Military Operations Casualties*, Congressional Research Service, 2015 ; U.S. Army War College Library (usawc.libguides.com) ; National Archives (www.archives.org) ; Iraq Coalition Casualty Count (iCasualties.org).

détaille pas la localisation de ses sites dans les pays du Golfe.

La présence terrestre des forces américaines est doublée d'une couverture extensive des océans par la marine, qui répartit ses bâtiments en sept zones de commandement, quadrillant ainsi l'ensemble des superficies maritimes de la planète. La présence militaire est enfin complétée par des alliances diplomatiques et stratégiques, via les structures de coopération de l'ONU et de l'OTAN. Sous l'administration Trump, la participation des États-Unis à l'OTAN a été régulièrement remise en cause en raison de son coût jugé trop élevé et de son inefficacité à protéger les Américains.

L'interventionnisme militaire

La politique étrangère des États-Unis est marquée par une alternance de périodes isolationnistes (depuis George Washington au XVIIIe siècle jusque quasiment le début du XXe siècle) et interventionnistes. L'attaque de Pearl Harbor en 1941 a mis un terme à la politique isolationniste. À partir de la Seconde Guerre mondiale, la suprématie militaire américaine s'affirme à l'échelle de la planète. Au cours des 60 dernières années, les États-Unis sont intervenus dans plusieurs pays pour contrer la montée de régimes politiques jugés « hostiles » comme en Corée, au Vietnam ou en Afghanistan contre les talibans. Parfois ces actions clandestines sont menées comme au Chili, par la CIA, pour renverser S. Allende.

Face aux nouveaux enjeux stratégiques, et en particulier l'expansionnisme chinois, s'opère un repositionnement stratégique vers l'Asie orientale, ainsi qu'en Afrique du Nord.

Revers militaires

Les deux derniers conflits engageant des troupes américaines au sol peuvent être considérés comme des échecs : les talibans sont revenus sur le devant de la scène en Afghanistan, et l'invasion de l'Irak, menée sans l'accord de l'ONU, n'a conduit qu'à déstabiliser encore plus la région. Selon des analystes militaires, la dissolution de l'armée irakienne en 2003 aurait en effet fourni des cadres dirigeants aux groupes terroristes Al-Qaïda puis Daech. Devant l'instabilité locale et la nécessité de mener des opérations de maintien à l'échelle planétaire, les administrations successives Obama et Trump ont longtemps hésité à retirer les troupes au sol, malgré la fin officielle des conflits. Le retrait d'Afghanistan finalement acté par Trump est effectif depuis le 4 juillet 2021.

> **« J'envoie un message clair au monde : l'Amérique est de retour. L'alliance transatlantique est de retour. »**
>
> **Joe Biden,** 46e président des États-Unis, avant de rencontrer ses partenaires européens en juin 2021.

Une présence en retrait

Nombre de militaires actifs à l'étranger
(en milliers)

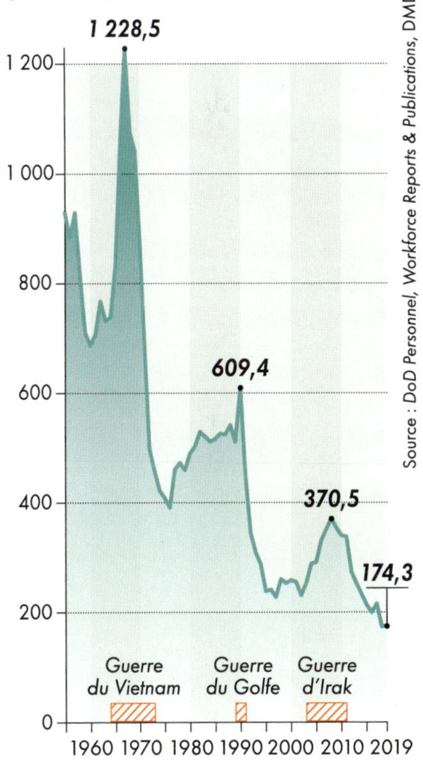

Source : DoD Personnel, *Workforce Reports & Publications*, DMDC, 2020.

Ces revers militaires expliquent le refus de s'engager au sol au Proche-Orient. En Libye, les États-Unis n'ont participé qu'aux bombardements coordonnés par l'OTAN en 2011. L'annonce par l'administration Obama de représailles en cas d'utilisation d'armes chimiques en Syrie (« ligne rouge ») n'a pas été suivie d'intervention militaire d'ampleur, au grand dam de ses alliés européens et arabes. Seules des frappes aériennes au sein d'une coalition internationale ont été effectuées.

Cyberattaques croissantes et tous azimuts

L'épidémie de Covid a vu la multiplication des attaques contre les systèmes informatiques d'hôpitaux en France et à l'étranger. Si le cyberespace n'est pas un lieu de guerre à proprement parler, il est néanmoins devenu ces dernières années l'un des principaux espaces d'attaques qui touchent autant les particuliers, les entreprises que les États à travers leurs administrations et institutions.

Câbles et *datacenters* dans le monde

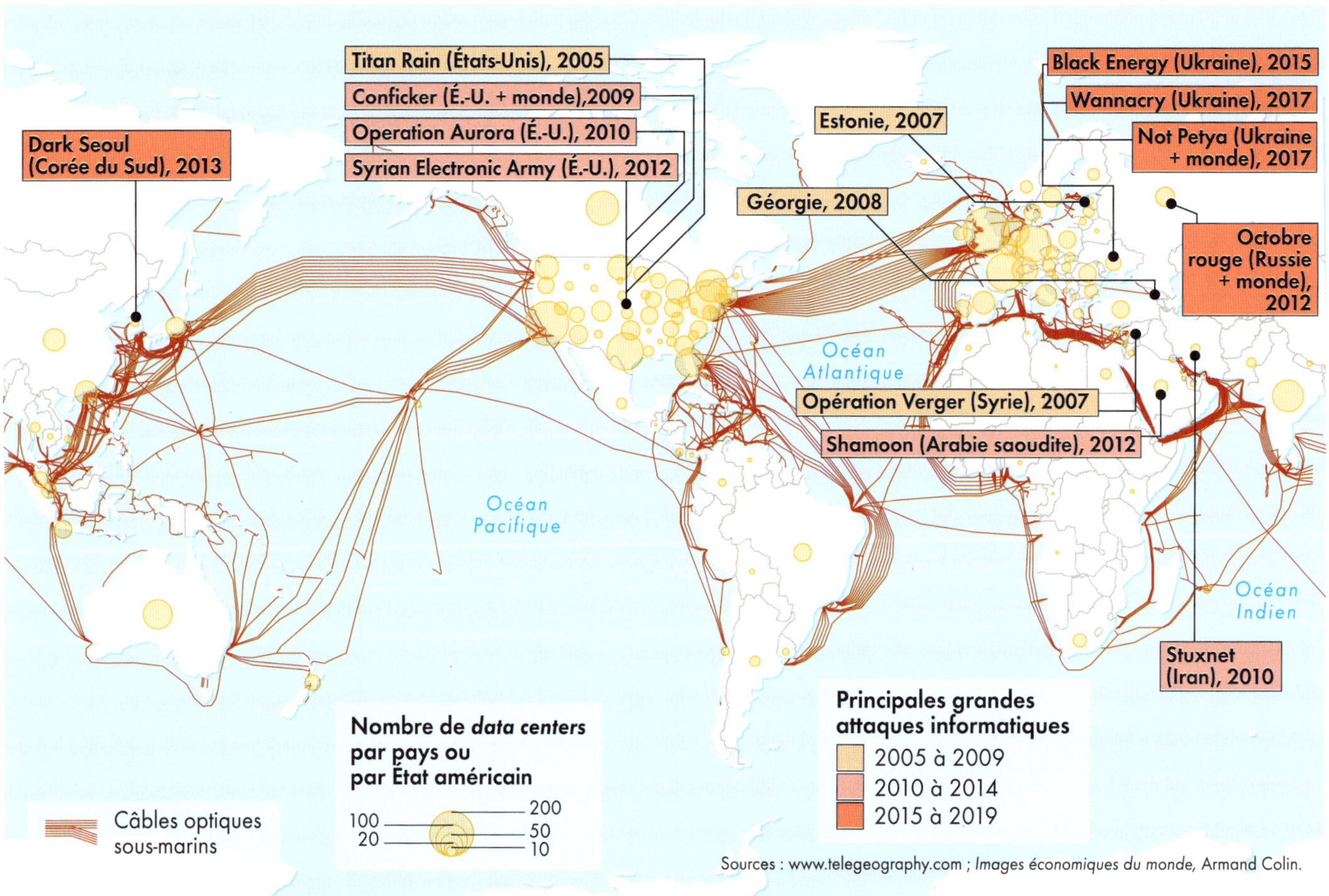

Sources : www.telegeography.com ; *Images économiques du monde*, Armand Colin.

Sabotage, piratage, espionnage et rançons

La création d'Internet favorise la diffusion d'informations et de nouvelles idées, en tant qu'espace de liberté et de libre expression publique, mais il présente aussi l'inconvénient d'être difficilement contrôlable. Cette situation contribue au développement de nouvelles formes de criminalité, qui se sont perfectionnées au fil des années. On peut schématiquement définir trois grands types d'attaques sur le net. D'une part les attaques de sabotage, dont le but est d'empêcher un système de fonctionner. Le sabotage est une attaque brutale, visible et rapide. Il peut prendre plusieurs formes : le piratage (*hacking*), l'attaque des systèmes (*cracking*), l'introduction illicite dans des sites ou ordinateurs pour en prendre le contrôle ou les saboter. Depuis quelques années, il s'agit avant tout de prendre en otage les données personnelles et d'exiger une rançon de son propriétaire pour les récupérer, d'où le nom de *ransomware*, « rançongiciel » en français. Selon l'Agence nationale de la sécurité des systèmes d'information (Anssi), si les hôpitaux sont devenus la cible de ce type d'attaques en cette période de Covid, c'est que leurs systèmes informatiques sont vulnérables, car souvent vétustes et manquent de moyens humains et financiers.

Le deuxième type d'attaques est plus classique, il vise à s'introduire dans un système afin d'en consulter le contenu et d'y dérober des données. Ces opérations d'espionnage sont par nature de temps long et discret. Enfin, les attaques de subversion visent soit à ridiculiser l'adversaire, soit à rallier des gens à sa cause par ses exploits ou la dénonciation des méfaits de l'autre. Il peut s'agir également de tentative de déstabilisation de processus démocratique, comme en témoignent les dernières campagnes présidentielles américaine et française en 2016 et 2017.

On ne compte plus les entreprises ni les États touchés quotidiennement par des cyberattaques. En 2017, le virus *WannaCry* a paralysé plus de 300 000 ordinateurs dans plus de 150 pays. Le 24 janvier 2019, l'entreprise française Altran, leader mondial des services d'ingénierie et de R & D, a été paralysée par une attaque informatique qui a désorganisé ses activités européennes, tandis qu'en mai 2019, c'est le réseau informatique de la ville de Baltimore qui a été paralysé par un *ransomware* pendant plusieurs semaines lui coûtant 18 millions de dollars de dommages. Les médias sont également ciblés. Après l'attaque spectaculaire contre TV5 Monde en 2017, M6 en 2019, c'est le journal *Ouest France* qui a été victime d'une attaque informatique en novembre 2020, désorganisant la rédaction.

Des attaques à tous les niveaux du cyberespace

Les attaques menées au travers du cyberespace peuvent cibler une ou plusieurs des trois couches qui forment ce dernier. La première est dite matérielle qui regroupe l'ensemble des infrastructures physiques (câbles sous-marins, routeurs, serveurs, etc.) concourant à l'interconnexion. La deuxième couche dite « logique » comprend l'ensemble des logiciels et protocoles permettant de faire dialoguer les matériels entre eux et avec les humains. Au-delà de ces deux couches formant l'architecture technique du cyberespace se trouve la couche « sémantique » qui est formée de l'ensemble des informations qui y circulent. Les différences dans l'appréhension du cyberespace par les États sont tant un héritage culturel qu'une présence plus ou moins grande sur telle ou telle couche. La prégnance des États-Unis et, de manière secondaire, des pays d'Europe et du Japon dans l'architecture fondamentale du cyberespace – en particulier les serveurs DNS racine d'Internet et les câbles sous-marins – oriente ceux-ci vers une approche technique. D'autres, en revanche, ont des stratégies davantage fondées sur une combinaison des aspects techniques et informationnels (Chine) ou plus directement sur l'information (Russie).

La cybersécurité, un impératif pour les États

Dans ce contexte de multiplication des cyberattaques partout sur la planète, la prise en compte de plus en plus importante de la cybersécurité au niveau des États s'est progressivement imposée. Toutes les grandes armées du monde ont défini une stratégie de cyberdéfense et disposent désormais d'un commandement cyber visant à lutter contre ces attaques. Les principales puissances sont ainsi celles qui apparaissent les mieux préparées face aux agressions. En revanche, il est également patent que ce sont ces pays qui sont les cibles principales des cyberattaques. L'OTAN a aussi mis en place un Centre d'excellence pour la coopération en matière de cyberespace à Tallinn en Estonie, où avait eu lieu en 2007 ce qui est considéré comme la première cyberattaque de l'histoire. Quant à l'Union européenne, elle a fondé en 2004 l'ENISA, European Union Agency for Network and Information Security. Le niveau de prise en compte de la menace et celui des réponses qui y sont apportées, en termes autant de doctrines que d'outils de gestion des crises, est particulièrement hétérogène.

La dissimulation créée par des conditions techniques (impossibilité d'attribuer juridiquement) ou organiques (utilisation de faux-nez) offre aux États et les organisations non étatiques les plus agressives une liberté de manœuvre incomparable. Toutefois il faut souligner que les cyberattaques créent avant tout un effet perceptuel plus qu'une violence réelle ; aucune cyberattaque n'a à ce jour causé de morts directs. En ce sens, les actions qui se déroulent dans le cyberespace s'adressent avant tout au cerveau humain.

QUELQUES CHIFFRES

- **55 %** des attaques proviennent d'organisations criminelles structurées
- **+148 %** d'augmentation des ransomware dans le monde en 2020, soit une attaque toutes les 40 secondes
- **8,6 millions**, le coût estimé pour une entreprise française des attaques numériques en 2018
- **190 000 dollars** par seconde : coût des cyberattaques

Source : leclubdesjuristes.com

Global Security Index

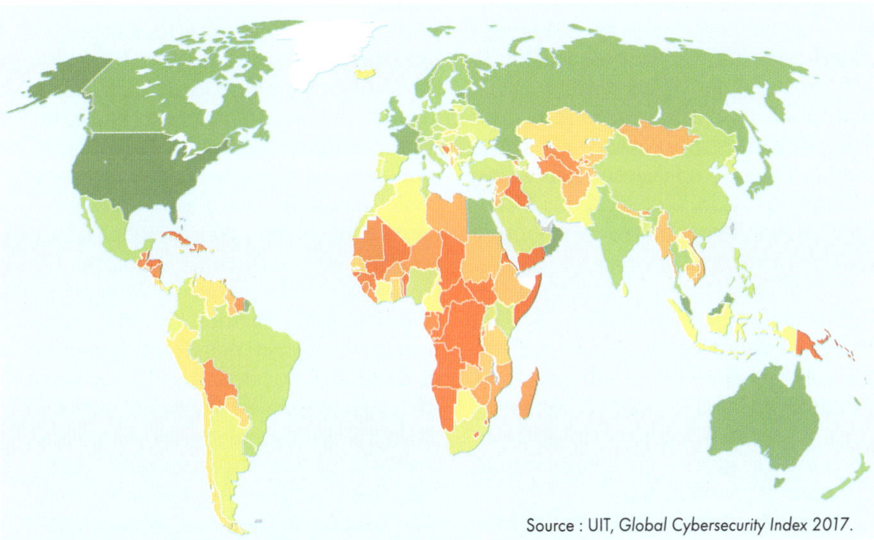

Source : UIT, *Global Cybersecurity Index 2017.*

Niveau d'engagement des États en faveur de la cybersécurité

Haut — Moyen — Bas

Je porte en moi l'exode des Arméniens

Les événements actuels résonnent avec l'histoire familiale de cette journaliste britannique d'origine arménienne, à qui on a toujours expliqué la nécessité de s'accrocher à chaque bout de territoire de ce pays qu'elle connaît si peu.

—**New Statesman** *(extraits)*
Londres

Comme de nombreux Arméniens de la diaspora, je ne suis jamais allée dans le Haut-Karabakh. Je n'ai jamais fait les six heures de route en *marchroutka* (un minibus) entre sa capitale, Stepanakert, et la capitale arménienne, Erevan – un trajet de trente-cinq minutes en avion, si ce n'est que l'Azerbaïdjan menace d'abattre les avions de ligne dans cet espace aérien.

Je n'ai jamais visité les monastères datant du Moyen Âge nichés dans les montagnes luxuriantes, pas plus que je ne me suis retrouvée face à *Tatik yev Papik* ("Mamie et Papi") – monument soviétique en roche volcanique, composé de deux visages géants aux épais sourcils, typiques des Arméniens.

Et je n'ai jamais été forcée de fuir mon pays.

Malgré tout, mon histoire familiale est indissociable de l'exode des Arméniens. À la période où le régime des Jeunes-Turcs a tué 1,5 million d'Arméniens – un génocide qui s'est prolongé de 1915 à 1923 –, mes grands-parents ont fui la région arménienne de Cilicie, dans le sud de la Turquie, vers Alexandrette, à l'époque rattachée à la Syrie. Quand ce territoire est tombé aux mains des Turcs juste avant la Seconde Guerre mondiale, ils se sont enfuis à Beyrouth. C'est là que mon père est né et a grandi (la guerre civile libanaise les a poussés à fuir de nouveau, à Chypre, puis ils sont arrivés au Royaume-Uni). Faute de noms, on trouve sur six branches de mon arbre généalogique la mention *"perdu de vue"*. La majorité d'entre nous – une diaspora de 8 millions de personnes [7 millions, selon le gouvernement arménien], soit plus du double de la population en Arménie – conserve un lien direct avec ce génocide. Si aujourd'hui nous observons de loin nos compatriotes, c'est parce que nos ancêtres ont été contraints de fuir pendant la Première Guerre mondiale. Pour nous, le parallèle avec la situation actuelle est manifeste.

À l'époque, comme en 2020, le reste du monde était préoccupé par une crise mondiale, permettant aux voisins plus puissants de l'Arménie d'agir sans être inquiétés (à ce jour, la Turquie refuse encore de reconnaître le génocide arménien).

Abandonnés. À l'époque, comme en 2020, il en fallait peu pour exploiter les tendances nationalistes. Au début du XXe siècle, les dirigeants de l'Empire ottoman, en plein déclin, s'en sont saisis ; cette année, ce sont les autocrates Ilham Aliev et Recep Tayyip Erdogan, le président de l'Azerbaïdjan et son plus grand fan, le président turc.

À l'époque, comme en 2020, un ordre mondial pourtant favorable à l'autodétermination était prêt à abandonner les Arméniens à la volonté de pays jouissant d'une plus grande influence géopolitique. Et, comme au temps de l'Empire russe et de l'Union soviétique, la Russie est aujourd'hui un allié peu fiable (mon père disait toujours : *"Quand la Russie éternue, l'Arménie s'enrhume."*).

Un homme marche sur un pont d'Erevan, décoré des drapeaux de l'Arménie et du Haut-Karabakh, en octobre 2020. *Photo AFP*

Le Haut-Karabakh me paraissait lointain quand j'étais petite. Au catéchisme arménien, mon père déroulait une carte du Caucase et nous montrait d'un air grave la zone que nous appelions Artsakh – son nom arménien ancestral, remontant à 189 avant J.-C. – pour nous expliquer son importance. D'autres cartes servaient à montrer que le royaume autrefois puissant d'Arménie avait rétréci au fil des siècles, grignoté par les empires. Les enfants de la diaspora étaient ainsi appelés à s'accrocher aux derniers fragments de ces terres.

Je ne suis allée qu'une fois en Arménie, à l'occasion d'une réunion de famille chaotique avec des proches venus de Paris, Beyrouth, New York et Londres : nous étions venus visiter notre terre d'origine, alors même qu'aucun d'entre nous ne s'y sentait chez lui. Nous avons bu du vin rustique de grenade dans des restaurants en sous-sol, afin de nous préparer aux inévitables danses en cercle. Nous avons filé entre les monastères, les églises et les *khatchkar* (des pierres à croix) qui parsèment le paysage de la première nation chrétienne, un itinéraire entrecoupé de pompeux monuments soviétiques et de barres d'immeubles qui, vues du ciel, forment l'acronyme "URSS". Ma sœur et moi avons même tenté de remettre un ours en liberté, ce qui a beaucoup amusé son soigneur, en proie à l'ennui.

Mais j'ai surtout été marquée par la vue du mont Ararat enneigé, un symbole sacré de l'Arménie, où serait arrivée l'arche de Noé. On trouve à coup sûr une représentation de cette montagne dans tous les foyers, entreprises et restaurants arméniens du monde entier. Elle se trouve au centre des armoiries arméniennes, et "Ararat" est aussi le nom du célèbre cognac arménien que Staline a offert à Churchill lors de la conférence de Yalta (le Britannique a apprécié cet alcool au point d'en commander presque tous les ans par la suite).

La vue était magnifique, mais lors de ce périple nous n'avons pas pu nous rendre jusqu'au mont Ararat proprement dit : au loin se trouvait une longue clôture marquant la frontière turque. La Turquie a fermé sa frontière avec l'Arménie en 1993, en réaction au précédent conflit dans le Haut-Karabakh, quand la région a tenté de faire sécession de l'Azerbaïdjan pendant l'effondrement de l'Union soviétique. Le mont Ararat, qui incarne l'espoir dans le patchwork de terres qui échappent aux Arméniens, se trouve du côté turc de la frontière – hors de portée.

—Anoosh Chakelian

Publié le 14 octobre 2020

SOURCE

NEW STATESMAN

Londres, Royaume-Uni

Hebdomadaire, 36 591 ex.

newstatesman.com

Depuis sa création en 1913, cette revue politique, réputée pour le sérieux de ses analyses et la férocité de ses commentaires, est le forum de la gauche indépendante. Elle ouvre néanmoins ses colonnes à un large éventail d'opinions.

franceinfo:

Limassol, Chypre, 20 juillet 2019 : des canoés longent la plateforme offshore d'exploration de pétrole et de gaz. © Stewart Innes / Shutterstock

De l'eau dans le gaz en Méditerranée orientale

Les découvertes de ressources gazières excitent les convoitises. Et la concurrence des pays côtiers du bassin levantin.

Ce sont les découvertes de gisements gaziers au large des côtes israéliennes (les champs « Tamar » et « Leviathan » en 2009-2010) puis chypriotes (« Aphrodite » en 2011) et enfin égyptiennes (« Zohr » en 2015) qui ont affûté les appétits, notamment turcs.

Cliente potentiellement importante de ces hydrocarbures, la Turquie comptait également sur la construction d'un gazoduc sous-marin pour acheminer le gaz israélien vers son réseau de gazoducs à terre. Mais la rupture des relations entre Ankara et Tel-Aviv en 2010 mit un terme à ces espoirs. Parallèlement, Israël se rapprochait de Chypre, de la Grèce et de l'Égypte du maréchal Sissi, imaginant la construction d'un gazoduc sous-marin de 3000 km reliant les champs gaziers de Méditerranée orientale à la Grèce, court-circuitant ainsi la Turquie.

Celle-ci répondait de façon plutôt agressive, contestant aux Chypriotes le droit d'exploiter les ressources offshores de l'île sans y associer les Chypriotes turcs (et leur République turque de Chypre du Nord reconnue uniquement par Ankara). Partant, la Turquie entamait elle-même plusieurs campagnes de recherche d'hydrocarbures dans les eaux chypriotes voire grecques, la séparation des zones économiques exclusives entre les trois pays n'ayant jamais été définie. Les navires d'exploration turcs souvent accompagnés de navires militaires ont entraîné une multiplication de face-à-face tendus en mer, notamment durant l'été 2020.

Courant 2021 toutefois, la Turquie a fait montre d'une claire volonté d'apaisement, entamant des discussions avec Israël, l'Égypte ou la Grèce. La découverte par ses navires de recherche à l'automne 2020 d'un important champ gazier en... mer Noire (deux fois plus important que le champ gazier chypriote) a réorienté les appétits turcs. La Méditerranée orientale semble pouvoir s'apaiser.

Eric Biegala
Grand reporter, rédaction internationale de Radio France

Les défis de la mondialisation

Sommaire

Inégalités et pauvreté dans le monde

Si des inégalités criantes existent dans le monde, entre les États, elles sont aussi très présentes au sein même des pays. La pauvreté continue de toucher de nombreuses populations dans le monde, y compris dans les pays riches comme en témoigne le cas de l'Europe.

Développement et inégalités

Aujourd'hui, si les pays pauvres représentent 80 % de la population mondiale et ne disposent que de 20 % des richesses, les pays riches et industrialisés (20 % de la population mondiale) en détiennent 80 %. Ces inégalités sont évaluées par l'indice de développement humain (IDH) créé en 1990 par le Programme des Nations unies pour le développement (PNUD). Il permet de classer les pays (189) à partir de trois indicateurs : l'espérance de vie, niveau d'études et revenu, sur une échelle allant de 0 à 1 (0 étant la situation la plus difficile et 1 la meilleure). En 2017, 59 pays appartiennent à la catégorie « développement humain très élevé » et 38 à la catégorie « développement humain faible », ils étaient respectivement 46 et 49 en 2010 (ONU). En 2020, l'IDH est devenu l'Indice de développement humain ajusté aux inégalités (IHDI). Les types d'indicateurs utilisés sont restés les mêmes que précédemment, mais leur évaluation considère la perte de développement humain due aux inégalités.

Seuils de pauvreté en Europe

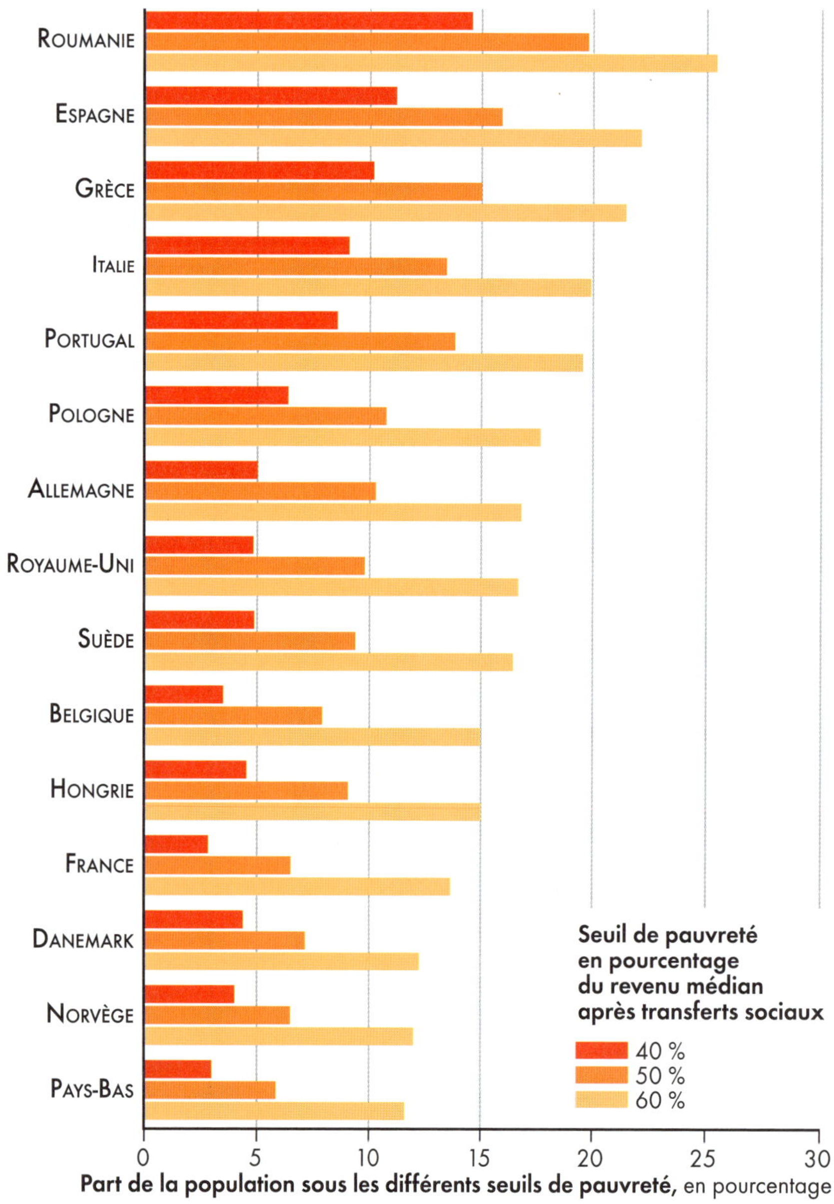

Source : https://www.inegalites.fr/la-pauvrete-en-europe

La mesure de la pauvreté

Introduit par le PNUD en 1996, l'indice de pauvreté humaine (IPH) prend en compte la santé, l'éducation et le niveau de vie pour évaluer la pauvreté, mais exclut le revenu. Pour les pays en développement, il mesure la probabilité de mourir avant 40 ans, l'analphabétisme des adultes, la part de la population sans accès à l'eau potable et la sous-alimentation chez les enfants. Pour les pays développés, il envisage la possibilité de mourir avant 60 ans, les difficultés de lecture chez les

LA PAUVRETÉ : DES MANQUES ?

L'IPM modifie les résultats obtenus avec l'indice « classique » : l'Éthiopie passe de 39 % à 90 % de pauvres, le Pakistan de 23 à 51 %, le Niger de 2 tiers de sa population à 93 %.

L'IDH dans le monde

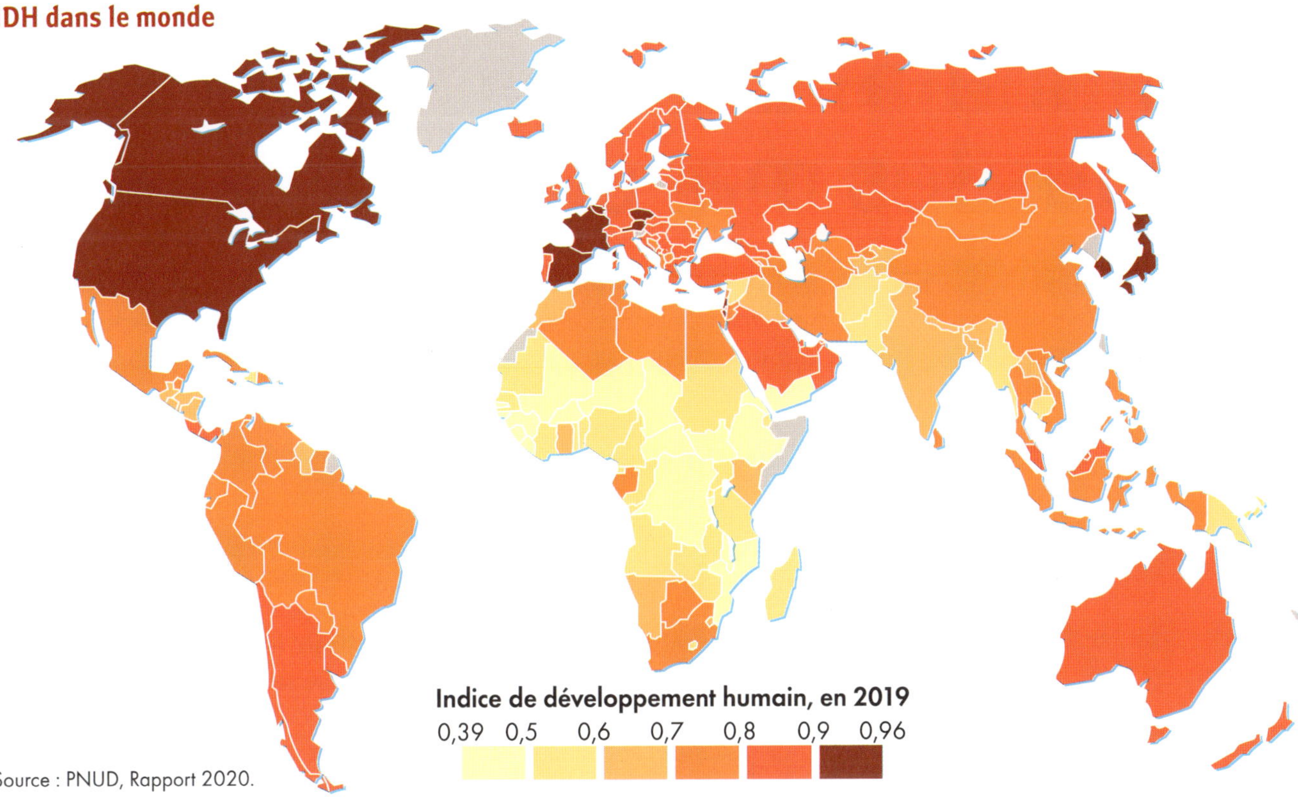

Source : PNUD, Rapport 2020.

adultes, la part de la population vivant sous le seuil de pauvreté, le chômage de longue durée.

L'indice de pauvreté multidimensionnelle (IPM) proposé en 2010 par l'Oxford Poverty and Human Development Initiative (OPHI) et le PNUD remplace l'IPH pour les pays en développement. Il cumule privation en matière d'éducation, de santé et de niveau de vie, nombre d'années de scolarité et taux de scolarisation, malnutrition et mortalité infantile, caractéristiques du logement et des sanitaires, accès à l'eau potable et à l'électricité, nature du combustible de cuisson, possession de matériel de transport et de communication. Il intègre les manques graves, dont souffrent les individus en ne se limitant pas aux aspects économiques.

17 % des Européens vivent sous le seuil de pauvreté de leur pays. À l'échelle des États, le Luxembourg a un PIB par habitant sept fois supérieur à la Bulgarie. Pour mesurer la pauvreté en Europe on utilise un seuil calculé en proportion du revenu médian de chaque pays égal à 60 % du revenu médian, soit 1 400 euros en Norvège et 1 300 en Suisse en 2014.

Le taux de pauvreté dans le monde

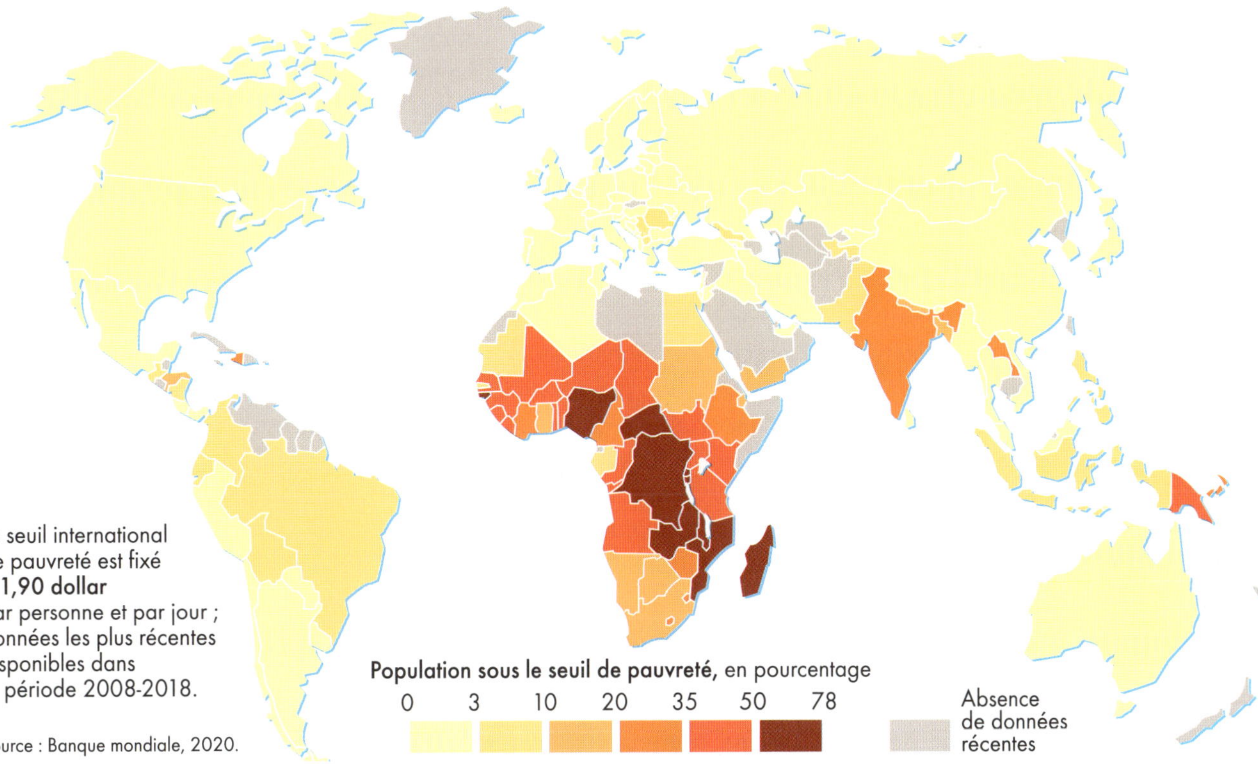

Le seuil international de pauvreté est fixé à **1,90 dollar** par personne et par jour ; données les plus récentes disponibles dans la période 2008-2018.

Source : Banque mondiale, 2020.

La mondialisation de tous les marchés

La mondialisation ne touche aujourd'hui plus seulement les matières premières, minerais et produits tropicaux, mais pratiquement tous les produits et tous les pays. Et les flux d'échanges concernent de plus en plus l'Asie, qui est devenue une grande importatrice de matières premières, principalement de produits miniers et énergétiques.

Exportations de fer

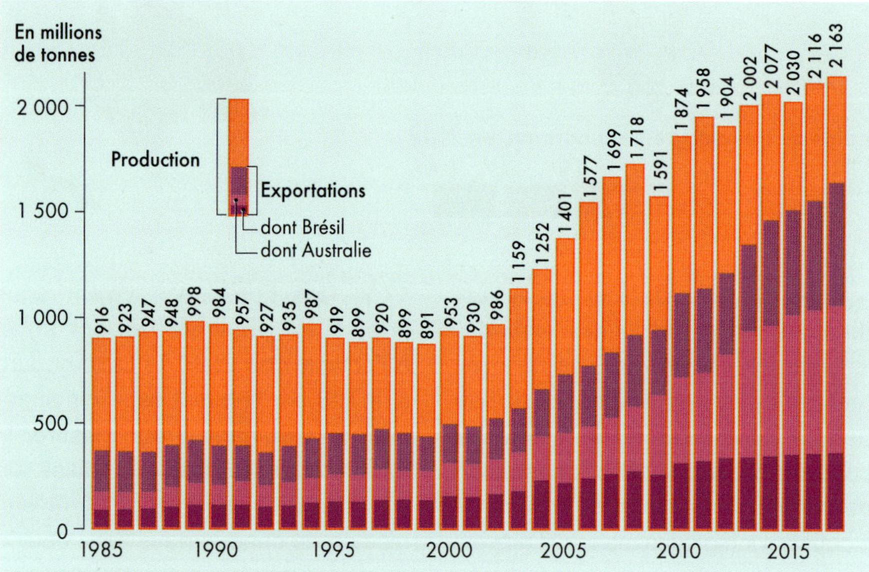

Source : Worldsteel Association, *Steel Statistical Yearbook*, annuel.

Une mondialisation des échanges croissante

Depuis trente ans, la valeur des échanges de matières premières a plus que doublé, mais leur part dans le total de ces échanges s'est réduite en raison de la plus forte croissance des produits manufacturés. Comme ces échanges sont exprimés en valeurs et non en volume, ils subissent aussi plus que ces derniers l'impact des fluctuations des prix surtout sensibles en matière de pétrole. C'est le cas notamment pour la période 2008 à 2018, où l'on observe une diminution de la part des combustibles et des produits miniers de 22 à 19 % ; les prix des produits agricoles fluctuant moins, il est assez logique que leur part ait augmenté passant de 8 à 10 % de la valeur, en lien direct avec l'augmentation des volumes échangés. On peut aussi observer des changements au niveau des produits, notamment en agriculture : plus de boissons, fruits et légumes, oléagineux et huiles et moins de viandes, de poissons, de sucre et de céréales.

Des flux démultipliés

Un autre fait majeur est la multiplication des flux tant à l'import qu'à l'export traduisant la participation d'un nombre sans cesse plus grand de pays à ces échanges. En général, le poids des pays traditionnellement exportateurs diminue au profit de nouveaux pays. Ainsi, de 2000 à 2018, pour les produits agricoles, la croissance la plus forte se manifeste au niveau du Brésil, de la Chine, de l'Indonésie et de l'Inde, alors que la part des États-Unis et du Canada régresse et que celle de l'Europe (à 28) régresse surtout au niveau de ses échanges intra-communautaires. En ce qui concerne les combustibles et les produits miniers, ce sont les États-Unis, l'Australie et la Chine qui progressent le plus alors que la part de l'Arabie saoudite, des Émirats arabes unis et de la Norvège régresse.

La part du minerai de fer exporté est passée de 387 millions de tonnes (Mt) en 1980 à 1 640 Mt en 2017 et a donc été multipliée par 4,2 pendant que la production totale a un peu plus que doublé (passant de 931 Mt à 2 163 Mt). Le minerai de fer est ainsi de plus en plus exporté, les exportations passant de 41,5 % du total de la production en 1980 à 76 % aujourd'hui. Les deux principaux exportateurs de minerai sont l'Australie et le Brésil ; leur importance a aussi crû au sein des exportations, passant de 42 % en 1980 à 77 % en 2017. La situation des importations a évolué en raison de la montée en puissance de la Chine : elle représente actuellement 68 % des importations alors qu'en 2000 elle importait encore moins de 20 % du minerai vendu sur les marchés mondiaux. *A contrario*, Japon et Union européenne qui totalisaient en 1980 plus de 80 % du total des importations n'en représentent plus aujourd'hui que 14 %. Trois sociétés (Vale, Rio Tinto et BHP Group) contrôlent actuellement les deux tiers des exportations.

Quant au gaz naturel, la croissance de ses exportations est due à sa liquéfaction qui en facilite le transport, depuis 1964. Sous forme de gaz naturel liquéfié (GNL), l'on peut réduire son volume original d'environ 600 fois, rendant possible le transport maritime sur longues distances

(2 000 km et plus). Cela impose des chaînes d'approvisionnement incluant les puits producteurs, des réseaux de gaz brut, les usines de traitement de ce gaz, les usines de liquéfaction, les terminaux de chargement des méthaniers (bateaux qui transportent le GNL), les terminaux d'importation et de stockage, les usines de regazéification et de réinjection dans le réseau. Au 1er janvier 2019, il y aurait une quarantaine de terminaux de liquéfaction répartis dans 20 pays et plus de 140 terminaux de regazéification (et installations flottantes) situés dans 42 pays dont plus de 30 au Japon. 563 navires méthaniers sont en service ; leur capacité totale est de 831 M de m^3.

En 2018, l'Asie a conforté sa position de première région importatrice avec une part de 76 % des importations mondiales de GNL ; si le Japon est toujours le premier pays importateur (26 %), la Chine est à présent le deuxième, ayant doublé en deux ans ses importations pour faire suite à sa politique de substitution du charbon par le gaz pour des raisons environnementales et la Corée du Sud le troisième pour des raisons proches.

La mondialisation des graines contestée

Aujourd'hui, la majeure partie des cultures repose sur l'utilisation de graines « brevetées » (protégées par un certificat d'obtention végétale – COV) par des semenciers, tel Monsanto : l'agriculteur qui les achète paie des « royalties » incluses dans le prix et qui reviennent au semencier. Ces graines correspondent à des espèces de plantes qui répondent aux contraintes de la production mondialisée et à la grande distribution : elles poussent vite, sont plus résistantes au transport et à la manipulation dans les grandes surfaces…

Douze espèces végétales et cinq animales dominent ainsi le marché. Mais cette situation est de plus en plus contestée car les espèces hybrides créées par les multinationales des semences sont pour la plupart dégénérescentes à la 2e génération, d'où la nécessité de renouveler les espèces très régulièrement, et donc de payer pour en avoir de nouvelles ; en outre, ces espèces qui nécessitent engrais et irrigation, qui recèlent moins de protéines, de sucres lents, de vitamines, d'huiles et d'huiles essentielles, ont moins de saveur. La polémique porte aussi sur le fait que les petits producteurs n'ont pas le droit de commercialiser de très nombreuses espèces issues de la biodiversité. En fait, ils ont le droit de les cultiver mais pas de les vendre ; en effet, en Europe par exemple, seules peuvent être commercialisées les semences répertoriées dans le catalogue officiel européen. Mais en 2021, les agriculteurs bio pourront vendre leurs propres semences.

LA NOUVELLE-ZÉLANDE A RÉALISÉ EN 2018

- **1 %** de la production mondiale de vin sur une superficie qui représente 0,5 % du vignoble mondial.
- **87 %** du vin sont exportés principalement aux États-Unis, au Royaume-Uni, en Australie et au Canada ;
- **77,3 %** du volume étaient des vins embouteillés.

Grands exportateurs de matières premières

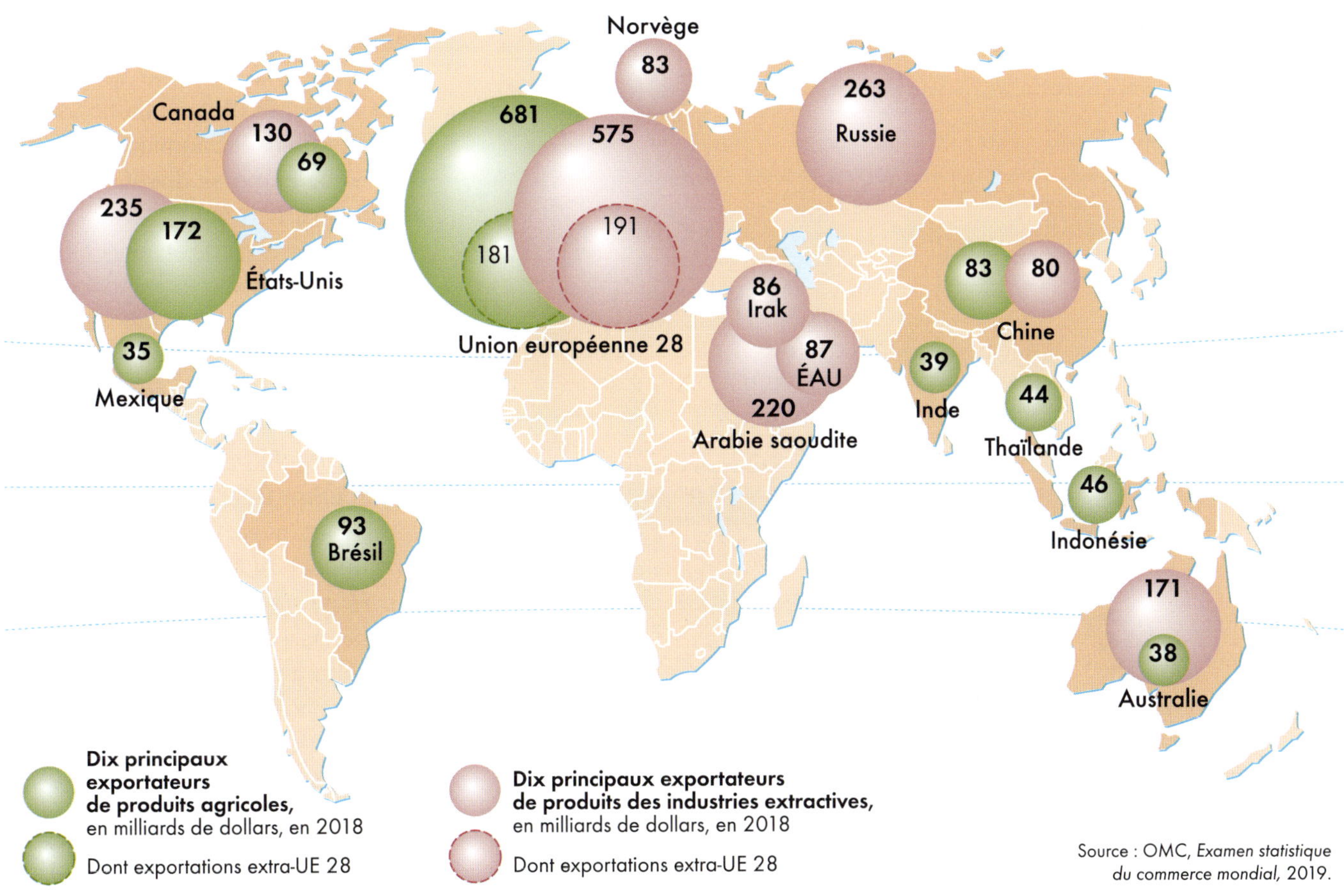

Source : OMC, *Examen statistique du commerce mondial*, 2019.

Une mondialisation de plus en plus chinoise ?

Les États-Unis sont à la fois l'un des plus gros producteurs et consommateurs de biens matériels et immatériels de la planète, ce qui se traduit par une domination sur le commerce international. Cela passe par l'institutionnalisation d'accords commerciaux, afin de défendre leurs intérêts et imposer leurs règles, mais aussi affronter la concurrence de la Chine.

L'hégémonie commerciale américaine affaiblie

Les États-Unis dominent le commerce international. En 2019, le pays se classe au premier rang mondial des exportations en valeur de produits agricoles, aéronautiques, automobiles et de circuits intégrés, ainsi que des hydrocarbures, grâce à l'explosion de l'exploitation des gaz et pétrole de schiste. À eux seuls, ils assurent 13,2 % des importations mondiales (premier rang) de marchandises en valeur en 2018 et 8,5 % des exportations, ce qui les place toutefois au 2e rang mondial derrière la Chine. De fait, la domination américaine sur l'économie mondiale ne cesse de diminuer. La Chine se classe en effet depuis 2015 première en PIB en parité de pouvoir d'achat (PPA), qui permet la comparaison entre devises différentes : 23,3 billions de dollars, contre 19,3 pour les États-Unis (2019). La supériorité américaine demeure si l'on considère le seul PIB : 21,4 billions de dollars contre 14,1 pour le PIB chinois en 2019. Ces chiffres traduisent le ralentissement de l'économie américaine à la suite de la crise de 2007-2008, et la montée en puissance des pays dits émergents (BRICS).

Premiers pays exportateurs et importateurs

Principaux exportateurs et importateurs de marchandises en 2018
(en milliards de dollars)

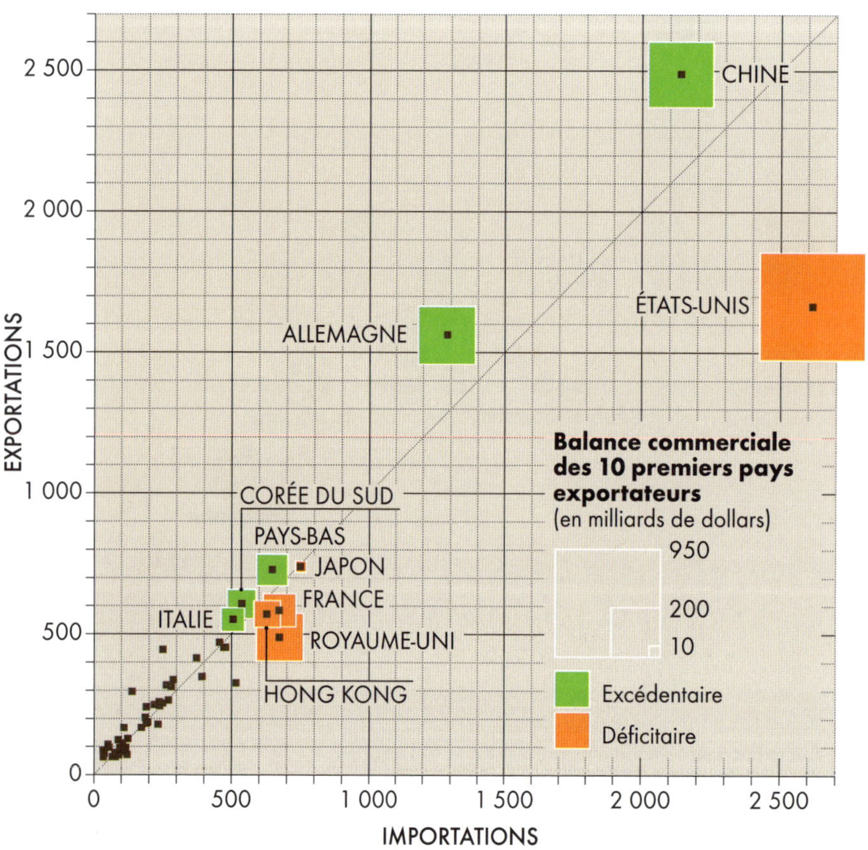

Source : *Commerce des marchandises*, OMC, 2020 (www.wto.org).

Mais à la tête de la plus vaste zone de libre-échange

Signé en décembre 1992 et entré en vigueur le 1er janvier 1994, l'Accord de libre-échange nord-américain (NAFTA en anglais, TLCAN en espagnol) a créé la plus grande zone de libre-échange au monde, entre les États-Unis, et ses deux voisins : le Canada et le Mexique. L'objectif était de stabiliser et d'accroître leurs relations commerciales et financières et d'aider à la création d'emplois. Pour cela, l'ALENA institutionnalise un ensemble économique au sein duquel les barrières douanières sont assouplies, permettant ainsi la libre circulation des biens et services marchands, mais non des personnes.

Le bilan de l'ALENA fait toutefois l'objet de débats parmi les économistes. Les échanges entre les trois pays ont sans conteste augmenté, passant de 290 à 1 100 milliards de dollars entre 1993 et 2017, plus rapidement qu'avec les autres régions du monde. L'ALENA n'a en revanche pas réussi à équilibrer la balance commerciale des États-Unis, toujours déficitaire avec ses deux voisins, ce qu'a dénoncé l'administration Trump. Après trois ans de négociations, l'ALENA a été remplacé le 1er juillet 2020 par l'Accord Canada-États-Unis-Mexique (ACEUM, ou USMCA en anglais). Les modifications suivent la volonté des États-Unis de protéger des secteurs clés comme les produits laitiers et les industries automobile et textile, sans pour autant remettre en cause le principe fondateur de libre-échange.

La Chine, principal rival commercial

Tout au long de son mandat, Donald Trump a fait de la Chine son principal rival commercial et bouc émissaire des difficultés économiques américaines. Il en veut pour preuve la balance commerciale fortement déficitaire, aux dépens des États-Unis, entre les deux pays. La Chine est ainsi accusée de concurrence déloyale et de non-respect de la liberté d'investir. Les tensions ont abouti à une « guerre commerciale », initiée en mars 2018 par l'administration Trump, consistant en des augmentations des droits de douane et des quotas aux importations. Cette politique plébiscitée par une grande partie de l'opinion publique américaine est poursuivie par le nouveau résident de la Maison-Blanche, Joe Biden. Pourtant, la pression exercée sur la Chine apparaît limitée, au vu de sa puissance économique et de l'interdépendance entre les deux pays. Pire, cette guerre commerciale pénaliserait les consommateurs américains.

> **« Notre relation avec la Chine sera concurrentielle quand elle doit l'être, collaborative quand elle peut l'être et antagoniste quand c'est nécessaire. »**
>
> **Antony Blinken,** secrétaire d'État

Échanges commerciaux de l'Alena

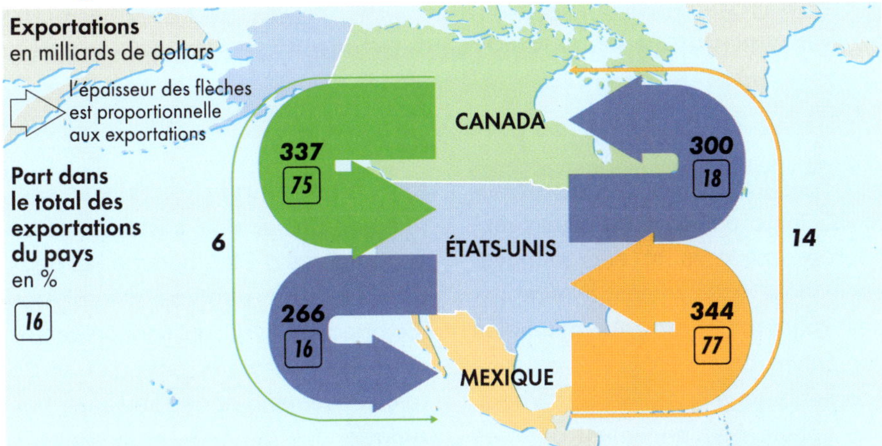

Chiffres clés, 2018	Population (en millions d'habitants)	PIB (en milliards de dollars)	Classement mondial par PIB (rang)
Canada	37	1,7	10e
États-Unis	327	20	1er
Mexique	129	1,2	15e

Source : OMC, 2019.

Relations commerciales entre la Chine et les États-Unis

Le PIB des cinq premières puissances économiques mondiales, 1990-2019
(en parité de pouvoir d'achat, en milliards de dollars)

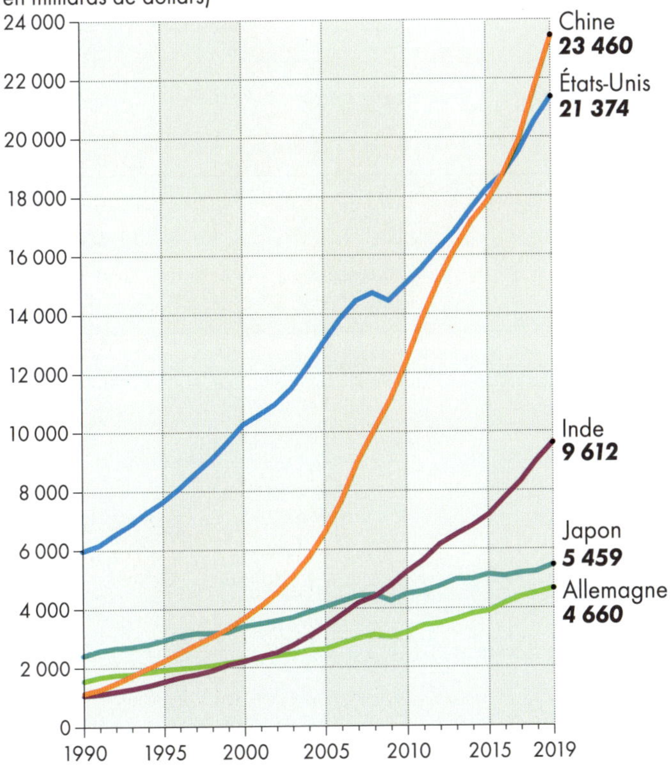

Le déficit commercial des États-Unis envers la Chine, 2000-2019 (en milliards de dollars)

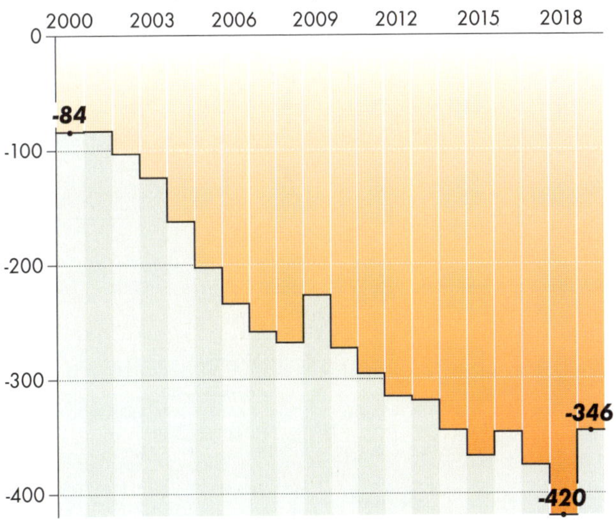

Les biens les plus échangés entre la Chine et les États-Unis
(en milliards de dollars, en 2017)

Principales importations depuis la Chine
- Ordinateurs (77)
- Téléphones portables (70)
- Vêtements et chaussures (54)

Principales exportations vers la Chine
- Avions commerciaux (16)
- Soja (12)
- Automobiles (10)

Sources : Banque mondiale, 2020 ; *Trade in Goods with China*, U.S. Census Bureau, 2020 ; A. Gnanasagaran, « Southeast Asia: Victors of the trade war? », *The Asean Post*, 2018 (theaseanpost.com).

La Chine sécurise ses approvisionnements

En raison de son développement rapide, la Chine consomme chaque année plus de matières premières qu'elle doit de plus en plus importer. Elle doit aussi faire face à l'accroissement des besoins de sa population de près de 1,4 milliard d'habitants, tout en anticipant la raréfaction des ressources par une politique cohérente et efficace.

Une vision globale du monde

Si la Chine est bien dotée en ressources minières et énergétiques, elle achète massivement à l'étranger des matières premières minérales (fer, cuivre, or, argent) et des produits énergétiques (y compris du charbon). Elle achète non seulement pour les besoins de sa population, mais aussi pour alimenter ses industries de transformation. C'est notamment le cas du bois ou des poissons qui sont transformés sur place en meubles, ou en filets et réexportés parfois dans les pays d'origine de ces matières premières. Elle achète partout via ses compagnies d'État, comme les deux grandes compagnies pétrolières (Sinopec et CNPC) qui sont présentes dans de nombreux pays (27 et 26 respectivement) et pas seulement en Afrique, comme on le croit souvent. De 2005 à 2019, la Chine aurait investi 1 986 milliards de dollars à l'étranger, dont la moitié dans le secteur des matières premières (36 % pour l'énergie). Grâce aux prises de participation dans des firmes importantes, ses entreprises publiques et privées développent de nouvelles technologies, par exemple pour l'exploitation en offshore profond ou celle d'hydrocarbures non conventionnels.

Malgré un ralentissement récent de son économie et l'épidémie du Covid, le rôle que joue la Chine sur les marchés mondiaux des matières premières ne devrait pas changer de sitôt, en raison de sa croissance économique soutenue, et de sa stratégie globale qui s'appuie désormais sur son projet des « nouvelles routes de la

Implantations des pétroliers chinois dans le monde

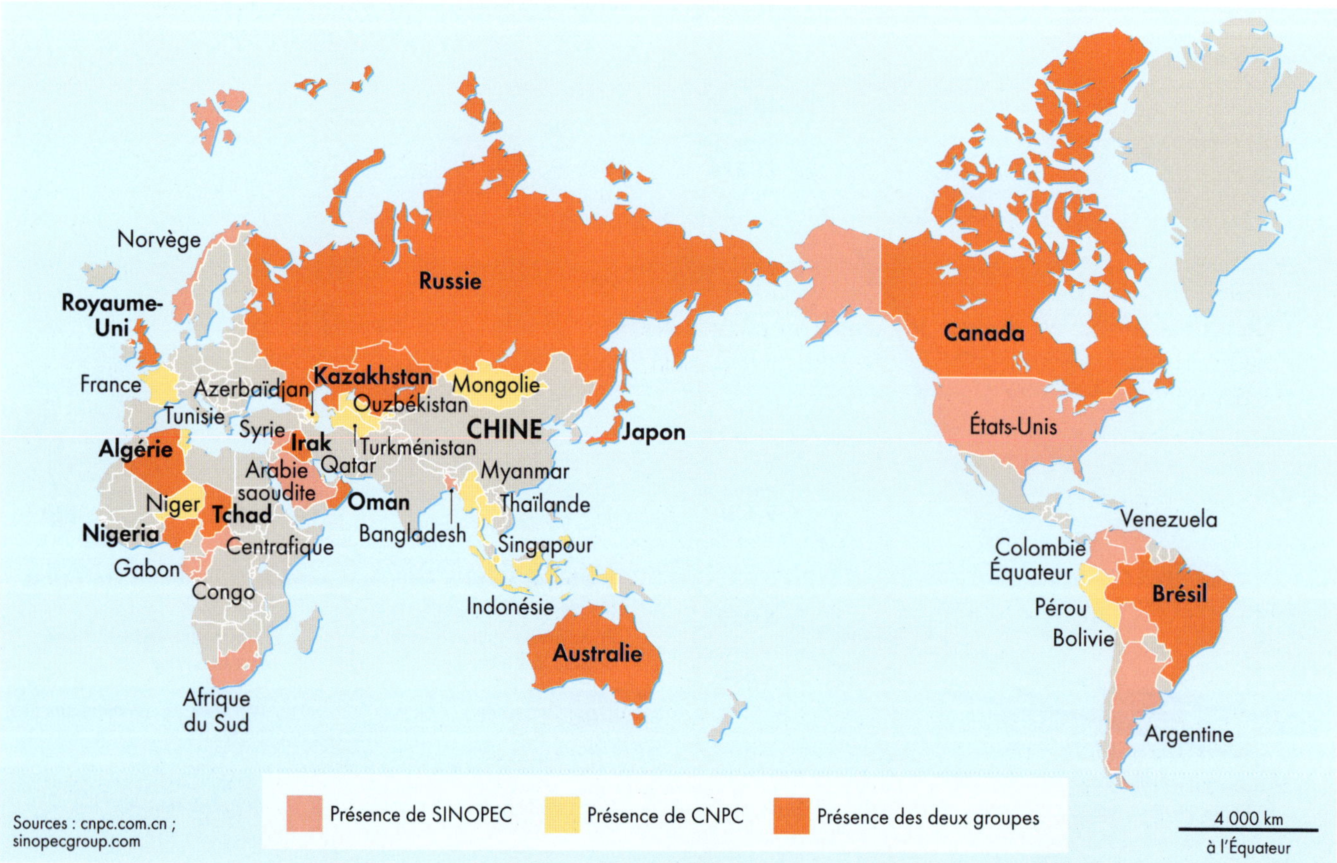

Sources : cnpc.com.cn ; sinopecgroup.com

Les nouvelles routes de la Soie

Source : MERICS (Mercator Institute for China Studies), 07 juin 2018.

Soie ». Initié en 2013, il vise à connecter la Chine au monde principalement via des infrastructures et des accords commerciaux ambitieux.

Monopole chinois sur les terres rares

La Chine détient depuis le milieu des années 1980 un quasi-monopole sur les terres rares, ce qui explique son actuel contrôle des exportations. C'est le résultat d'une politique volontariste qui a permis progressivement à une cinquantaine d'entreprises chinoises, dont les gisements sont particulièrement riches et faciles à exploiter, les prix très compétitifs et les contraintes environnementales moindres, de prendre le contrôle du marché et de pousser les compagnies étrangères à abandonner leur production. Si la Chine avait imposé des quotas sur ses terres rares de 2004 jusqu'en 2014, ce qui avait conduit à la flambée des prix en 2011 et une condamnation par l'OMC en 2014, en 2018, elle a acheté 41 000 tonnes à l'étranger soit presque autant que les 53 000 qu'elle a exportées.

Une stratégie de sécurité alimentaire

Si la Chine dispose de 8,5 % des terres arables de la planète et 6,5 % des ressources en eau pour nourrir 18,5 % de la population mondiale, le recul grandissant de ces terres couplé à des ressources en eau de plus en plus polluées rend le défi extrêmement difficile, d'autant plus que 40 % du territoire sont constitués de zones montagneuses et de déserts. Parallèlement, la croissance économique accélérée et l'augmentation des niveaux de vie ont modifié les habitudes alimentaires de la population (augmentation de la consommation de viande et d'huile végétale) et entraîné un déficit alimentaire structurel et donc un recours accru aux exportations.

Une stratégie de sécurité alimentaire a dû être mise en place. Depuis le 13e plan (2016-2020), elle repose sur trois piliers : importer plus de produits « dont la Chine a besoin » tout en exportant plus, internationaliser davantage les groupes chinois et « construire des bases de production et de stockage à l'étranger », élaborer une ambitieuse politique agro-environnementale pour faire émerger une agriculture « verte ». Cette politique s'appuie aussi sur des aides, notamment aux producteurs, à la régulation des marchés et à la recherche agricole.

> **« Le Moyen-Orient a son pétrole et la Chine ses métaux rares »,**
>
> disait ainsi, en 1992, **Deng Xiaoping**, à l'origine de la modernisation de l'économie chinoise.

La ville verticale, emblématique de la mondialisation

Au cœur des villes s'élèvent aujourd'hui des quartiers d'affaires denses et verticaux, nouveaux centres décisionnels des métropoles et de leurs entreprises. En tant que symboles de renouvellement urbain et d'attractivité envers les investisseurs, les tours sont promues par les métropoles des Nords comme des Suds. Mais cette surenchère mondiale à la verticalisation est de plus en plus contestée par les habitants.

La *skyline* de New York

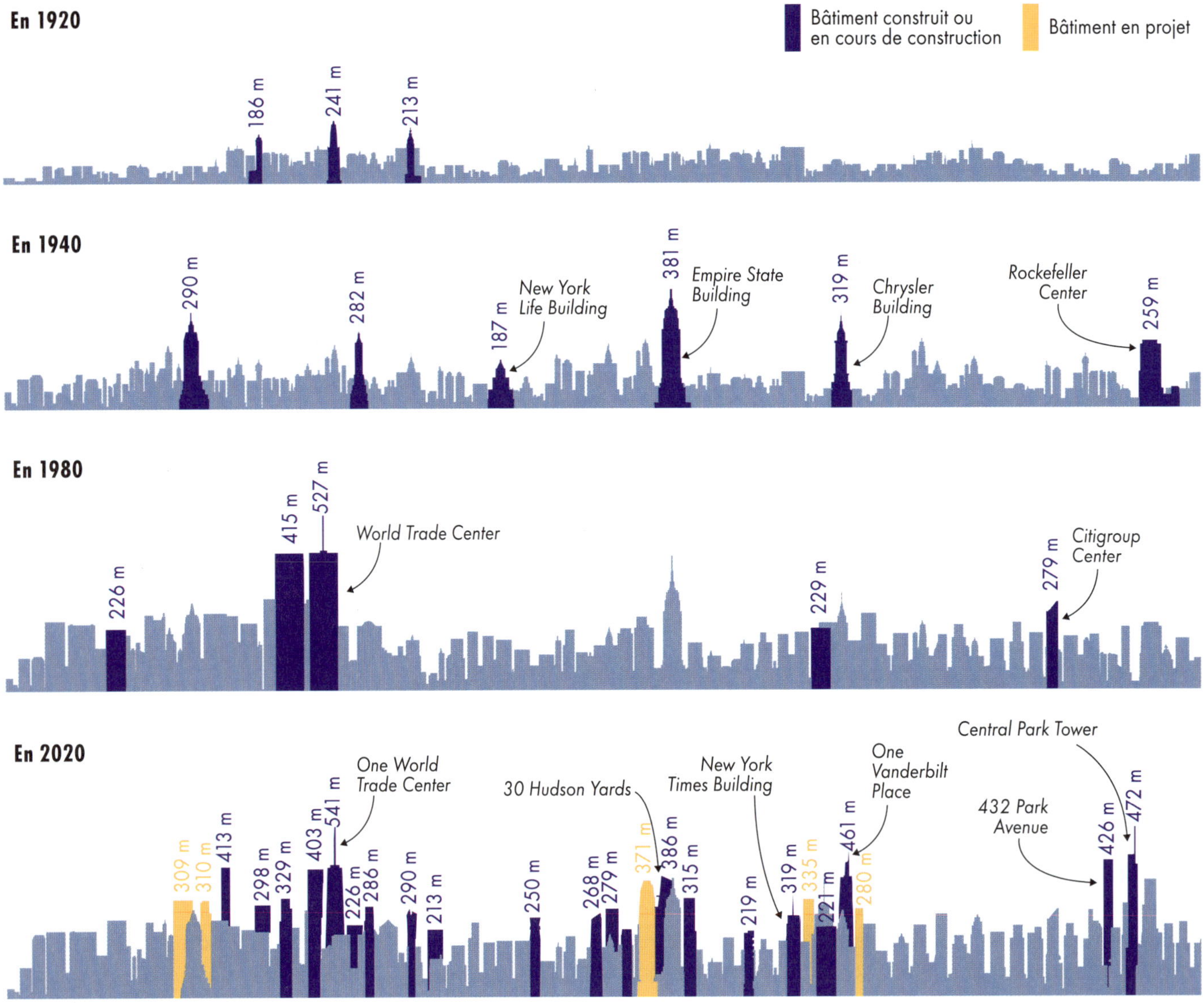

Source : Liberty Cruise.

Une course à la verticalisation

Si la prolifération des tours est plus récente en Asie et traduit la transformation des polarisations économiques, les métropoles européennes comme Londres, Rotterdam, Madrid, Berlin, Milan ou Varsovie connaissent un regain de la verticalisation depuis les années 2000. En 2015, le projet SKYLINE recensait 342 tours en projet pour le Grand Londres seulement. On reconnaît désormais les métropoles à leur tour la plus haute, comme le Burj Khalifa à Dubaï, ou la plus iconique, comme les tours Petronas en forme de minarets à Kuala Lumpur. Les tours modifient perspectives et élévations et participent à construire une *skyline* résultant de mutations économiques, sociales et politiques, de réglementations et de normes socioculturelles et esthétiques.

La tour, marqueur de la métropolisation

Dans un contexte de mondialisation, la tour est devenue le marqueur architectural d'une métropolisation des fonctions et des emplois. En témoigne la verticalisation des villes régionales qui souhaitent affirmer leur place sur une scène métropolitaine concurrentielle, comme à Lille, Marseille ou Lyon. Les immeubles de grande hauteur sont surtout le résultat d'une montée en puissance des acteurs de la financiarisation de la fabrique urbaine. Comme l'a montré Carol Willis (1995) à partir des gratte-ciel de New York et Chicago, la « forme suit le financement » du marché immobilier. La *skyline* est modelée par la combinaison des enjeux de rentabilisation des investissements immobiliers, de l'influence des progrès techniques, et de l'encadrement par des régulations locales. Par la valorisation monétaire associée à leur prestige, les tours fixent les flux de capitaux qui circulent entre les métropoles.

Mais la tour est légitimée par les gouvernements urbains comme une manière de réduire l'étalement et de rendre les villes compactes. Les tours de logements se sont multipliées, représentant la majorité des immeubles de grande hauteur dans le monde. L'accroissement des densités grâce aux tours est néanmoins discutable : les législations du droit à la lumière limitent la proximité des tours tandis que d'autres formes urbaines (tissu haussmannien) offrent des densités tout aussi élevées.

EN 1854, ELISHA OTIS INVENTE L'ASCENSEUR, QUI VA TRANSFORMER LE PAYSAGE URBAIN.

À New York et Chicago, sont édifiés à partir des années 1880 des immeubles de grande hauteur aux structures en fer : les fameux gratte-ciel.

Pour soutenir l'essor des tours, les gouvernements urbains adoptent des régulations qui les rendent compatibles avec les enjeux de patrimonialisation. En France un périmètre de 500 mètres autour des monuments historiques a été adopté, tandis qu'en Angleterre des couloirs de vue protégés ont été mis en place. Ils permettent de préserver la vue des monuments depuis des lieux stratégiques.

Mais les tours induisent des impacts paysagers majeurs qui en font des édifices contestés. À Paris, Séville, Vienne, Barcelone, Genève ou Saint-Pétersbourg, la contestation contre les tours s'organise et s'amplifie. Au cœur des contestations résident l'identité des villes, l'impact écologique et paysager et l'absence d'inclusion des populations locales. À Londres, dans l'East End, un réseau de résistance s'est structuré en réponse aux projets de verticalisation, aboutissant à une transformation de leur planification.

Les couloirs de vue protégée à Londres

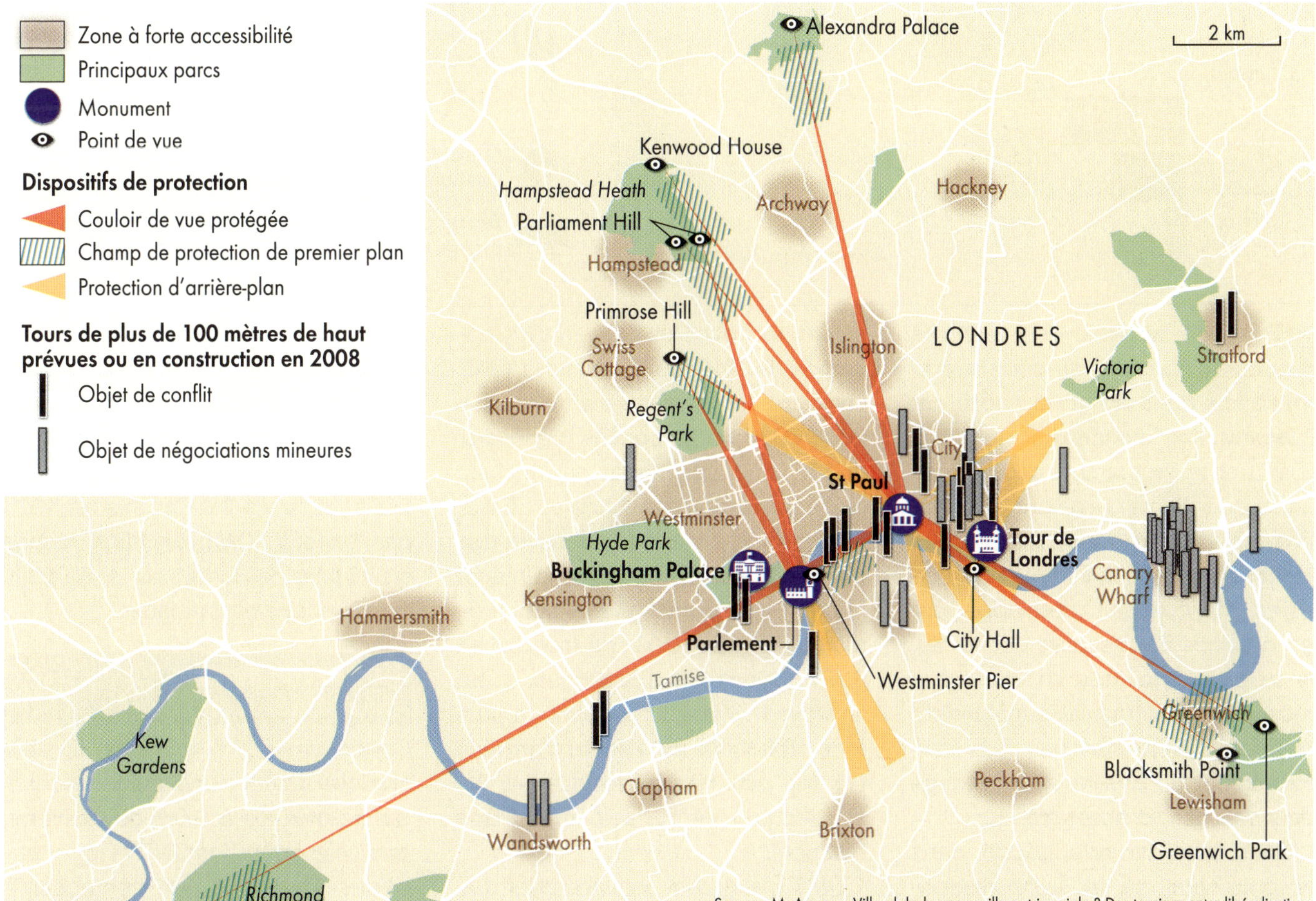

Source : M. Apper, « Ville globale versus ville patrimoniale ? Des tensions entre libéralisation de la skyline de Londres et préservation des vues historiques », *Revue géographique de l'Est*, 2008.

Après l'épidémie de Covid, vers un tourisme durable ?

En franchissant le cap du milliard de touristes en 2017, le tourisme est apparu comme un domaine clé de l'économie mondiale et de développement pour les pays d'accueil. Si les conséquences de la pandémie de Covid-19 sur les mobilités dans le monde et les modes de vie mettent à mal ce secteur, l'épidémie pourrait aussi favoriser le passage vers un tourisme plus responsable et durable.

Le réseau français du tourisme équitable et solidaire

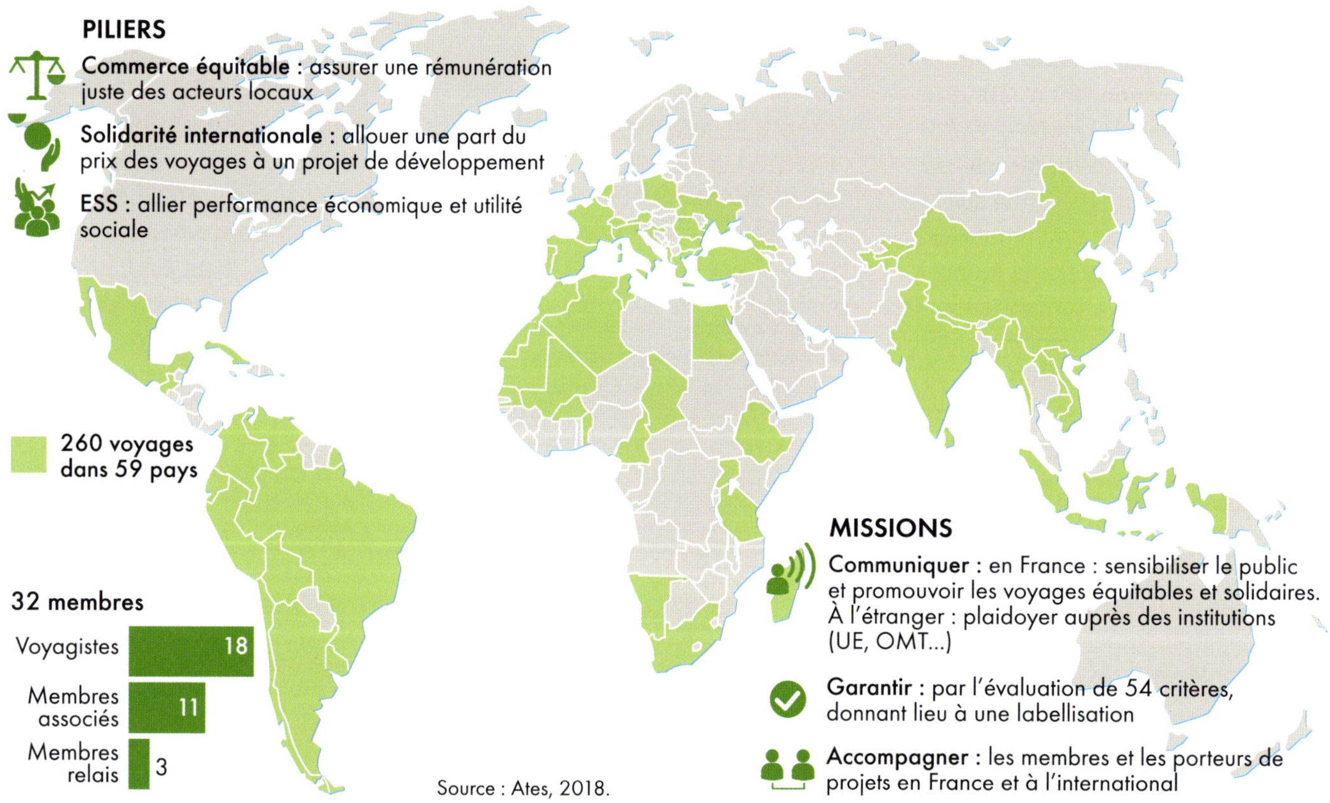

Source : Ates, 2018.

En 1993, le terme de « tourisme durable » apparaît pour la première fois dans un guide publié par l'Organisation mondiale du tourisme (OMT) et le Programme des Nations unies pour l'environnement à l'intention des autorités locales. L'expression identifie et décrit des formes de tourisme impliquant un développement économique des espaces concernés, le respect et la mise en valeur des ressources patrimoniales (naturelles, culturelles), la préservation d'un environnement de qualité et un partage équitable des richesses créées.

L'OMT joue un rôle décisif dans la promotion du tourisme responsable, durable et accessible à tous, notamment dans les pays en développement (PVD). Depuis les années 1960, l'organisation considère en effet que les PVD doivent pouvoir bénéficier du tourisme, comme les pays riches, grâce aux ressources naturelles dont ils disposent et à leur main-d'œuvre disponible. D'ailleurs, si l'Europe demeure la première destination touristique au monde (51 % du marché mondial en 2019), suivie par l'Amérique, c'est le Moyen-Orient qui a connu la plus forte croissance du nombre d'arrivées (+8 %), puis l'Asie-Pacifique (+5 %) et l'Afrique (+4 %, soit autant que l'Europe).

L'OMT s'est aussi engagée pour que soient atteints les objectifs du millénaire des Nations unies, conçus pour faire reculer la pauvreté et favoriser le développement durable. La charte du tourisme élaborée lors de la Conférence mondiale du tourisme durable organisée à Lanzarote (îles Canaries) en 1995 par l'Unesco, l'OMT et le PNUE repose sur 18 principes fondés sur les objectifs du développement durable.

Un développement touristique « raisonné »

Concrètement, le tourisme durable implique un développement raisonné, qui associe les acteurs du tourisme, publics et privés, les ONG et les populations locales. Il doit contribuer à un développement local grâce à un

TOURISME EN BERNE

- En 2020, les arrivées internationales **chutent de 74 %**.
- En 2020, à l'échelle mondiale, les destinations ont reçu **1 milliard d'arrivées** internationales de moins par rapport à l'année précédente.
- La perte de recettes est estimée à **1 300 milliards d'USD**
- **100 à 120 millions d'emplois menacés** dans le tourisme.

Source : OMT

Aspects du tourisme durable

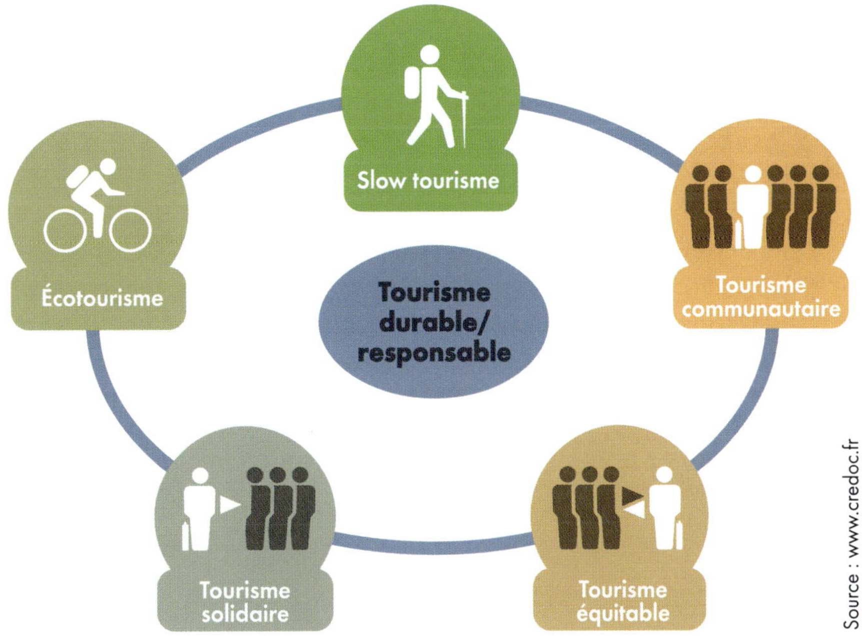

Source : www.credoc.fr

Composantes du tourisme durable

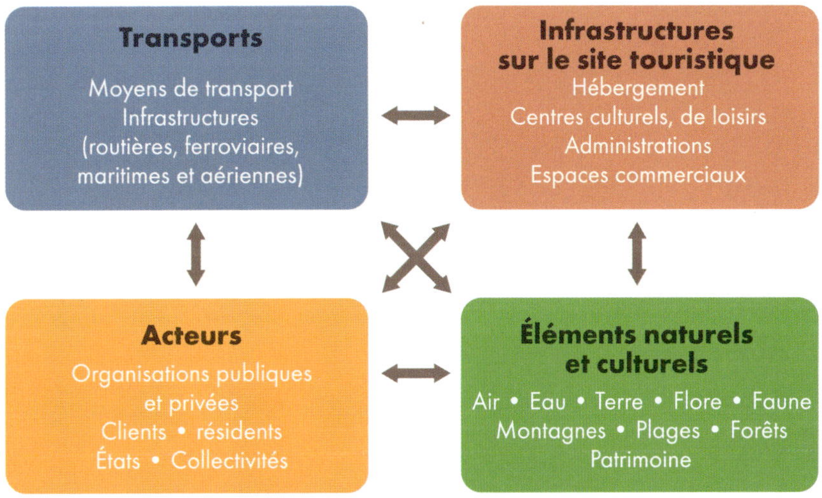

Chaque composante doit être durable.

Source : S. Camus, L. Hikkerova, J.-M. Sahut, «Tourisme durable : une approche systémique», *Management & Avenir*, n°34, 2010.

partage équitable des bénéfices et des charges créés par le tourisme. Il doit favoriser le rapprochement et la paix entre les peuples, et faire prendre conscience de la diversité des cultures et des modes de vie. Il doit être respectueux de l'environnement (gestion des déchets, réduction de la pollution). Lors de l'assemblée générale de l'Organisation mondiale du tourisme (OMT) en 1999 à Santiago (Chili), le Code mondial d'éthique du tourisme a été promulgué. Il définit des règles générales adressées aux gouvernements des foyers émetteurs et récepteurs de l'activité touristique, aux acteurs du tourisme publics et privés et aux touristes eux-mêmes.

Certains types de tourisme sont les prototypes du tourisme durable, c'est le cas de l'écotourisme ou voyage responsable vers des zones naturelles (le Costa Rica par exemple) qui encourage la conservation de l'environnement et assure la soutenabilité du bien-être des communautés locales. Il comporte une composante éducative et culturelle. Il vise à restreindre ses retombées sur l'environnement naturel et socioculturel. Le tourisme intégré et diffus, présent dans le monde rural souvent en réaction à la construction de grandes concentrations touristiques à partir des années 1960-1970, résulte de la volonté des populations de faire partager aux touristes la vie au village, et de participer au développement du terroir. Cette activité, mise en œuvre par de petites unités et des acteurs locaux, valorise les produits locaux.

Le tourisme urbain ou toute autre forme de tourisme peut mettre en œuvre des pratiques respectueuses de l'environnement naturel et culturel et participer au développement économique. Il favorise ainsi la prise de conscience des impacts liés aux flux touristiques sur les territoires.

Un nouvel idéal ?

Plus que des types spécifiques de tourisme et des niches, tout tourisme doit être durable. Chaque composante de l'activité touristique doit en effet correspondre à des pratiques acceptables et durables. Le nouveau rapport des individus au monde, à la suite de l'épidémie de Covid-19, pourrait contribuer à valoriser le tourisme durable et ainsi éviter le fléau du « surtourisme ».

Au cours des cinquante dernières années, la croissance soutenue du tourisme, notamment en des lieux qui disposent de labels (classements de l'Unesco, parcs nationaux, patrimoine), a en effet créé une pression sur des sites culturels et naturels fragiles, dont certains étaient, jusqu'à leur labellisation, peu connus. Ces sites qui ont attiré un tourisme de masse ont contribué à dégrader les milieux et le patrimoine (les parcs nationaux, les villes...) et un rejet croissant des touristes par les populations locales.

La permanence de l'insécurité alimentaire

Au XXe siècle, de grandes famines liées à des facteurs politiques et des conflits armés (Russie 1921-1922, Chine 1959-1961, Biafra dans les années 1960) ont été responsables de millions de victimes. Si ces famines ont aujourd'hui quasiment disparu, plus de 800 millions de personnes dans le monde continuent d'être encore sous-alimentées ou carencées, alors que la quantité d'aliments produite dans le monde est suffisante pour nourrir la planète.

Le cas du Sud-Soudan

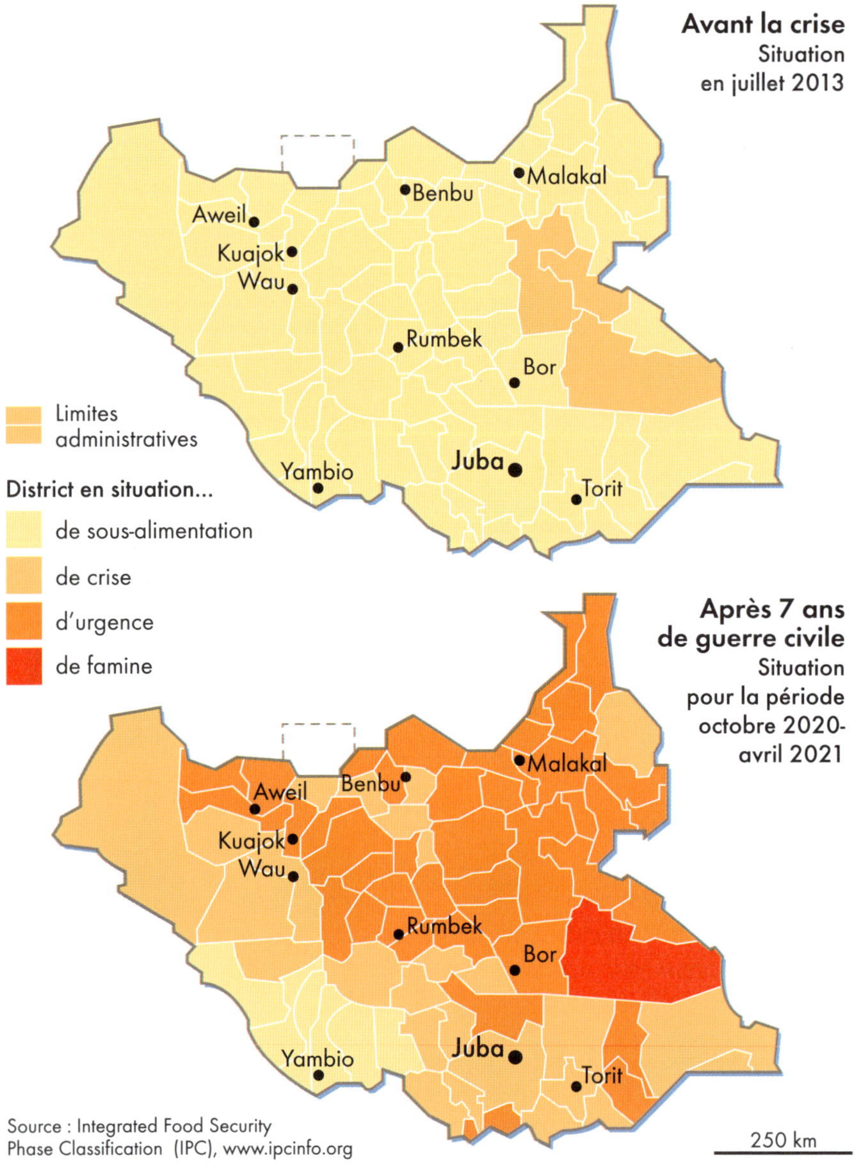

Source : Integrated Food Security Phase Classification (IPC), www.ipcinfo.org

La faim dans le monde

Entre 2007 et 2017, le nombre de personnes sous-alimentées est passé d'un milliard à 820 millions, avec une légère augmentation depuis 2014. La sous-alimentation concerne principalement les pays en développement (Afrique subsaharienne), et correspond à la « faim visible » affectant les personnes qui ne disposent pas d'assez de nourriture pour atteindre les 2 000 à 2 500 calories par jour et par personne. La faim visible doit être distinguée de la « faim invisible » liée à des déficits en minéraux et en vitamines. En 2017, on compte 156 millions d'enfants de moins de cinq ans atteints d'un retard de croissance en raison de la malnutrition et 50 millions d'enfants dont la vie est menacée par la sous-alimentation. Faims « visible » et « invisible » concernent aussi une partie de la population des pays riches, celle qui a besoin de l'aide alimentaire, dont le nombre a crû en raison de la pandémie de Covid, notamment chez les jeunes.

Sous-alimentation et pauvreté

Les causes de la sous-alimentation sont d'abord liées à la pauvreté et à la répartition des ressources plutôt qu'au déficit de celles-ci. La production agricole actuelle, si elle était plus équitablement répartie dans le monde et entre les individus, permettrait de satisfaire les besoins de tous. Outre la disponibilité en nourriture, il faut aussi tenir compte de l'accès à cette nourriture et d'éventuels choix stratégiques de certains pays qui privilégient les cultures d'exportation au détriment des cultures vivrières, comme le Brésil. L'augmentation du prix des denrées alimentaires sur les marchés mondiaux (2008), liée à la politique financière de quelques grandes firmes, a déclenché une « crise alimentaire », notamment en Afrique où certains pays sont très dépendants des importations. Si les pauvres n'ont pas l'argent nécessaire pour l'achat de la nourriture, l'augmentation de la production ne leur sert à rien.

La faim est donc d'abord une question sociopolitique avant d'être liée à la production agricole et à la nature. Néanmoins, elle concerne les pays

QUELQUES CHIFFRES

- **2 milliards** de personnes souffrent de carences en fer, vitamine A, ou iode. Presque ¼ des enfants de moins de 5 ans dans le monde présentent un retard de croissance.
- **52 millions** d'entre eux sont atteints de maigreur extrême.
- **704 millions** de personnes vivent en insécurité alimentaire grave dans le monde, principalement en Asie (354 millions) et en Afrique (277 millions).
- Le nombre de femmes de 15 à 49 ans souffrant d'anémie a augmenté depuis 2012, pour atteindre une prévalence de **38 %**.

Démographie et famines

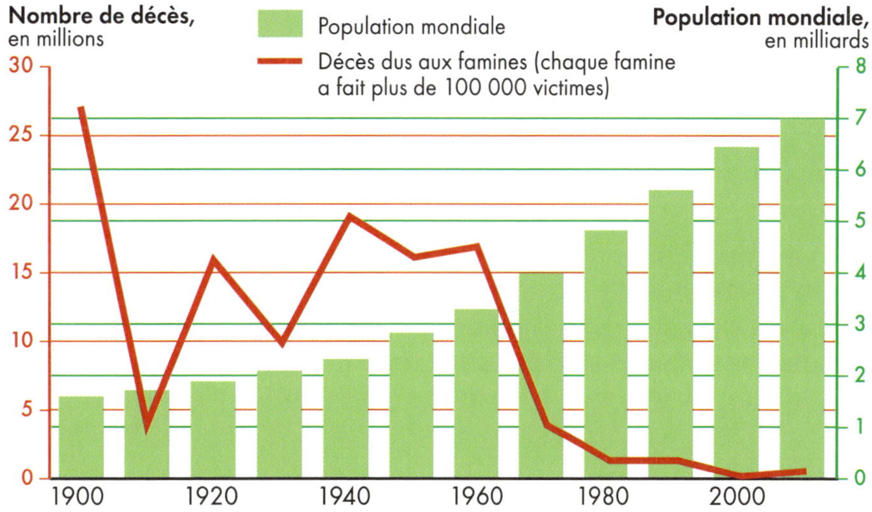

Source : World Peace Foundation, 2015.

où les systèmes agricoles sont très sensibles à la variabilité des précipitations et des températures, où la subsistance d'une partie de la population dépend de l'agriculture traditionnelle, elle-même très sensible au changement climatique.

Le « double fardeau » de la malnutrition

Si la malnutrition est responsable de carences, elle est aussi facteur d'obésité. La prévalence de l'obésité chez les adultes a régulièrement augmenté entre 1975 et 2016, et à un rythme accéléré au cours de la dernière décennie. Le taux d'obésité chez l'adulte est ainsi passé à l'échelle mondiale de 11,7 % en 2012 à 13,2 % en 2016. En 2017, près de 2 milliards d'individus seraient en surpoids ou obèses (32 % des hommes, 40 % des femmes), et 41 millions d'enfants de moins de 5 ans sont touchés par ce problème, même en Afrique où l'on compte près de 10 millions d'enfants en surcharge pondérale. Si l'Afrique et l'Asie ont les taux les plus bas, on observe toutefois une tendance à la hausse, notamment dans les pays du Maghreb et Machrek qui présentent de fortes prévalences. L'obésité, liée à une consommation alimentaire industrielle trop riche et déséquilibrée (sucre, graisse, sel), est d'abord une maladie des pauvres, qui sévit particulièrement dans les zones urbaines des pays à revenus intermédiaires et élevés, comme les États-Unis ou l'Australie.

Les états nutritionnels pathologiques (maigreur et surpoids) sont associés à de nombreuses questions de santé publique connues, comme le diabète, les maladies cardiovasculaires, ou le cancer, et à des problèmes trop négligés de santé orale. Elles réduisent aussi l'espérance de vie.

La malnutrition dans le monde

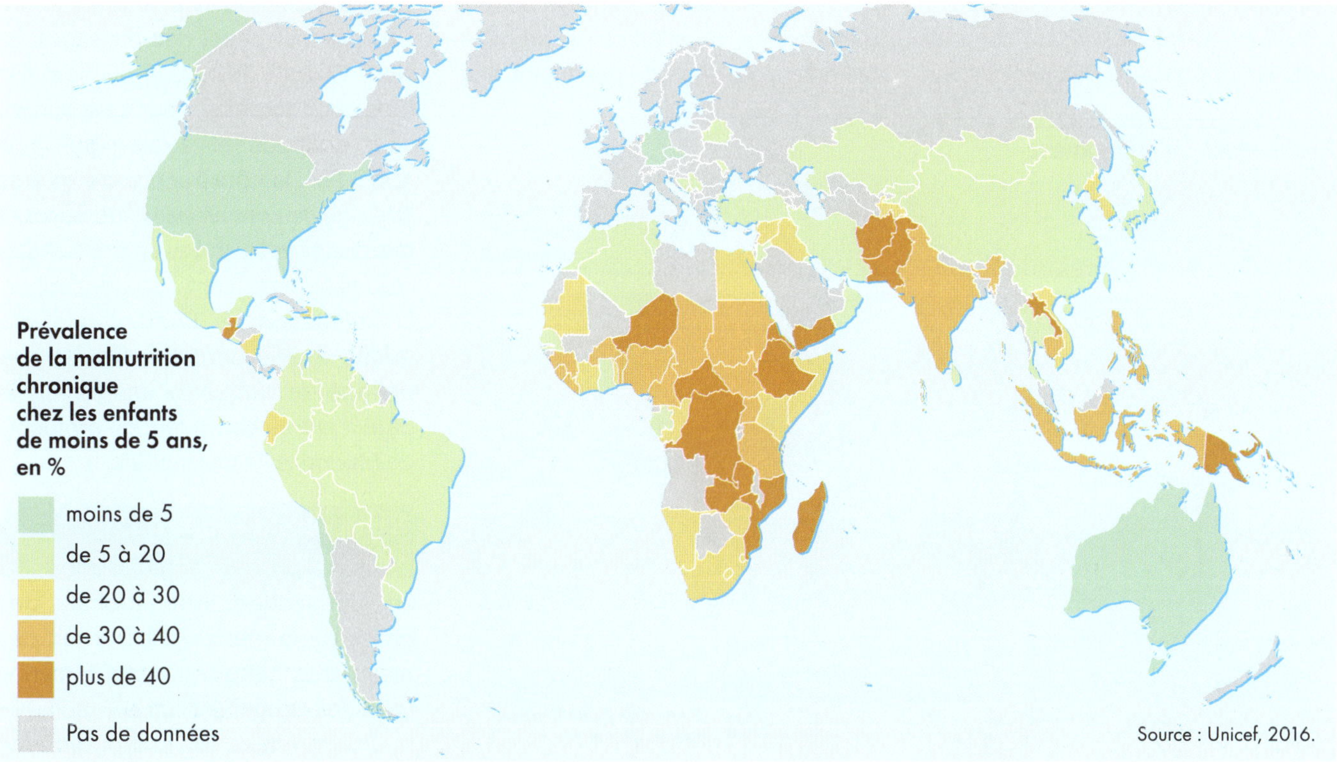

Source : Unicef, 2016.

De nouveaux espaces convoités

La mondialisation a contribué à exacerber la volonté des hommes et des États à maîtriser et exploiter tous les espaces, y compris maritimes ou situés dans les autres latitudes. L'Arctique serait-il ainsi en passe de devenir un nouvel eldorado ? Et les nodules polymétalliques abondants dans les plaines abyssales pourraient-ils être les ressources de demain ?

L'Arctique, un nouvel eldorado ?

Les sites miniers arctiques sont nombreux, disséminés et recèlent des minerais variés exploités parfois depuis plusieurs décennies, comme en Suède (minerai de fer) ou en Sibérie (charbon, nickel, diamants…). Mais avec la fonte des glaces et l'annonce d'importantes réserves en hydrocarbures (annoncées dès 2008 par l'USGS) et en terres rares (IFRI, 2019), la région arctique attire de plus en plus, et les revendications territoriales, en particulier au niveau de la délimitation des ZEE, montent en puissance. La Russie, par exemple, plaide pour une extension de 1,2 million de km² de son plateau continental et des eaux associées.

Les coûts sont toutefois élevés et les contraintes liées aux transports importantes. De plus, il faut compter avec les oppositions des populations et des administrations locales à des projets qui risquent de détruire l'environnement naturel et les modes de vie des populations. Ainsi, après plus de dix ans d'exploration et 56 millions d'euros d'investissements, Areva, le géant français du nucléaire, a annoncé en 2017 la mise en sommeil de son projet de mine d'uranium au Nunavut, un territoire majoritairement peuplé d'Inuits situé dans l'archipel arctique canadien. Il n'en reste pas moins vrai que les entreprises étrangères sont nombreuses dans la région et de plus en plus internationales et que l'importance des investissements implique pour sa part des alliances entre sociétés de plusieurs pays.

Une exploitation qui menace le monde polaire

En raison de son impact sur l'environnement, l'exploitation des ressources est un sujet sensible partout, et notamment au Groenland qui est l'enjeu de nombreuses convoitises (notamment de la Chine et des États-Unis) pour ses abondantes richesses (pétrole, diamants, uranium, terres rares), mais qui rêve aussi d'accroître son indépendance vis-à-vis du Danemark.

L'intérêt pour cette région n'est cependant pas qu'économique : avec la possibilité de l'ouverture prolongée par leur dégel des passages du Nord-Ouest (Canada) et du Nord-Est (Russie), l'Arctique revêt une dimension politique et stratégique plus appuyée : la construction de navires brise-glace connaît un grand essor et des ports situés en des endroits stratégiques commencent à se développer.

L'exploitation de l'Antarctique est, quant à elle, prohibée pour une période de cinquante ans depuis la date d'entrée en vigueur du protocole de Madrid le 4 janvier 1998.

Ruée vers les fonds sous-marins

La Convention internationale des droits de la mer de 1982 a fait des gisements métalliques sous-marins (nodules polymétalliques, sulfures hydrothermaux et encroûtements

CLIPPERTON : PARADIS MINÉRAL

D'après la Heinrich-Böll-Stiftung (2018), les réserves de manganèse représenteraient **7 076 Mt** (soit 1,2 fois les réserves terrestres), celle de nickel 306 Mt (1,3 fois les réserves terrestres) et la presque totalité des réserves de thallium, un métal proche du plomb utilisé en optique infrarouge.

Ressources en manganèse

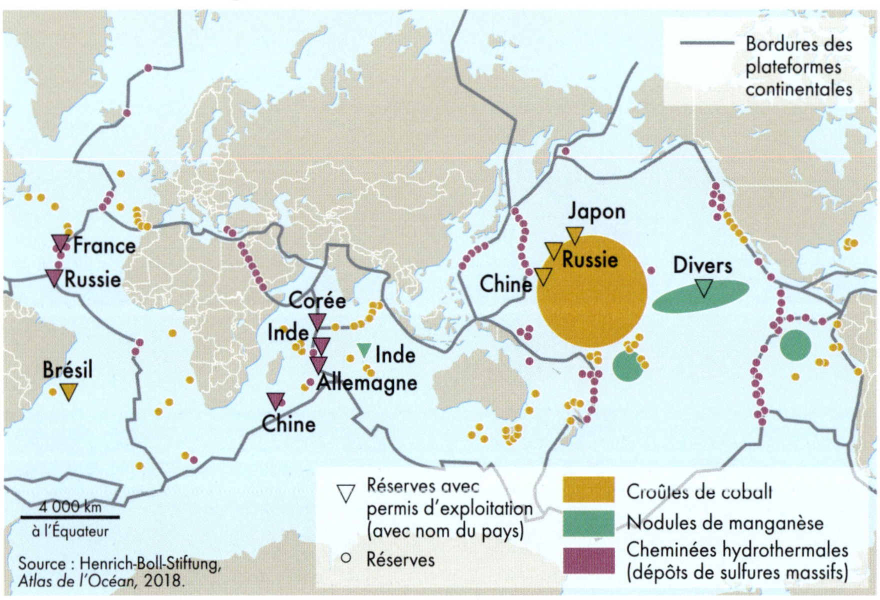

Source : Henrich-Boll-Stiftung, *Atlas de l'Océan*, 2018.

Ressources de l'Arctique

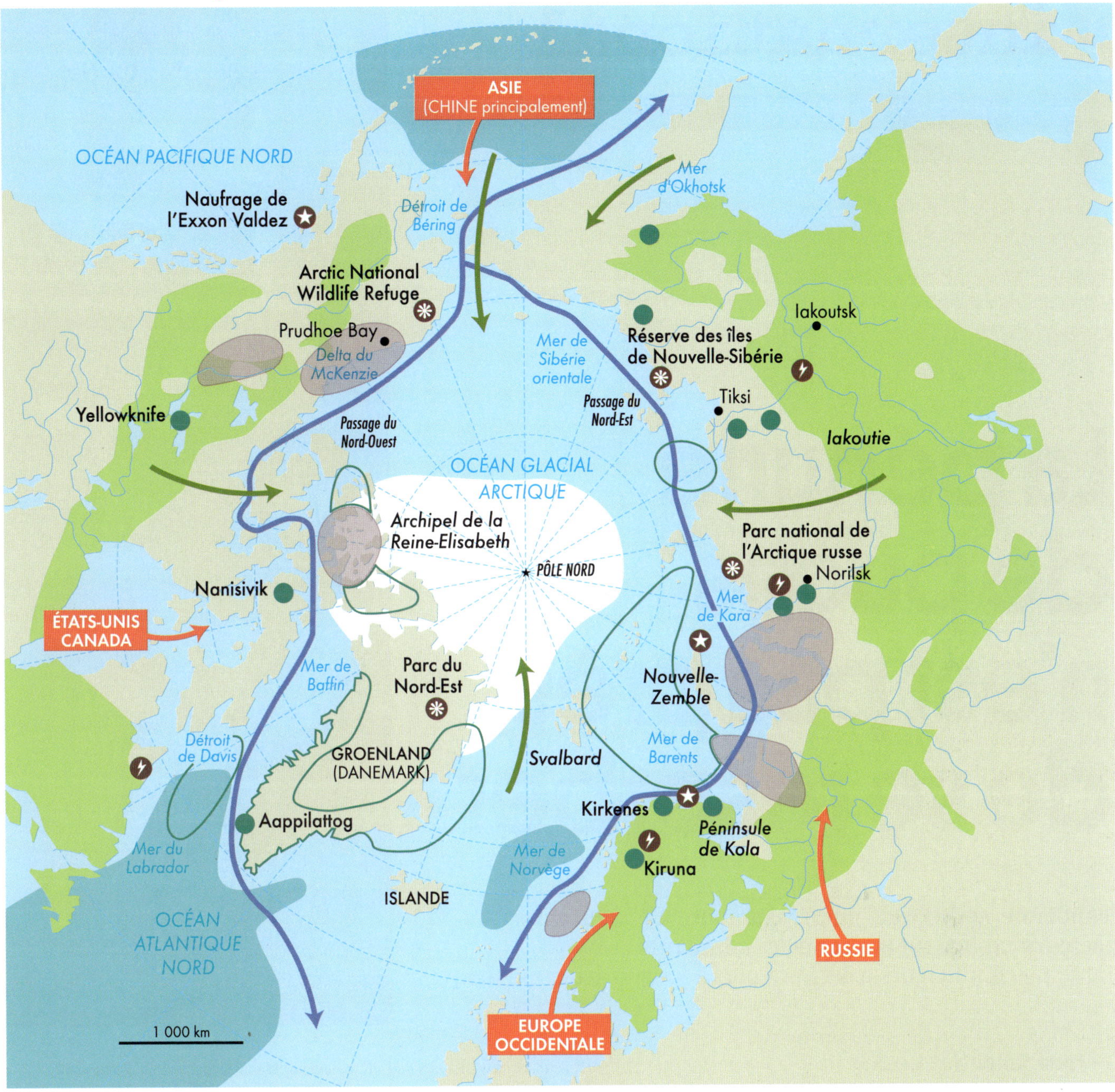

Un large panel de ressources exploitées

- Forêt boréale (exploitée surtout au Canada et au nord-ouest de la Russie)
- Principales zones de pêche
- Extraction de minerais
- Gisements d'hydrocarbures exploités
- Hydroélectricité

De nouvelles opportunités

- La fonte de la banquise estivale qui facilite l'accès à certaines ressources
- Faune et flore, remontée des limites biologiques vers le nord
- Nouvelles routes maritimes, utilisables à moyen terme
- Principaux espaces de prospection minière, pétrolière et gazière

Au sein d'un environnement fragile

- Écosystèmes pollués : marées noires, fuites d'oléoducs, sites très pollués ; l'exploitation fragilise les écosystèmes
- RUSSIE Pays à l'origine d'investissements importants finançant le surcoût d'une exploitation dépendante de la conjoncture
- Principaux espaces protégés : la difficulté de ménager l'environnement arctique

cobaltifères) un « patrimoine commun de l'humanité ». Ce dernier est administré par une Autorité internationale (AIFM), dont le « code minier » fixe les règles relatives aux activités d'exploration et d'exploitation, notamment celles de la responsabilité environnementale. L'Union européenne et 161 autres États sont membres de l'AIFM. Aujourd'hui plusieurs pays ont obtenu des autorisations de forage dans le Pacifique – la zone appelée « Clarion-Clipperton » – et l'océan Indien, à condition de mettre à disposition des pays moins développés les résultats de leurs recherches. Toutefois, ces mesures de protection ne concernent pas les ZEE des pays comme la Papouasie-Nouvelle-Guinée qui a entrepris en 2019 l'exploitation d'une mine souterraine. En général, les nodules contiennent surtout du manganèse (27 à 30 %), du fer (6 %) et de l'aluminium (3 %), et seulement quelques métaux plus intéressants comme le nickel et le cuivre (1 à 1,5 %) et le cobalt (0,25 %), et tous ne seront sans doute pas exploitables. Mais le Japon a annoncé en 2018 avoir découvert un gisement de terres rares composé d'yttrium (fibres optiques), europium (écrans LCD) ou dysprosium (moteurs électriques).

La pénurie de puces n'est pas près de se résorber

Pandémie, sécheresse, guerre commerciale... Plusieurs facteurs expliquent pourquoi les fabricants de semi-conducteurs n'arrivent plus à fournir leurs clients.

—**New Scientist** *Londres*

Le monde connaît actuellement une pénurie de puces électroniques à cause d'une avalanche de problèmes: la pandémie, la guerre commerciale, des incendies, de la sécheresse et des tempêtes de neige notamment, qui ont coïncidé avec une période inédite d'explosion de la demande. Au cours du seul mois de janvier, les ventes de puces ont battu tous les records en passant la barre des 40 milliards de dollars [33 milliards d'euros]. Aujourd'hui, les circuits intégrés sont partout, dans les montres comme dans les réfrigérateurs, et votre voiture en compte sans doute plusieurs dizaines. Les fabricants ne parviennent pas à les produire assez vite.

Comment expliquer cette pénurie?
La pandémie de Covid-19 a d'abord fait plonger les ventes automobiles (jusqu'à -50 %), du fait de la diminution des déplacements et du manque de confiance dans l'économie. Les constructeurs automobiles ont réagi en réduisant leur production et leurs commandes de pièces détachées. Parmi celles-ci figuraient des quantités énormes de circuits intégrés, car les voitures modernes en contiennent des dizaines pour contrôler aussi bien le freinage que la direction ou la gestion du moteur. Selon le cabinet d'études IHS Markit, on a fabriqué 672 000 véhicules de moins que d'habitude au premier trimestre de 2021 [dans le monde] à cause de cela.

Dans le même temps, on a assisté à une ruée vers des articles tels que les ordinateurs portables et les smartphones, devenus indispensables pour accompagner le passage au télétravail de nombreuses personnes. Les consoles de jeux, qui permettent de s'occuper en évitant de penser à la pandémie, ont également été prises d'assaut.

Les grandes usines qui fournissaient jusque-là les constructeurs automobiles se sont donc mises à fabriquer plutôt des puces pour smartphones, ordinateurs portables et tablettes. En fait, le problème concerne autant la demande que l'offre, car la production est plus forte que jamais en matière de ventes totales. Selon la Semiconductor Industry Association (SIA), qui représente l'industrie américaine des semi-conducteurs, les ventes de puces ont atteint 40 milliards de dollars en janvier 2021, soit une hausse de 13,2 % par rapport au même mois de l'année dernière.

Aujourd'hui, les ventes de voitures redémarrent, si bien que les entreprises appartenant à différents secteurs se battent pour avoir la priorité dans les carnets de commandes des usines.

Reste-t-il des puces en réserve?
De nombreuses entreprises fonctionnent avec des stocks faibles pour minimiser les coûts; maintenant, elles s'empressent de refaire le plein. Les chaînes d'approvisionnement sont sous tension, quand elles ne sont pas rompues, et personne ne sait ce que l'avenir réserve. Un fabricant de puces [GlobalFoundries, aux États-Unis] a confié au *Washington Post* que des dirigeants de l'industrie automobile lui disaient [juste

IKON IMAGES

← *Dessin d'***Oliver Burston**, *Royaume-Uni.*

avant Noël]: *"Vous êtes en train de me tuer. Vous devez en faire plus!"*

Mais les usines de semi-conducteurs ont une capacité limitée, et en construire de nouvelles nécessite des investissements massifs et prend souvent plusieurs années. Par ailleurs, les marges bénéficiaires plus faibles dégagées sur les technologies plus anciennes utilisées dans les voitures incitent les fabricants à concentrer leurs efforts sur les puces destinées aux smartphones et tablettes.

Pourquoi ne peut-on pas en fabriquer davantage?

En somme, l'industrie des semi-conducteurs croule sous les problèmes. Une grande partie de l'approvisionnement mondial en circuits intégrés provient de Taïwan, où la plupart de ces pièces sont fabriquées par la Taiwan Semiconductor Manufacturing Company (TSMC). Or l'entreprise a dû faire face à une série de coups durs.

En effet s'est ajouté au problème de la pandémie celui de la guerre commerciale entre les États-Unis et la Chine. L'entreprise américaine de semi-conducteurs Xilinx a dû suspendre la vente de certains produits au géant chinois de l'électronique grand public Huawei, depuis que le président Donald Trump l'a placé sur une liste noire commerciale pour des raisons de sécurité nationale.

La Chine s'attache donc à mettre en place sa propre filière de production de puces. Les États-Unis font de même: ils ont convaincu la TSMC de construire sur le sol américain une usine de puces, qui devrait coûter 12 milliards de dollars. Chacun veut être en mesure de sécuriser son approvisionnement, une priorité d'autant plus importante au regard de la pénurie actuelle.

Comme si cela ne suffisait pas, la météo joue également contre de nombreux industriels. Le processus de fabrication des circuits intégrés nécessite beaucoup d'eau. Ainsi, la TSMC, qui fabrique des puces pour des dizaines d'entreprises, en consomme normalement 156 000 tonnes par jour. Mais la sécheresse sévit à Taïwan en ce moment, les réservoirs s'assèchent, ce qui contraint l'entreprise à se faire livrer de l'eau par des camions-citernes.

Et ce n'est pas tout. Un incendie a ravagé une usine de puces [de la société AKM] au Japon en octobre, tandis qu'une vague de froid inhabituelle au Texas a entraîné la fermeture temporaire d'usines dans cet État.

En quoi cela nous concerne-t-il?

Ce n'est un problème que si vous avez besoin d'acheter quelque chose renfermant une puce. Malheureusement, de nos jours, c'est le cas de la plupart des objets contenant des composants électroniques, des voitures aux appareils ménagers.

En revanche, pour ceux qui possèdent des actions de sociétés fabriquant des puces, la situation a des effets positifs, car les pénuries mondiales en ont conduit beaucoup à augmenter leurs prix, et les cours de leurs actions ont atteint des sommets.

Quels secteurs sont affectés?

Des constructeurs automobiles comme Ford, Toyota ou Volkswagen [mais aussi Renault et Stellantis (ex-PSA)] ont mis en partie à l'arrêt certaines usines ces derniers mois, faute de pouvoir se procurer des puces. Sony n'a pas été en mesure d'assembler autant de consoles de jeux vidéo PS5 qu'il l'espérait, Microsoft réduit la production de sa Xbox Series X, et Samsung envisage de retarder la sortie de son [dernier modèle en date de la gamme] Galaxy Note.

Combien de temps cela va-t-il durer?

Selon certains analystes, il faudra jusqu'à un an pour que la fabrication reprenne normalement, puis six mois supplémentaires pour que les stocks des différentes entreprises retrouvent un niveau habituel. Le fabricant américain de puces Broadcom indique que 90 % de sa production pour 2021 est déjà réservée.

D'autres données montrent que l'industrie se rapproche de sa pleine capacité de production depuis quelques années déjà. On peut donc dire que cette situation était d'une certaine manière prévisible, mais qu'il n'y a pas eu suffisamment de mesures prises pour atténuer les fluctuations de la demande. Des "famines de puces" se sont déjà produites à plusieurs reprises dans le passé, souvent à la suite de catastrophes, mais aussi parfois lorsque de nouvelles technologies exigeaient une mise à niveau des usines.

Certes, les industriels augmentent actuellement leur capacité, mais il faudra du temps avant que cette montée en charge ne produise un effet réel. Créer une puce peut prendre jusqu'à vingt-six semaines, avec certains produits nécessitant plus de 1 000 étapes dans leur fabrication.

En février, le président américain Joe Biden a signé un décret qui prévoit de consacrer 37 milliards de dollars à la création de nouvelles capacités de production aux États-Unis. Mais là encore, cela va prendre du temps!

—***Matthew Sparkes***
Publié le 18 mars 2021

On a assisté à une ruée vers des articles tels que les ordinateurs portables et les smartphones, devenus indispensables pour accompagner le passage au télétravail de nombreuses personnes.

SOURCE

NEW SCIENTIST
Londres, Royaume-Uni
Hebdomadaire
newscientist.com
Stimulant, soucieux d'écologie et bon vulgarisateur, *New Scientist* est l'un des meilleurs magazines d'information scientifique du monde. Créé en 1956, il s'intéresse aux développements scientifiques et technologiques dans le domaine de l'environnement comme dans celui de l'industrie ou, plus simplement, dans la vie quotidienne.

franceinfo:

Remettre en avant la qualité Made in France. © Bartolomiej Pietrzyk / Shutterstock

Relocaliser en France

Le retour de la production sur le sol français est-il possible ?

La crise sanitaire a révélé les failles d'une dépendance économique trop forte aux pays étrangers, notamment asiatiques, faisant de la relocalisation un enjeu majeur de la fin du quinquennat. Mais quels leviers actionner ? D'abord améliorer la compétitivité en poursuivant la politique de baisse de la fiscalité des entreprises, avec le recul des impôts de production et de celui sur les sociétés. Mais faire revenir toutes les activités parties depuis longtemps vers de lointaines contrées nettement moins chères, moins regardantes aussi sur les conditions sociales et environnementales de la production, serait illusoire.

Alors le gouvernement cible des secteurs stratégiques, notamment pour des questions de souveraineté, des activités – ça tombe bien – à forte valeur ajoutée. L'exécutif a sélectionné 5 filières dans lesquelles il investit des centaines de millions d'euros : l'agroalimentaire, la santé, les intrants essentiels, la 5G, les composants électroniques.

Au niveau européen aussi sont définis des axes prioritaires pour mettre les forces en commun et subventionner l'industrie du futur. C'est le cas aujourd'hui pour l'hydrogène et les batteries électriques, demain pour le cloud. L'idée est de créer de nouveaux Airbus, des filières suffisamment solides et compétitives pour conquérir les marchés à l'international et alimenter la demande intérieure. En parallèle, l'Union européenne veut mettre en place une taxe carbone aux frontières. En espérant que toutes ces démarches, censées favoriser le « produire local » et lutter contre les effets pervers de la mondialisation, porteront leurs fruits. Sinon, tous les efforts auront été vains.

Isabelle Raymond
Journaliste, cheffe du service Économie & Social de franceinfo

Retour sur l'histoire

Sommaire

Il y a 230 ans, Valmy et la Ire République

La Révolution française n'a pas immédiatement accouché de la République. Sur le modèle des voisins britanniques, on privilégie d'abord la monarchie constitutionnelle. Or, en déclarant la guerre, le 20 avril 1792, au « roi de Bohême et de Hongrie », la défense de la patrie en danger galvanise le peuple, qui après la victoire de Valmy le 25 septembre, proclame la République.

Révolution en danger

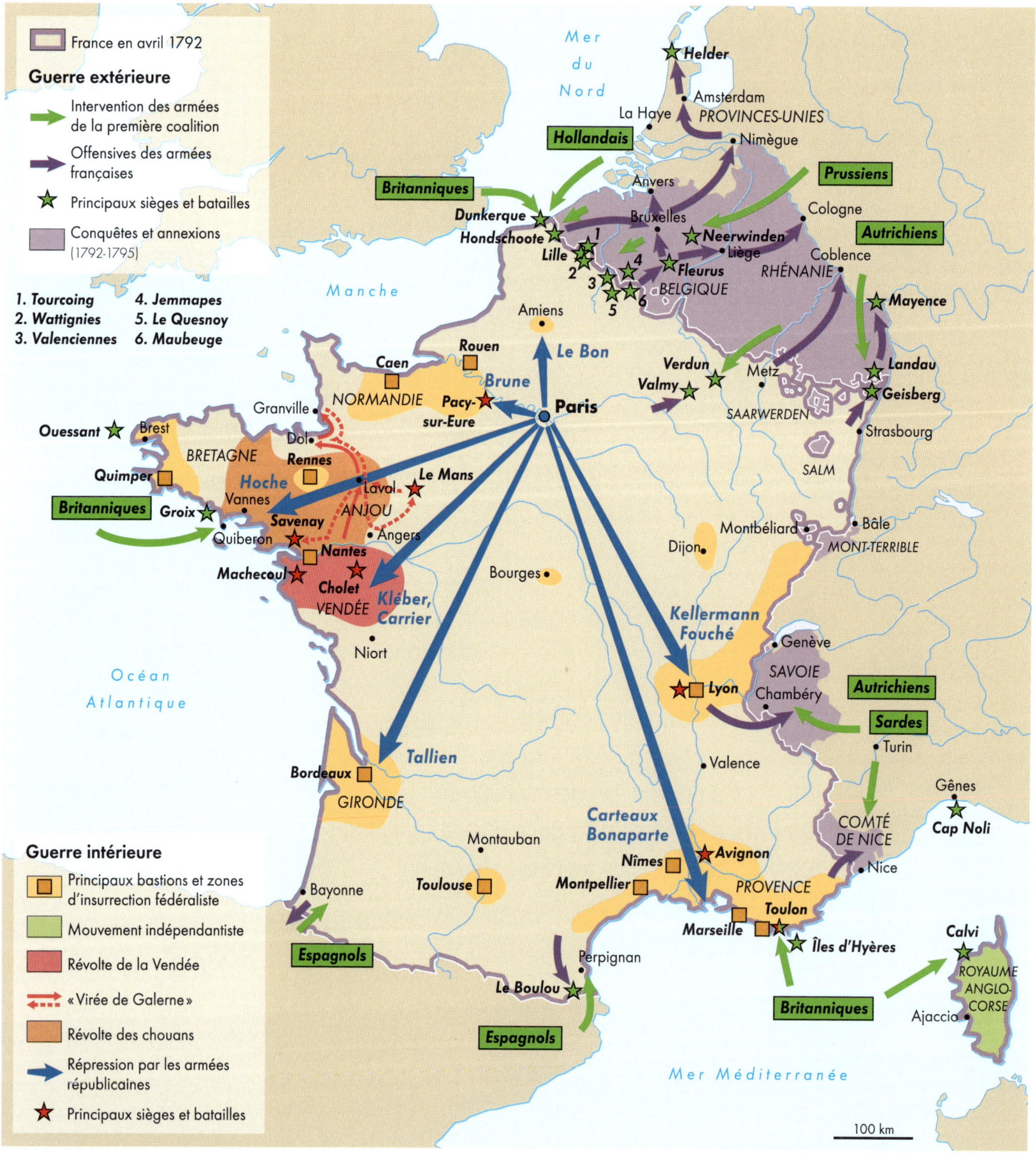

La nation en armes

Source : J.-P. Bertaud et D. Reichel, *Atlas de la Révolution française. L'armée et la guerre*, tome III, Éditions de l'EHESS, Paris, 1989.

La patrie en danger

Rapidement, la guerre conduit à la psychose de la trahison contre-révolutionnaire, les désertions d'officiers d'Ancien Régime, comme Rochambeau, se multipliant. La reine est suspectée à juste titre de livrer les plans français à l'ennemi. Le 11 juillet, la patrie est proclamée en danger, et la défense de la patrie est dès lors associée à la déchéance du roi.

Le 10 août 1792, les Tuileries sont prises d'assaut par les sections parisiennes, et les gardes qui assuraient la protection du roi et de sa famille sont massacrés. Le roi est alors « suspendu » par l'Assemblée législative qui annonce la convocation d'une Convention nationale. Les élections sont organisées au cours de l'été. De leur côté, les forces coalisées austro-prussiennes passent à l'offensive, prennent Longwy et assiègent Verdun. Leur chef, le duc de Brunswick, menace Paris d'une « exécution militaire et une subversion totale » s'il est fait « la moindre violence au roi et à la reine ». Il déclenche la fureur populaire. L'annonce de la chute de Verdun, qui ouvre la route de Paris aux Prussiens, et la peur du complot contre-révolutionnaire provoquent dans les prisons parisiennes les massacres de plusieurs centaines d'aristocrates, de prisonniers de droits communs et de prêtres réfractaires. Quand on apprend que l'armée ennemie marche sur Paris, la panique s'empare de l'Assemblée législative. Danton prononce alors un discours qui passera à la postérité : « Pour les vaincre, messieurs, il nous faut de l'audace, encore de l'audace, toujours de l'audace, et la France est sauvée. » Mais l'essentiel tient surtout dans l'idée d'une mobilisation de toutes les forces vives de la nation.

De la Révolution à la République

Sur le front du Nord, Dumouriez remplace La Fayette qui a déserté, et a été aussitôt décrété d'arrestation. La Commune de Paris appelle les citoyens aux armes et fait sonner le tocsin. Le 20 septembre, Dumouriez remporte contre les Prussiens la bataille de Valmy, en Argonne, sur la route de Paris. On a pu discuter la portée de cette victoire : les troupes prussiennes étaient avant tout victimes de dysenterie, d'où la décision de Brunswick de se replier. Il n'empêche, le symbole est important. Ce sont des soldats de la Révolution, galvanisés par *La Marseillaise*, qui se sont portés au front pour défendre la patrie en danger. Au lendemain de Valmy, la Convention nationale déclare « qu'il ne peut y avoir de Constitution que celle qui est acceptée par le Peuple ». À l'unanimité, elle décrète que la royauté est abolie en France. La République est proclamée, le 25 septembre 1792, et déclarée « une et indivisible ».

« D'ici et d'aujourd'hui débute une nouvelle époque de l'histoire du monde. »

Apocryphe ou non, le mot attribué à **Goethe** à propos de Valmy n'est-il pas fondamentalement exact ?

Il y a 200 ans, la mort de Napoléon

Le 5 mai 1821, à 17 h 49, Napoléon Ier, l'ancien Empereur des Français, meurt à Longwood sur l'île de Sainte-Hélène, où il vit exilé depuis décembre 1815. Ces années d'exil ont forgé la légende de ce général devenu consul en 1799, puis Empereur en 1804, parti à la conquête du continent européen pour y diffuser les grands principes de la Révolution, avant la défaite finale à Waterloo.

Les campagnes d'Italie

> « C'est *a posteriori*, dans les divers écrits et confessions de Sainte-Hélène que, vaincu, Napoléon, cherchera à conférer une unité à son aventure européenne en revendiquant un héritage des Lumières et une continuité avec la Révolution. »
>
> **Jean-Luc Chappey** et **Bernard Gainot**

Diffuser la Révolution

Les paix de Lunéville avec l'Autriche (9 février 1801) et d'Amiens avec l'Angleterre (25 mars 1802) consacrent la position de force de la France en Europe, position que les guerres de la Révolution, puis les victoires de Bonaparte en Italie, avaient permis d'imposer. La reconnaissance de l'annexion des Pays-Bas autrichiens et de la rive gauche du Rhin donne satisfaction à la France quant à ses prétendues frontières naturelles, alors que ses principaux adversaires sur le continent trouvent des compensations ailleurs. L'Autriche, la Prusse et la Russie se sont agrandies en achevant le partage de la Pologne, jadis protégée par la France. L'Autriche gagne également l'essentiel des territoires de l'ancienne république de Venise. Un nouvel équilibre européen satisfaisant semble ainsi pour un instant atteint.

Outre la reconnaissance des territoires gagnés dans la décennie 1790, la France renforce aussi sa position en s'entourant de républiques sœurs. La deuxième campagne d'Italie a en effet permis le rétablissement des républiques italienne et ligurienne. L'expérience napoléonienne, commune à toute la péninsule Italienne – les États de l'Église sont annexés en 1809, le royaume de Naples entre dans le giron français dès 1806 –, contribue à former politiquement les élites italiennes. Elle leur donne un cadre institutionnel et juridique commun, ainsi que des pratiques administratives uniformes, qui rendront finalement envisageable la perspective unitaire.

Un dessein hégémonique

Le renforcement français en direction de la Méditerranée, où la mission diplomatique en Orient confiée en septembre 1802 à Sébastiani (Tunis, Tripoli, Constantinople, Égypte) ravive les craintes britanniques, mais aussi en Europe du Nord, associé à la reprise d'une politique coloniale affichée, rompt toutefois dès le mois de mai 1803 le délicat équilibre de la paix négociée à Amiens. L'Angleterre avait accepté le retour à la situation d'avant le début des hostilités, et le principe

L'Europe après la paix d'Amiens

d'une restitution réciproque des colonies et territoires occupés, mais les inquiétudes croissantes quant à la volonté hégémonique française la poussent à retarder la restitution de l'île de Malte aux chevaliers de l'ordre de Saint-Jean, fournissant ainsi un prétexte à la rupture.

Les coalitions anti-françaises, toutefois, ne sont plus dirigées contre la République et la Révolution, mais contre le dessein hégémonique de Napoléon. Même si celui-ci ne répond pas à un plan préconçu et s'il évolue au fil des circonstances, l'état de guerre devient permanent, et les victoires sur le champ de bataille sont censées apporter la preuve de la légitimité d'un pouvoir, dont le sacre n'avait pas entièrement effacé la tache d'origine du coup d'État.

Le Grand Empire de 1811

En 1811, la France domine la presque quasi-totalité du continent européen. L'Empire français qui s'étend de Hambourg à Rome et compte 130 départements pour 42,4 millions d'habitants. Il est entouré d'États vassaux dirigés par ses proches. Seule l'Angleterre résiste encore à Napoléon, qui n'a pas renoncé à l'envahir, mais il se tourne vers la Russie qui a ouvert ses ports aux produits anglais et marche sur Moscou le 14 septembre 1812. Contrainte à la retraite, la Grande Armée, après la Bérézina, subit une grave défaite lors de la « bataille des Nations » à Leipzig (16-19 octobre 1813), qui marque le délitement de l'Europe napoléonienne, puis conduit à l'abdication de l'Empereur le 6 avril 1814. Exilé sur l'île d'Elbe, Napoléon regagne la France le 1er mars 1815 et reprend le pouvoir pour cent jours avant la défaite finale de Waterloo face aux Anglais.

Il y a 105 ans, les États-Unis au secours de l'Europe

D'abord réticents à intervenir dans un conflit doublement lointain, qui concerne le Vieux Continent et se situe en dehors de la sphère d'influence américaine, les États-Unis sont poussés à intervenir dans la Première Guerre mondiale en 1917 après les provocations navales allemandes. Si leur contribution s'avéra décisive, la conversion de leur victoire militaire en victoire diplomatique sera, en revanche, un échec.

Une neutralité sans pacifisme

En août 1914, les puissances européennes sont en marche vers une guerre que l'on espère courte. Les États-Unis considèrent que ce conflit entre des empires de l'Ancien Monde ne les concerne pas : en vertu de la doctrine Monroe, ils n'ont pas à intervenir dans les affaires européennes. Leur neutralité n'est pourtant pas une forme de pacifisme. Après la révolution mexicaine (1910) et les exactions de Pancho Villa dans le sud-ouest des États-Unis (Nouveau-Mexique), Woodrow Wilson décide d'intervenir : le général Pershing envahit le Mexique à la tête de 11 000 hommes. En novembre 1916, Wilson est réélu sur le slogan « Il nous a gardés en dehors de la guerre ». Beaucoup d'Américains d'origine allemande ou irlandaise n'ont que peu de sympathies pour les Britanniques.

« La Fayette, nous voilà ! »

Le 7 mai 1915, les Allemands coulent le *Lusitania* au large de l'Irlande et

Les États-Unis dans la Première Guerre mondiale

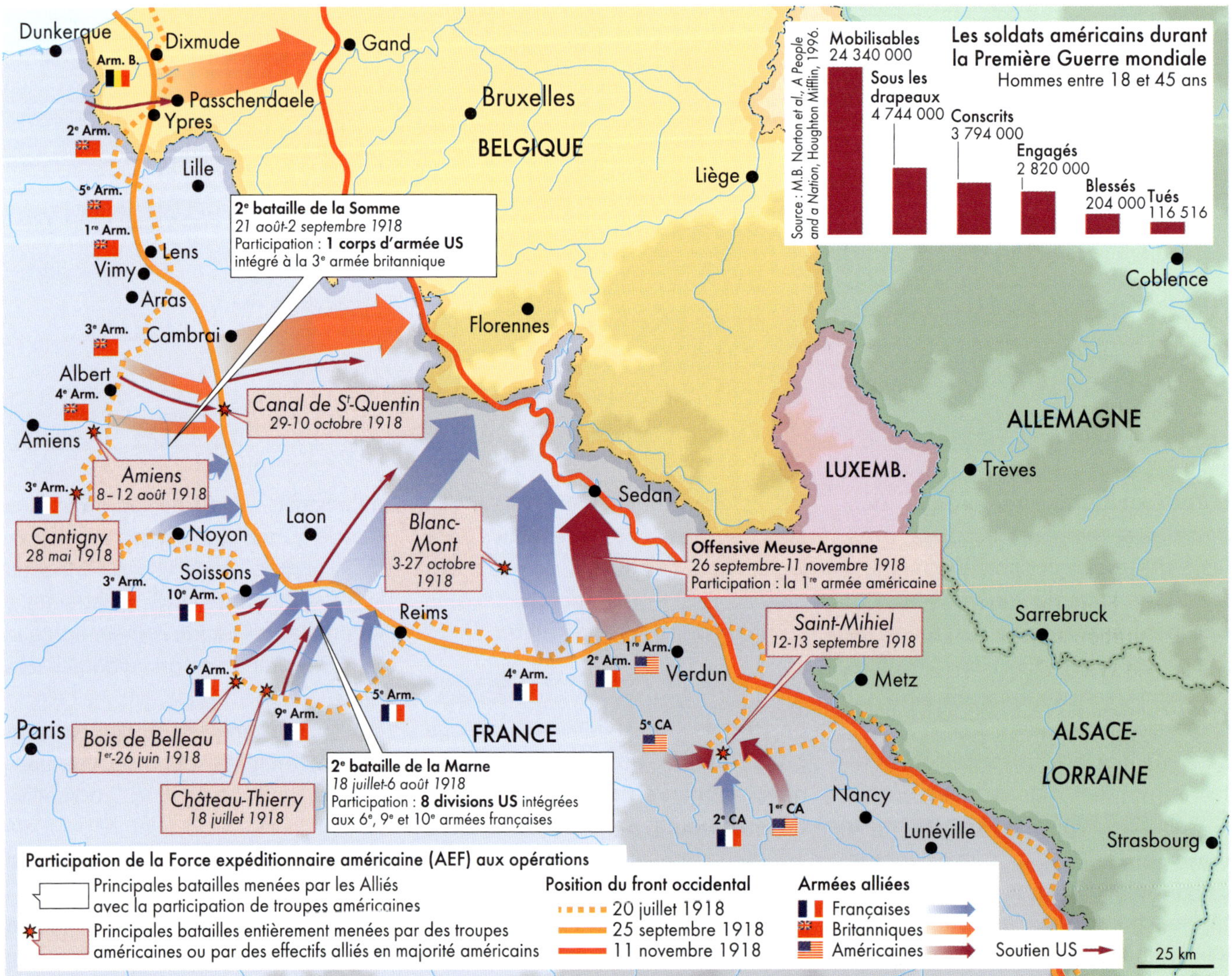

Sources : 29th Engineer Rgt, U.S. Army, Cartes de la Bibliothèque du Congrès ; E. Homberger, *Atlas historique de l'Amérique du Nord*, Autrement, 1996.

128 Américains périssent : c'est un sérieux avertissement, mais la pression diplomatique américaine suffit à faire reculer l'Allemagne. Quand celle-ci se lance dans une guerre maritime totale, début 1917, la liberté des mers est menacée. Le « télégramme Zimmermann », dans lequel les Allemands promettent d'aider les Mexicains à reprendre les territoires perdus en 1848, met le feu aux poudres. Avec l'accord du Congrès, Wilson déclare l'entrée en guerre des États-Unis le 6 avril 1917.

Convertir l'opinion publique du bien-fondé de l'intervention militaire nécessite cependant de gros efforts. Des sermons parlent de « guerre sainte » et un antigermanisme virulent se répand : des brasseries sont attaquées, la langue allemande n'est plus enseignée, les compositeurs allemands sont déprogrammés. Le gouvernement produit des affiches de propagande comparant les Allemands à des Huns qui incitent les Américains à s'engager ou à contribuer à l'effort de guerre : il faut sauver l'État de droit et la civilisation contre le militarisme brutal. C'est une guerre pour des valeurs, une guerre noble.

Le premier corps expéditionnaire, 14 500 hommes sous les ordres du général Pershing, est très insuffisant. Deux millions d'Américains traversent finalement l'Atlantique ; 1,4 million prend part aux combats et 116 000 meurent, dont 26 000 à l'offensive Meuse-Argonne (fin 1918). La première difficulté n'est pas de trouver des volontaires, mais de les équiper et de les entraîner, car le pays n'est pas prêt. Mais pas de front sans front de l'intérieur : les emplois industriels sont occupés par des jeunes femmes, Herbert Hoover pilote la Food Administration et le banquier Bernard Baruch le War Industry Board.

L'après-guerre : émancipation des femmes et Prohibition

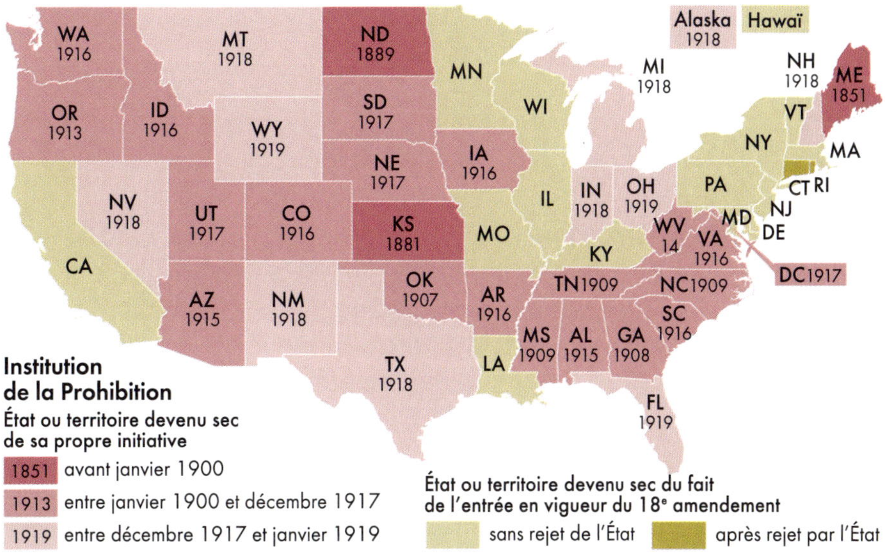

Source : *Atlas of Historical Geography of the United States* (1932), Digital Scholarship Lab, U. of Richmond, *http://dsl.richmond.edu/historicalatlas/*

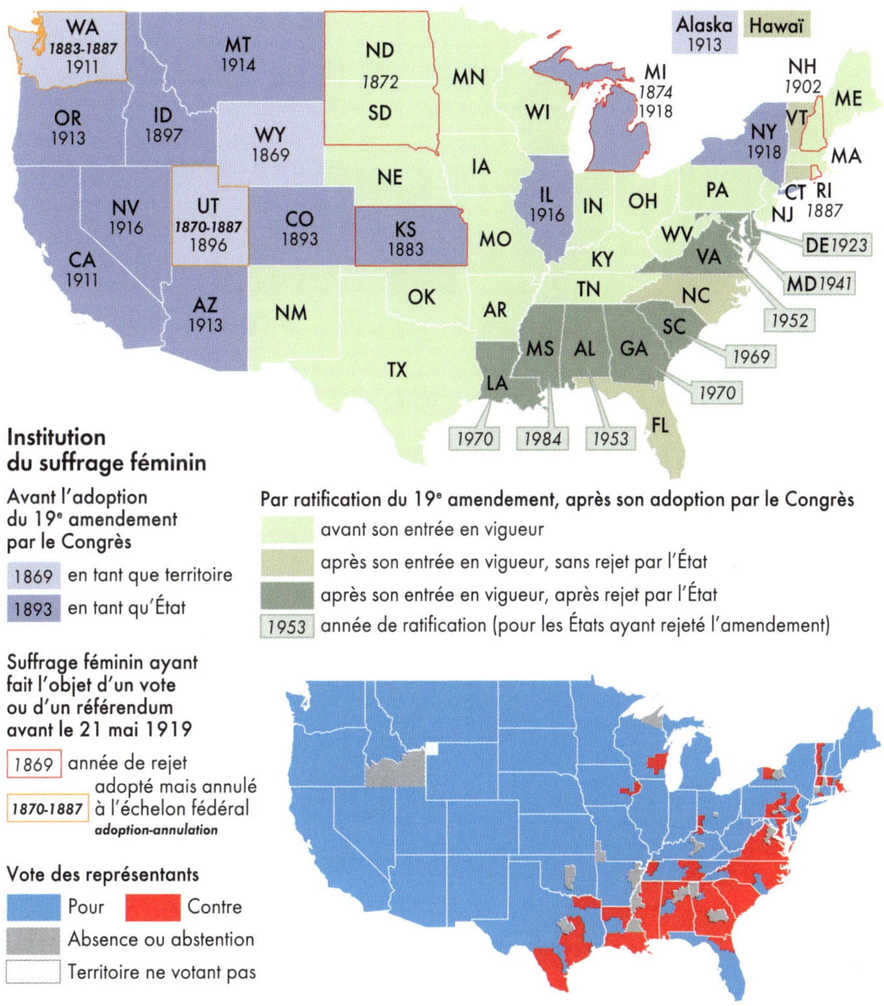

Source : F. Salmon, *Atlas historique des États-Unis : de 1783 à nos jours*, A. Colin, 2008.

Gagner la guerre, perdre la paix

Wilson est le premier président américain à se rendre en Europe en décembre 1918. Il y appuie l'idée d'une Société des Nations, évoquée dans ses « 14 points », pour désamorcer les conflits. Mais les réticences de ses adversaires républicains au Congrès à s'investir durablement dans les affaires du monde empêchent la ratification par les États-Unis du traité de Versailles et privent le pays d'un poids diplomatique nouveau.

LE SOLDAT AMÉRICAIN TYPE

C'est un jeune homme d'une petite vingtaine d'années, célibataire et non diplômé. Près d'un cinquième sont nés à l'étranger, auxquels s'ajoutent 350 000 Noirs.

Il y a 75 ans, le début de la guerre froide

La guerre froide s'invente en Méditerranée et au Moyen-Orient. La possible victoire des communistes en Grèce, les demandes de Staline sur les détroits turcs et sur le pétrole iranien, l'irrédentisme des républiques soviétiques du Caucase, tout augure d'une expansion du communisme. Les États-Unis votent alors une aide à la Grèce et à la Turquie en mars 1947, inaugurant la politique de *containment*.

La crise iranienne

Staline, entre prudence et audace

En Turquie, en Grèce, en Iran s'élabore un expansionnisme soviétique prudent, faisant feu de tout bois. Fort de la victoire, Staline renoue avec l'ambition impériale russe, exigeant d'Ankara une protection conjointe des détroits du Bosphore et la restitution des territoires de Kars et Ardahan cédés à la Turquie après la défaite russe de mars 1918. L'accord dit des pourcentages, conclu en octobre 1944 entre Staline et Churchill, fait de la Grèce une zone d'influence britannique à 90 %. Mais les communistes avec l'ELAS (armée de libération du peuple grec) dominent la résistance au sortir de la guerre. S'ils participent au gouvernement Papandréou d'union nationale dès mai 1944, la ligne de compromis dictée par Moscou n'est guère acceptée. En décembre, le refus du désarmement unilatéral de l'ELAS provoque la démission des ministres communistes et une bataille de rues à Athènes entre manifestants pro-ELAS et forces gouvernementales appuyées par les Britanniques. La prudence de Staline disparaît en février 1946. L'heure est au boycott des élections et à la relance de la lutte armée. Commandée par Markos Vafiadis (dit le général Markos), l'armée démocratique de Grèce a l'appui des États communistes voisins. En décembre 1947, un gouvernement provisoire alternatif à celui d'Athènes est créé dans le nord. La Grèce pourrait bien devenir la prochaine démocratie populaire.

Moscou tente aussi des ballons d'essai en Iran. Fort de l'occupation soviéto-britannique du pays depuis août 1941, le Kremlin espère obtenir un droit de prospection et d'exploitation des pétroles au nord du pays. Staline a des moyens de pression : le parti Tudeh (communiste) et les séparatismes azéri et kurde que stimule la présence de l'Armée rouge. Initiative conjointe de Moscou et de Bakou, une République autonome azérie est établie en novembre 1945 dans le nord de l'Iran, ainsi qu'une république kurde à Mahabad, provoquant une réaction déterminée de Londres et de Washington.

Endiguer le communisme

En Iran, Staline échoue à obtenir des droits identiques à ceux des Britanniques, qui exploitent le pétrole du pays depuis 1909. En janvier 1946, quand le gouvernement pro-occidental de Reza Pahlavi proteste à l'ONU contre l'ingérence du Kremlin, l'affaire est portée devant le Conseil de sécurité. Moscou, inquiet du risque de guerre, recule et s'entend avec Téhéran le 4 avril sur un retrait des troupes en échange d'une promesse sur le pétrole que le Majlis (assemblée) refuse ensuite d'honorer.

Le retrait de l'Armée rouge signe aussi la fin des deux républiques tenues à bout de bras par Bakou et Moscou.

En Grèce, les Anglo-Saxons dépensent sans compter dans la bataille contre le communisme. L'appui au gouvernement et au roi, de retour en septembre 1946, s'accompagne de la mise sur pied d'une armée grecque de 90 000 hommes. Mais la guérilla communiste tient bon, très implantée en Grèce du Nord et jusque dans l'Attique. Le relais est alors pris par Washington début 1947. Le vote par le Congrès de 300 millions de dollars le 12 mars pour la Grèce (et de 100 millions pour la Turquie) relance la guerre et la violence. Même les enfants en sont victimes, envoyés de force dans des camps de rééducation communistes ou anticommunistes. Le schisme entre Tito et Staline démoralise l'Armée démocratique de Grèce. Le chef Markos est accusé de titisme, alors que ses compagnons prennent parti pour Moscou, perdant dès lors la base arrière yougoslave. Avec l'opération Torch en août 1949, les communistes perdent la guerre. La société grecque sort marquée et meurtrie de ce premier conflit d'après-guerre entre communisme et anticommunisme.

Convaincus de la stratégie d'expansion de Staline, les Occidentaux considèrent dès lors l'endiguement du communisme comme une priorité.

En Iran, **l'anticommunisme** se greffe sur le « **grand jeu** » qui oppose les Anglais et les Russes depuis le XIXe siècle en Asie centrale. Il couvre aussi de son manteau idéologique une géopolitique du contrôle des mers et du pétrole.

La crise grecque

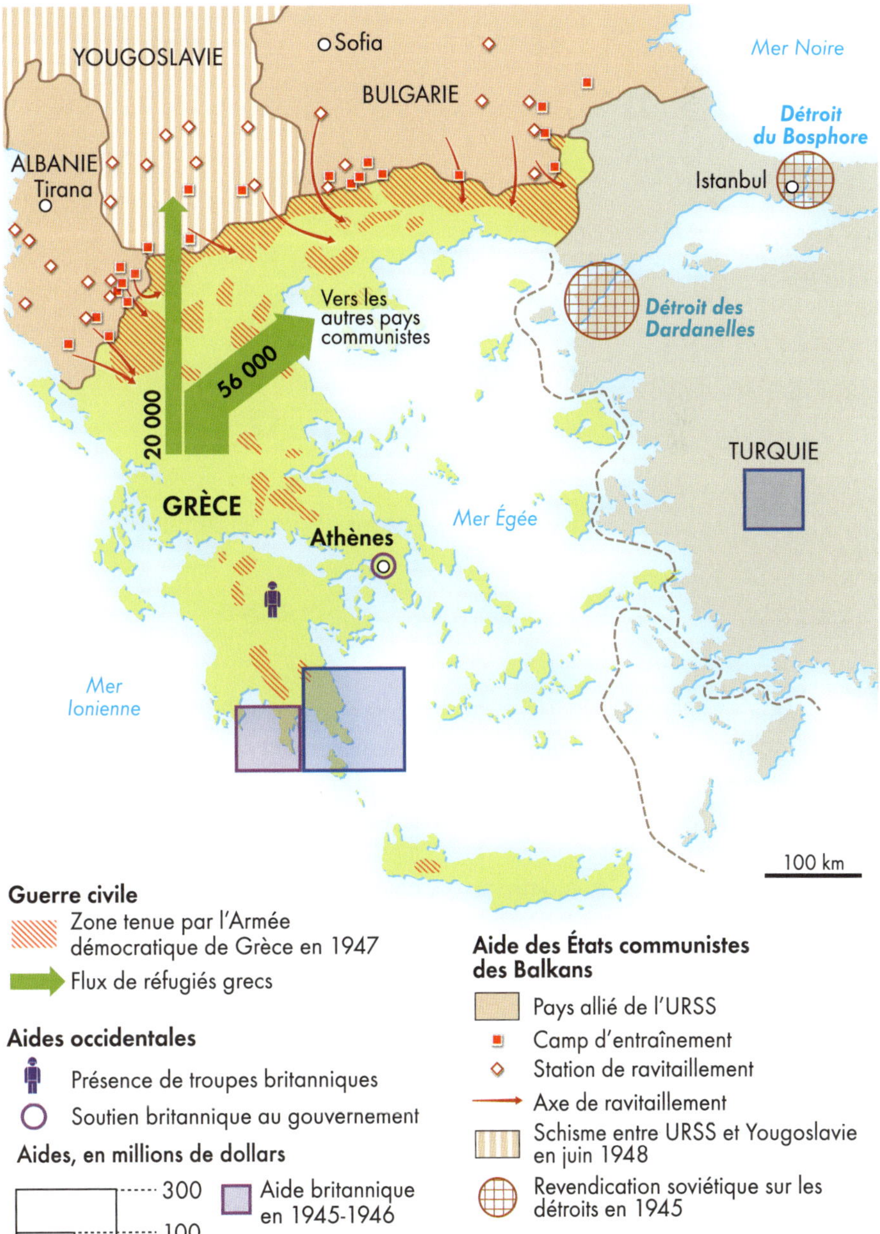

Source : C. R. Schrader, *The Withered Vine. Logistics and the Communist insurgency in Greece, 1945-1949*, Westport, Praeger, 1999.

Il y a 60 ans, la crise de Cuba

En octobre 1962, la crise de Cuba a tenu le monde en haleine pendant quelques jours, suspendu aux décisions de Kennedy et de Khrouchtchev comme au moindre incident qui pourrait provoquer l'irréparable. L'épisode reste un moment de tension majeure, d'autant plus spectaculaire qu'il met directement aux prises les deux Grands sur la question du nucléaire. Par sa résolution, la crise inaugure toutefois une nouvelle phase de la guerre froide, la Détente.

Cuba, bases soviétiques et blocus

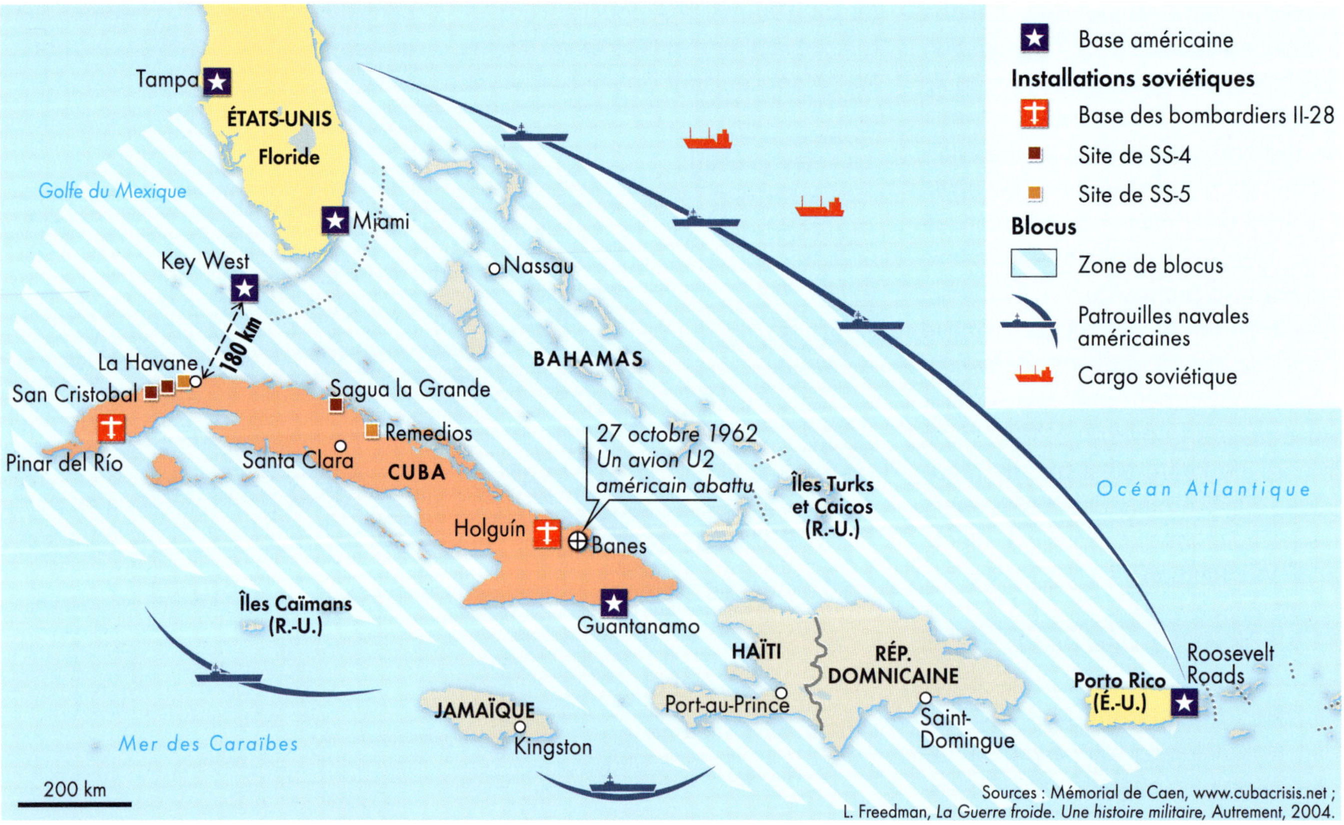

Sources : Mémorial de Caen, www.cubacrisis.net ; L. Freedman, *La Guerre froide. Une histoire militaire*, Autrement, 2004.

La décision soviétique

Khrouchtchev impose en mai 1962 au Politburo la décision controversée d'installer des missiles à Cuba. L'opération Anadyr comprend le déploiement sur l'île, à moins de 200 km des côtes de la Floride, de missiles SS-4 et SS-5 qui mettent à la portée du nucléaire soviétique l'ensemble du territoire américain. Le plan prévoit également l'acheminement de lanceurs tactiques, de matériel divers et de 50 000 hommes. Le 14 octobre, un avion espion américain U2 prend des photographies qui révèlent au Pentagone les installations soviétiques.

Sans doute Khrouchtchev souhaite-t-il partiellement combler un *missile gap* qui joue alors en défaveur de l'URSS. Les installations cubaines entendent ainsi répondre aux missiles américains Jupiter stationnés en Turquie. Sans doute aussi le dirigeant soviétique, qui en 1959 a effectué sous les feux des médias un voyage aux États-Unis et qui pense bien connaître le pays, se sent-il en position favorable : fort des exploits accomplis par l'URSS dans l'espace, il veut profiter de l'inexpérience supposée de Kennedy pour défier les États-Unis au sein même de leur arrière-cour. Dès lors, le choix de Cuba s'impose, pour des raisons stratégiques évidentes, mais aussi parce qu'il correspond à la volonté affichée par Khrouchtchev, concurrencé par la Chine, d'étendre l'influence soviétique dans le tiers monde, et notamment en Amérique latine. Dès 1960, Castro s'est rapproché de l'URSS. Depuis l'échec du débarquement d'exilés cubains dans la baie des Cochons, en avril 1961, il craint une nouvelle tentative de déstabilisation américaine et accueille à bras ouverts la présence de l'allié soviétique ; durant la crise, il ne cessera d'inciter Khrouchtchev à la fermeté, au risque de provoquer un affrontement nucléaire.

Portée des missiles de l'OTAN (Turquie)

Portée des missiles soviétiques (Cuba)

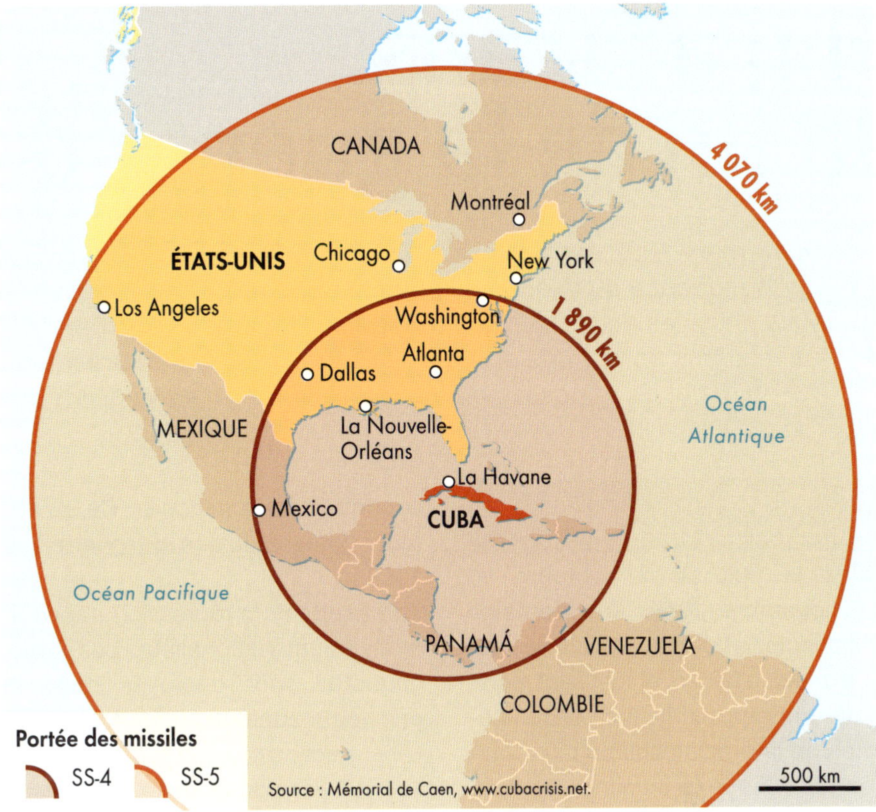

Une crise exemplaire

Les États-Unis ne pouvaient rester sans réagir : il en allait de leur sécurité, mais plus encore de leur crédibilité auprès de leurs alliés. Kennedy, après avoir recueilli les différents avis des militaires et de conseillers, décide, par crainte d'une escalade et d'une réaction de l'URSS sur Berlin-Ouest, de ne pas bombarder Cuba, mais de mettre en place un blocus de l'île pour empêcher les navires soviétiques d'accoster. La balle est dans le camp de Khrouchtchev qui se résout, après quelques jours de tension extrême à faire marche arrière. Les États-Unis, en échange, ont dû s'engager à ne pas chercher à renverser à nouveau le régime castriste, ce qui revient à tolérer à leurs portes un gouvernement communiste. Ils ont également promis secrètement à Khrouchtchev le démantèlement des fusées Jupiter (techniquement dépassées), pour permettre à ce dernier de sauver la face auprès du Politburo.

Voyage de Krouchtchev

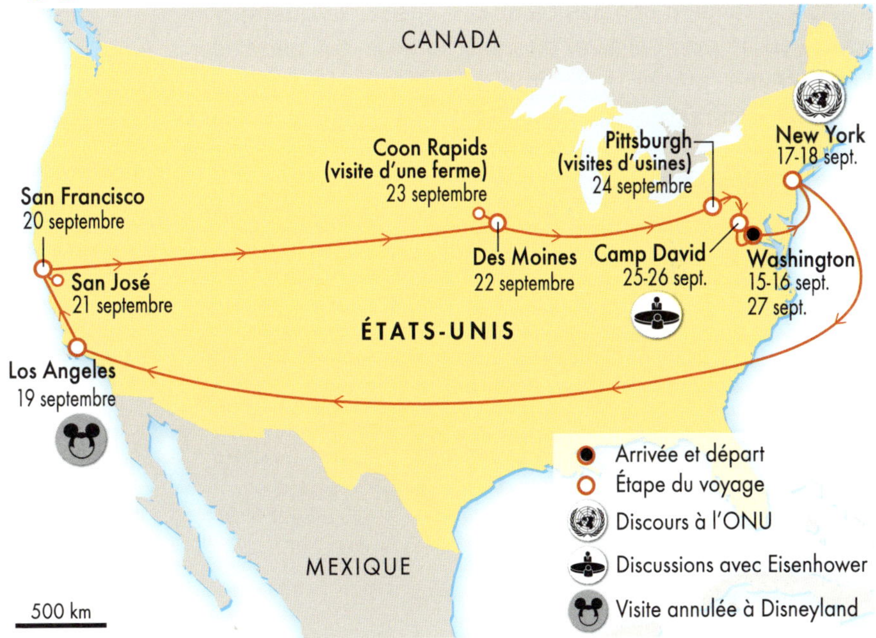

Une image forte de la guerre froide

Très médiatisée, portée devant le Conseil de sécurité de l'ONU, où les États-Unis exposent lors de la séance du 25 octobre les photographies des U2, la crise de Cuba met les deux Grands face à face, non loin du territoire américain, alors qu'ils avaient coutume de s'affronter par alliés interposés aux frontières de leurs zones d'influence. L'image est emblématique, mais en réalité réductrice et même trompeuse. Si, durant quelques jours, le monde entier ne s'est jamais senti aussi proche d'un conflit nucléaire, c'est avant tout par crainte d'un incident ou d'une action incontrôlée d'un des protagonistes, comme lorsque le 27 octobre, la DCA cubaine abat un U2 sans en avoir reçu l'ordre. Les deux K, eux, ont su garder leur sang-froid et éviter l'escalade. De ce point de vue, la crise fait prendre conscience de la nécessité d'établir un dialogue et d'introduire une certaine maîtrise dans la course aux armements.

> **« En définitive, notre lien commun le plus fondamental est que nous habitons tous la même petite planète, que nous respirons tous le même air, que nous chérissons tous l'avenir de nos enfants et que nous sommes tous mortels. »**
>
> **John F. Kennedy**, le 10 juin 1963

Il y a 60 ans, la fin de la guerre d'Algérie

Le 18 mars 1962, les accords d'Évian mettent fin à la « guerre d'Algérie » et ouvrent à l'indépendance de l'ancienne colonie française conquise en 1830, qui est proclamée le 5 juillet. Mais entre les deux rives de la Méditerranée, les mémoires de la guerre continuent d'entraver les relations entre Paris et Alger, malgré la volonté du président Macron de réconcilier les mémoires et de dépassionner le débat.

Une guerre qui ne dit pas son nom

Dans la nuit du 31 octobre au 1er novembre 1954, une trentaine d'incendies et d'attaques ont lieu sur le territoire algérien, et font sept morts dont un Français. Ils sont accompagnés de la proclamation d'une organisation jusque-là inconnue, le FLN, qui exige l'indépendance nationale et l'ouverture de négociations. Le FLN et l'ALN entendent non pas battre la France sur le plan militaire, puisqu'il s'agit d'une guerre asymétrique, mais créer un rapport de force pour la contraindre à négocier. Ce qu'elle fera, après huit ans de guerre, en 1962.

En attendant, la répression frappe le mouvement nationaliste. Les parachutistes sont déployés dans la principale zone insurgée, les Aurès. L'insurrection marque le pas jusqu'au soulèvement du Nord-Constantinois le 20 août 1955, puis s'étend en Kabylie et dans l'Algérois. À partir de 1956, la guerre s'implante dans les villes, en particulier à Alger : grève générale en janvier 1957, attentats en représailles aux exécutions de nationalistes algériens, arrestations et torture à grande échelle pratiquée par l'armée française pour obtenir des renseignements de façon à démanteler l'exécutif du FLN. C'est ce qu'on appelle improprement « la bataille d'Alger ». La guerre se diffuse vers l'ouest et le sud.

Une guérilla portée par des maquisards

Dirigés depuis un exécutif installé en Tunisie, les maquis de l'ALN n'ont jamais compté plus de 21 000 combattants, les moudjahidine. Ceux-ci

La guerre d'indépendance

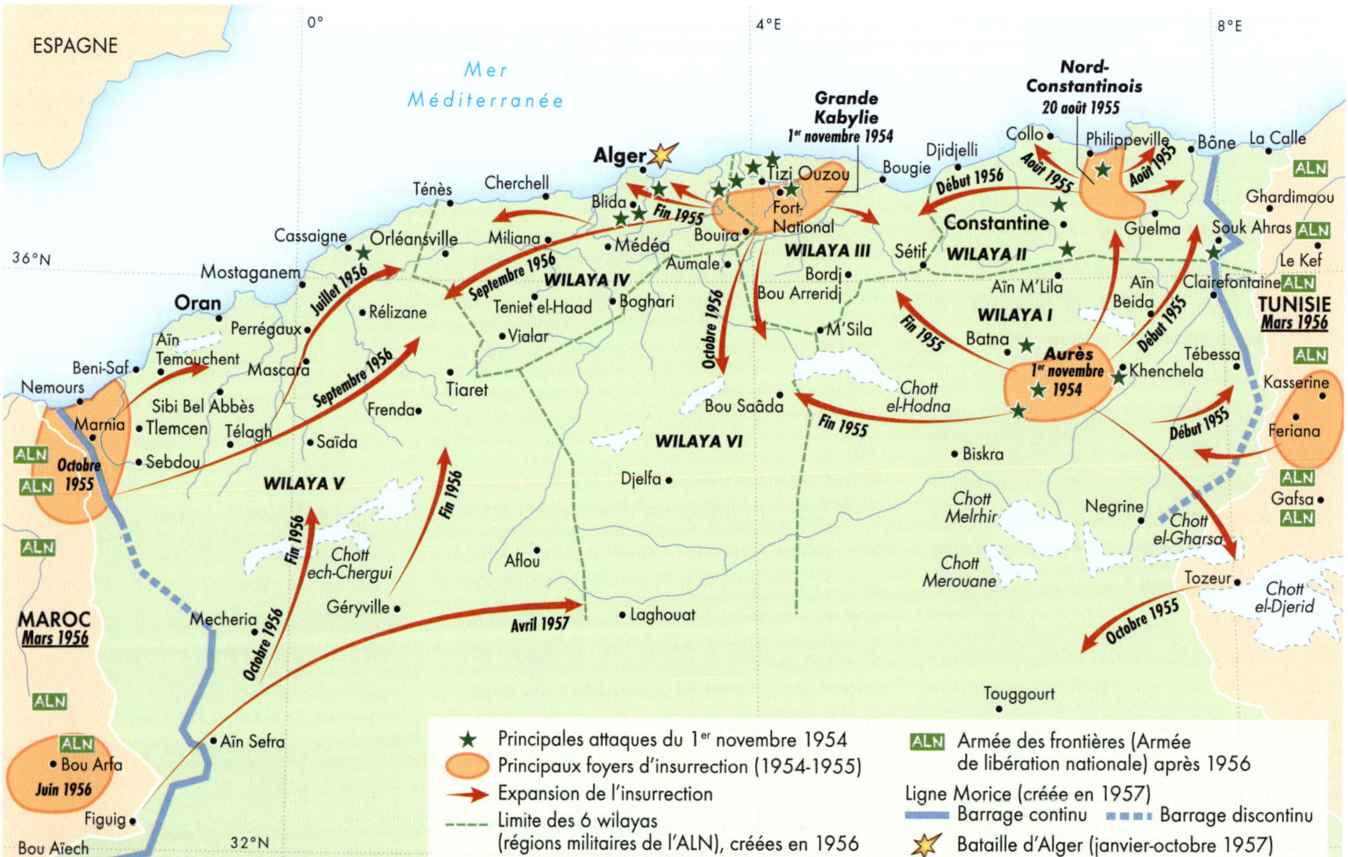

Sources : G. Pervillé, *Atlas de la guerre d'Algérie*, Paris, Éditions Autrement, 2003 ; A. Bouchène, J.-P. Peyroulou, O. Siari Tengour, S. Thénault (dir.), *Histoire de l'Algérie à la période coloniale 1830-1962*, Paris-Alger, La Découverte-Barzakh, 2012.

Le refus de l'indépendance

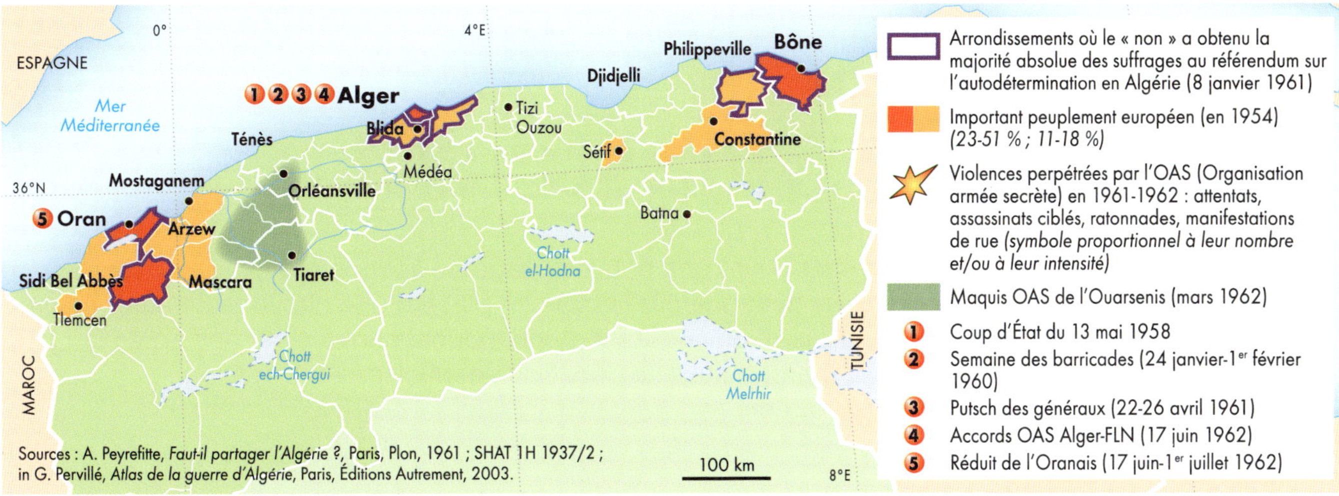

Sources : A. Peyrefitte, *Faut-il partager l'Algérie ?*, Paris, Plon, 1961 ; SHAT 1H 1937/2 ; in G. Pervillé, *Atlas de la guerre d'Algérie*, Paris, Éditions Autrement, 2003.

L'opinion publique face à l'indépendance

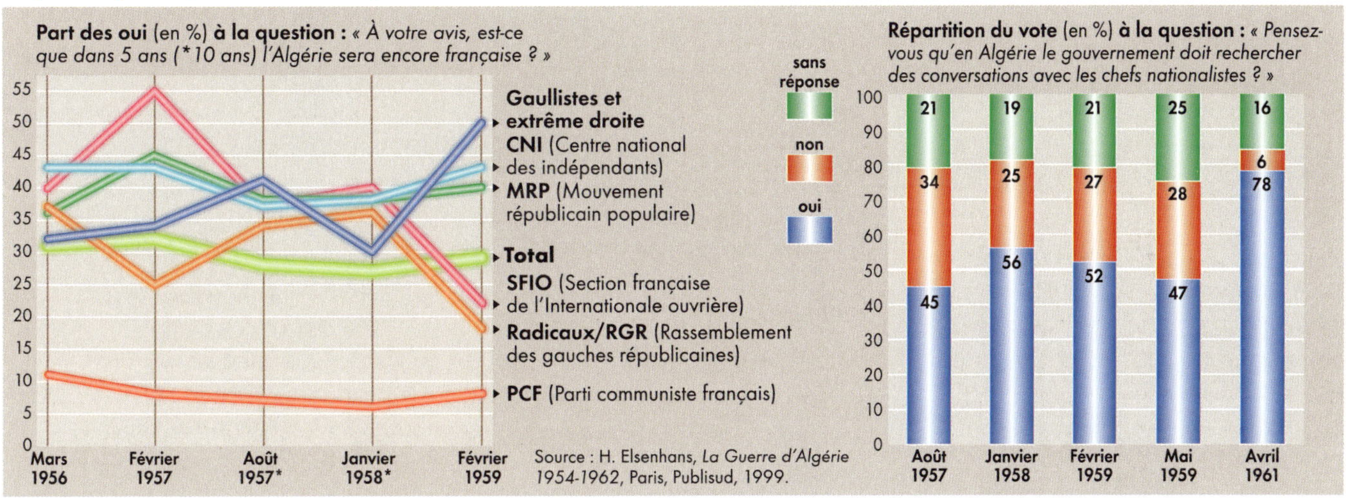

Source : H. Elsenhans, *La Guerre d'Algérie 1954-1962*, Paris, Publisud, 1999.

tombent à quelques milliers à la fin de la guerre tant ils sont décimés par les ratissages de l'armée française. Les fantassins de l'ALN, des paysans pauvres pour la plupart, ne disposant que d'armes légères, leur principale force est la connaissance du territoire pour se déplacer et de la population auprès de laquelle ils s'approvisionnent. C'est dans les massifs montagneux de Kabylie, des Aurès, du Nord-Constantinois que les maquis sont les plus étoffés. Ils pratiquent une guérilla fondée sur la surprise et la mobilité : embuscade, attaque d'un poste militaire, route coupée, destruction des moyens de communication (poteaux téléphoniques, cars), élimination de fonctionnaires algériens considérés comme des traîtres, purges internes…

À partir de 1956, la construction de barrages électrifiés à la frontière tunisienne et marocaine, la ligne Morice, du nom du ministre de la Défense, isole les maquis. Mais l'étouffement progressif des maquisards provoque, à mesure que la guerre dure, la montée en puissance de l'armée des frontières, stationnée au Maroc et surtout en Tunisie et commandée par le colonel Boumediene. En juillet 1962, sans avoir combattu, elle pénètre en Algérie et s'empare du pouvoir.

Une opinion publique qui évolue

Au début de la guerre, l'opinion publique française est favorable au maintien de l'Algérie dans la France, aussi bien à gauche (y compris chez les communistes) qu'à droite. Les opposants au retour au pouvoir de De Gaulle en 1958 ne lui reprochent pas la volonté de maintenir l'Algérie française, mais la manière avec laquelle il revient au pouvoir : en s'appuyant sur le coup d'État de l'armée, le 13 mai 1958.

Si les Français deviennent partisans de l'indépendance de l'Algérie, c'est parce que la guerre dure et tue leurs soldats, et sa poursuite menace les institutions et la stabilité de la République. L'évolution de l'opinion se fait en deux temps. En 1959-1960, elle approuve l'autodétermination proposée par de Gaulle en 1959, puis bascule en faveur de l'indépendance en 1961, en raison du putsch des généraux et de l'OAS. Les Français approuvent alors massivement les référendums relatifs à l'indépendance de l'Algérie (1961 et 1962), aspirant à la paix, à la stabilité, à l'Europe.

LES CHIFFRES DE LA GUERRE

32 000 morts français environ (dont un peu plus de 24 600 soldats) et entre **250 000 et 430 000 morts algériens** (dont 141 000 « rebelles » tués par l'armée française) selon les estimations, pour 8,5 millions d'habitants en 1954.

Il y a 40 ans, le traité de Maastricht

Signé en 1992, le traité de Maastricht ouvre une nouvelle page de la construction européenne en la transformant en une union plus politique par la mise en place d'une citoyenneté européenne et d'une politique étrangère commune et en la dotant d'une monnaie unique. 42 ans après la déclaration Schuman, ce tournant marque aussi le début du scepticisme des opinions publiques européennes vis-à-vis du projet européen.

L'Union européenne en 1992

Source : Union européenne (europa.eu).

D'une communauté économique...

Bâtie à partir de la mise en commun de la production de charbon et d'acier, deux produits symboliques de la volonté de construire la paix en Europe par la coopération, dans le cadre de la Communauté européenne du charbon et de l'acier (CECA), la construction européenne prend dès 1957 sa vocation économique avec l'instauration de la Communauté économique européenne (CEE), le « Marché commun », puis de la Communauté européenne de l'énergie atomique (CEEA). L'objectif de la CEE est alors de mettre en place une union douanière et des politiques communes, à l'image de la politique agricole commune (PAC) à compter de 1962. Le parachèvement du marché unique s'opère avec l'acte unique en 1986 signé par les 12 États membres de la CEE.

Si le traité de Maastricht signé en février 1992 entend poursuivre l'intégration économique, il marque un véritable tournant dans l'histoire de la construction européenne par sa dimension politique.

...à une union politique

L'originalité première du traité de Maastricht est d'abord de transformer les communautés européennes en une Union européenne (UE). Celle-ci dote les ressortissants de tous les États membres d'une citoyenneté européenne, qui leur permet de voter et d'être éligibles aux élections municipales en fonction de leur lieu de résidence et non de leur nationalité. Cette dimension politique vient compléter sa base économique.

Elle passe d'ailleurs par l'instauration d'une politique étrangère et de sécurité commune (PESC). Les objectifs sont alors de sauvegarder l'indépendance de l'Union, renforcer la sécurité « sous toutes ses formes » et œuvrer au « maintien de la paix et de la sécurité internationale ». Requalifiés de « principes de Petersberg », ils sont prolongés par le sommet franco-britannique de Saint-Malo en 1998, puis par la création de la politique européenne de sécurité et de défense (PESD) l'année suivante.

Toutefois, entre 1993 et 1995, les États membres se révèlent incapables de coordonner une intervention dans le conflit yougoslave, et en 2003, face à l'intervention unilatérale américaine en Irak contre Saddam Hussein, ils se divisent, les Britanniques et les Espagnols s'engageant aux côtés des GI, tandis que les Allemands et les Français s'y refusent.

Enfin, le traité de Maastricht réalise l'Union économique et monétaire. Suite logique de la mise en place d'un marché unique, cette union a pour objectif la création d'une monnaie unique, l'euro, vue comme un moyen de renforcer les échanges et l'intégration économique à l'échelle de l'UE. Elle repose aussi sur de nouvelles compétences octroyées par le traité de Maastricht au niveau social, de la cohésion économique et sociale, de l'environnement et de la recherche et développement.

Organisé autour de trois piliers – les communautés européennes, la politique étrangère et de sécurité commune et la coopération dans le domaine de la justice et des affaires intérieures –, le traité de Maastricht dote l'Union d'un cadre institutionnel, encore à la base de son fonctionnement aujourd'hui.

Résultats du référendum de 1992 en France

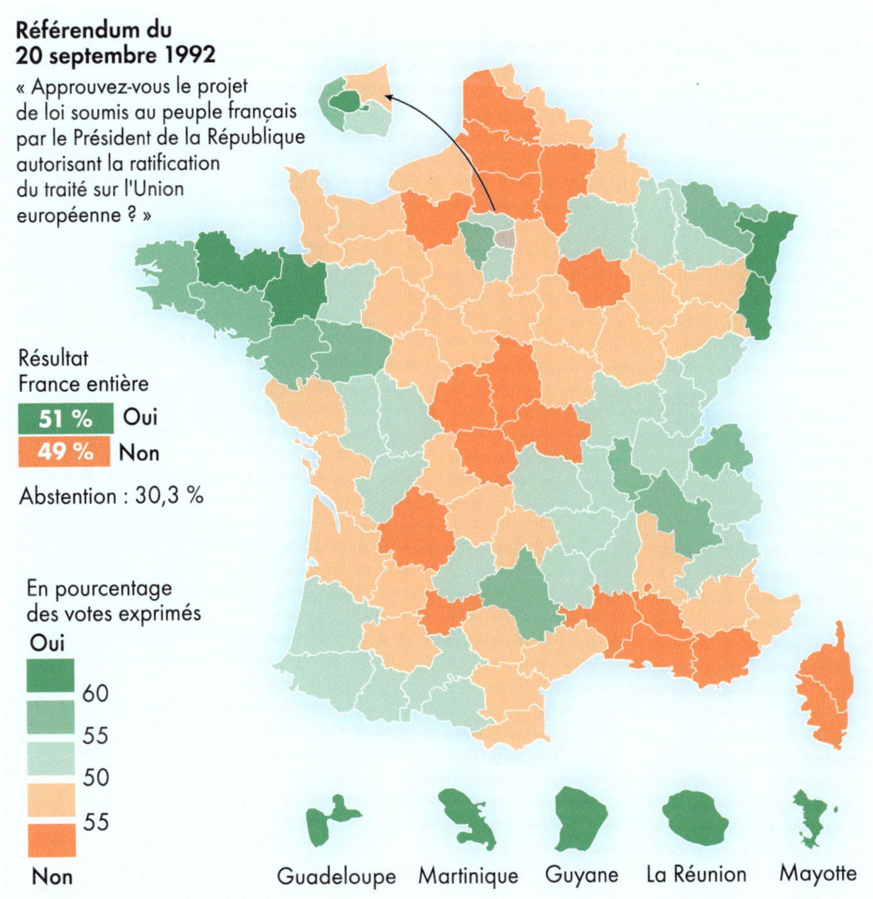

Les Français eurosceptiques ?

Malgré ce tournant politique (ou peut-être cela en est-il la cause), le traité de Maastricht n'est adopté qu'à une courte majorité par les Français, soulignant que l'idée européenne semble avoir du mal à séduire l'opinion française, mais aussi européenne. De fait, dès les années 1980, l'ouverture aux pays méditerranéens (Grèce, Espagne, Portugal) et la question des disparités économiques et de la menace sur les emplois suscitent des interrogations sur la nécessité des élargissements, que l'intégration de dix nouveaux États d'Europe centrale et orientale en 2004 a encore renforcées.

Accusée d'être gouvernée par des « technocrates » éloignés des citoyens, l'Europe ne parvient pas douze ans plus tard à aller plus loin dans son approfondissement et se doter d'une constitution. Celle-ci est rejetée par référendum en 2005 en France, puis aux Pays-Bas, amorçant une vague d'un euroscepticisme qui n'a depuis cessé, et dont le Brexit marque sans doute l'apogée.

SUCCÈS EUROPÉENS

L'envoi en 2003 en République démocratique du Congo de 2 300 militaires européens dans le cadre de l'opération **EUFOR Artémis**, suivie en 2004 par une opération de maintien de la paix en Bosnie-Herzégovine (EUFOR ALTHEA) montre les capacités européennes dans le maintien de la paix et la reconstruction post-conflit.

Et demain ?

Sommaire

La population entre croissance et vieillissement

Frôlant les 8 milliards de personnes, la population mondiale n'a jamais été aussi nombreuse qu'aujourd'hui. Dans les années 1970, on craignait « l'explosion démographique », une « bombe P » (pour population) qui devait provoquer une famine mondiale par manque de ressources. En dépit d'un ralentissement important, que la pandémie de la Covid a accentué, la croissance démographique mondiale devrait se poursuivre, mais inégalement.

Selon l'ONU, la population mondiale atteignait 7,6 milliards de personnes en 2018 et devrait être de 8,55 milliards en 2030, de 9,77 en 2050, et peut-être de 11,18 en 2100. Dans les années 1970, la croissance de la population était de 2,07 % par an, elle n'est plus aujourd'hui que de 1,08 % par an. L'indice synthétique de fécondité, qui correspond au nombre moyen d'enfants par femme en âge de procréer (15 à 49 ans) à l'intérieur d'une population est de 2,4 aujourd'hui. Il se situe juste au-dessus du seuil de renouvellement naturel des générations établi à 2,05 enfants par femme. Or, il était de 3,9 dans le monde en 1980 et pourrait être de 1,9 en 2100. Entre

Population mondiale en 2000 et 2050

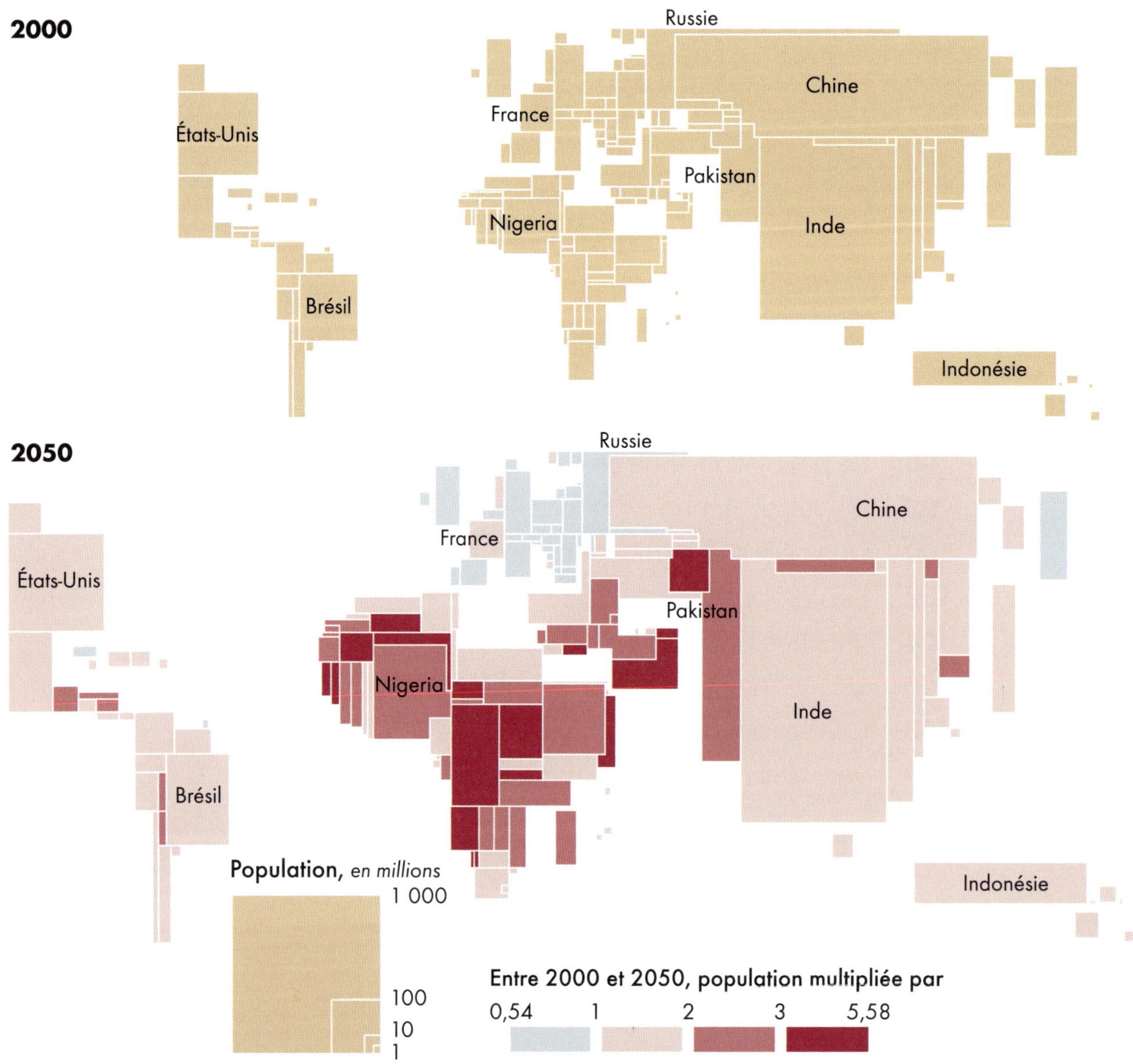

Source : *World Population Prospects : The 2000 Revision ;* United Nation Population Division.

Pyramides des âges en 1970, 2015 et 2060

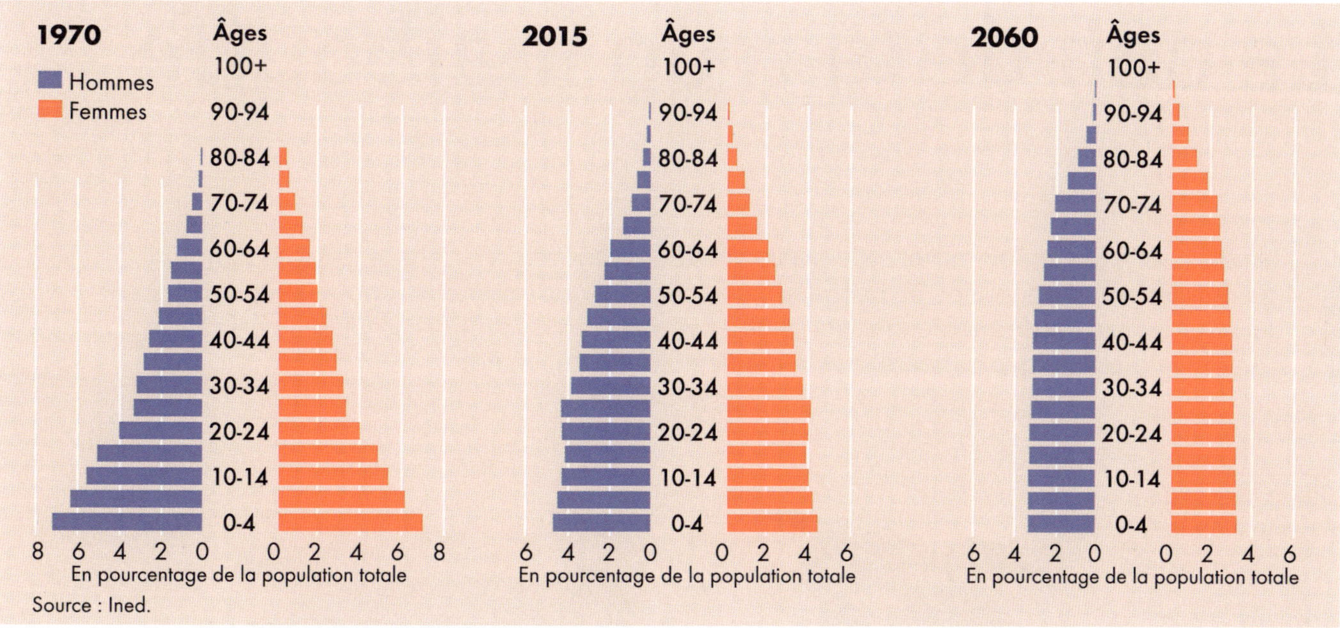

1950 et 2015, la fécondité moyenne dans le monde est passée de 5 enfants par femme à 2,4. Cette situation a des causes multiples : développement économique, état de santé des populations (baisse de la mortalité infantile, meilleure alimentation associée à une agriculture plus productive), éducation des femmes. On a longtemps considéré que le développement économique allait de pair avec le ralentissement de la croissance démographique, on constate cependant que ce développement ne paraît pas indispensable à la baisse de la fécondité, celle-ci pouvant être à son tour un moteur de la modernisation.

L'Inde bientôt plus peuplée que la Chine

Dans les 40 ans à venir, le poids démographique de l'Europe devrait diminuer, celui de l'Amérique du Nord augmenter faiblement tandis que la croissance démographique se concentrera dans les régions en développement, Afrique, Amérique latine et Caraïbes, Asie (hors Japon) et notamment dans une dizaine de pays : Inde, Nigeria, République démocratique du Congo, Pakistan, Éthiopie, Tanzanie, Ouganda, Indonésie, Brésil. L'Inde devrait être d'ici 2025 le pays le plus peuplé, devant la Chine marquée par la politique démographique « dite de l'enfant unique ». L'assouplissement de cette politique depuis 2013 n'aura des conséquences qu'à long terme. La population de l'Inde (1,3 milliard d'habitants) continuera à croître, le pays a une fécondité supérieure à celle de la Chine et le déficit de filles y est moindre. En 2050, l'Asie (notamment l'Inde, la Chine, le Pakistan) devrait représenter un poids considérable en termes de population. Le poids de l'Afrique subsaharienne va continuer à augmenter. L'Afrique devrait atteindre environ 1,6 milliard d'habitants en 2030, près de 2,4 en 2050 : en termes démographiques, c'est « le continent de demain ».

Un fort vieillissement

Les pyramides des âges, qui représentent la répartition par sexe (hommes à gauche et femmes à droite) et âge de la population à un instant donné, sont le résultat des interactions passées de la fécondité, de la mortalité et des migrations. Néanmoins, la forme de la pyramide et les variations de celles-ci avec les années dépendent principalement des variations de la fécondité. La pyramide de 1970 à une base large témoignant d'une forte natalité et d'un nombre élevé de jeunes alors que la population âgée est assez réduite. En 2015 la base s'est réduite et le sommet de la pyramide s'est élargi, situation plus marquée encore en 2050 qui souligne l'importance du vieillissement mondial. En 1950, les personnes âgées (60 ans et plus) représentaient 8 % de la population mondiale, contre 22 % en 2060, soit quelque 2,5 milliards d'individus.

Actuellement, à l'échelle mondiale, les 15-24 ans dépassent de presque 32 % les personnes de 60 ans et plus, ces deux groupes seront égaux en 2026, puis les plus de 60 ans seront plus nombreux que les jeunes. Les Nations unies prévoient que l'âge médian mondial, aujourd'hui proche de 30 ans, atteindra 36 ans en 2050, celui du Japon qui est déjà de 47 ans, sera alors de 53 ans. Le vieillissement, très marqué au Japon, sera un peu moindre en Europe et en Amérique du Nord, tandis que le poids démographique de l'Asie et celui de l'Afrique ne feront qu'augmenter au cours du XXIe siècle, modifiant les « équilibres » mondiaux. Quel développement durable peut-on envisager dans de telles conditions inédites jusqu'ici, notamment dans les pays vieillissants ?

+ 67 000
C'est le **solde naturel** de la France en 2020, qui atteint son plus bas niveau depuis 1945. Une baisse due au recul des naissances et à la forte hausse du nombre de décès lié à la pandémie de Covid-19 (source INSEE).

6 personnes sur 10
Seulement un homme sur dix vivait **en ville** en 1900, et trois sur dix en 1950. De cinq sur dix en 2007, ils devraient être six sur dix en 2030.

Le défi de la trop malbouffe

Tandis que plus de 800 millions de personnes souffrent encore dans le monde de malnutrition ou de pénuries alimentaires, une partie grandissante des populations des pays développés est confrontée au surpoids et à l'obésité, à l'origine de problèmes de santé comme le diabète, des cancers, des maladies cardiovasculaires.

Qui mange gras dans le monde ?

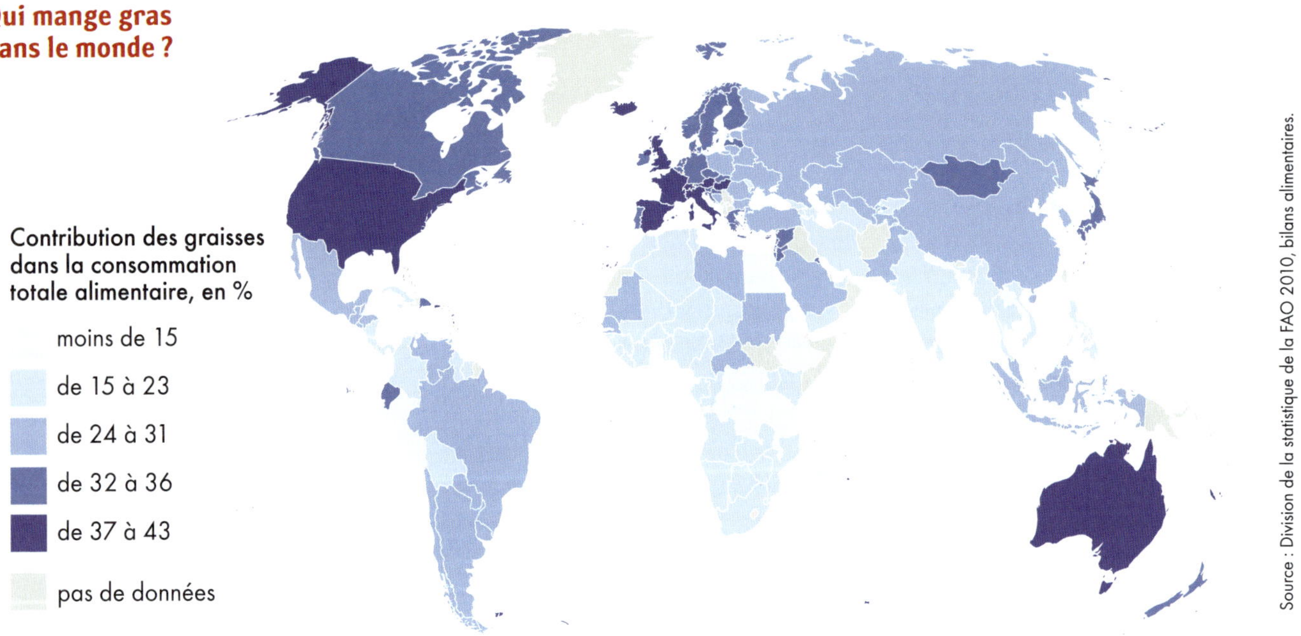

Partout trop de graisses

En même temps que le nombre de calories consommées dans le monde croît, presque partout la part des graisses augmente d'autant, tandis que celle des fruits et légumes stagne. Peu de pays échappent à cette tendance. Cette augmentation vers des taux forts s'est confirmée en 2017 : alors que l'Organisation mondiale de la santé (OMS) recommande de ne pas dépasser le seuil de 15 % de graisses dans l'alimentation, la moyenne mondiale est passée à 26 %. Le processus est inégalement avancé, la consommation moyenne en Afrique subsaharienne est de 18 % contre 34 % dans les pays développés. L'OMS estime que la consommation insuffisante de fruits et légumes est responsable de près de 19 % des cancers gastro-intestinaux, 31 % des cardiopathies ischémiques et 11 % des accidents vasculaires cérébraux !

Cette tendance est d'autant plus inquiétante qu'elle se combine avec une surconsommation de sucres quasi généralisée, seules l'Afrique subsaharienne et l'Asie du Sud restant encore un peu épargnées. Les boissons sucrées constituent une source importante de sucres, particulièrement au Mexique où, en moyenne, chaque habitant en consomme 146,5 litres par an, devançant de peu le Chili et les États-Unis.

Les États-Unis, un pays emblématique de la trop mal bouffe

La dimension sociale de cette « malbouffe » s'illustre particulièrement bien aux États-Unis, pays où les prévalences d'obésité chez les enfants augmentent, surtout chez les enfants pauvres, et où près d'un adulte noir sur deux est obèse. Son caractère géographique est exceptionnellement marqué : l'obésité, avec des taux fréquemment supérieurs à 35 % dans le sud pauvre, se superpose aux plus faibles espérances de vie et à la pauvreté.

Des chercheurs américains ont rapproché la géographie de l'obésité à celle des « déserts alimentaires », c'est-à-dire des lieux où les populations sans voiture et éloignées d'une offre en produits frais sont tenues de se rabattre sur la « *junk food* » (nourriture de piètre qualité), utilisant le plus souvent des bons alimentaires. D'autres recherches insistent sur le lien entre niveaux d'obésité et « *swamp area* » (littéralement « marais de nourriture »), c'est-à-dire des zones avec de fortes densités d'établissements vendant des produits hypercaloriques. Les jeunes hommes, les Noirs non hispaniques et les jeunes vivant dans des familles pauvres se distinguent par des consommations exceptionnellement fortes de sucres, particulièrement des boissons sucrées. Le problème est global – un adulte américain sur deux, et deux tiers des jeunes consommaient en 2018 au moins une boisson sucrée par jour –, mais inégal selon les régions, relativement faible en Californie, moyenne dans le Midwest, et très forte dans les États du Sud. La géographie des « *swamp areas* » est celle de la pauvreté, distinguant un État d'un autre, mais aussi un quartier d'un autre. Mêmes causes, mêmes conséquences, l'Angleterre présente une opposition forte entre les régions pauvres du nord-est gravement touchées par l'obésité (>25 %) et celles favorisées du sud-ouest (<19 %), mais plus encore entre quartiers pauvres et quartiers riches des villes.

Déserts alimentaires aux États-Unis

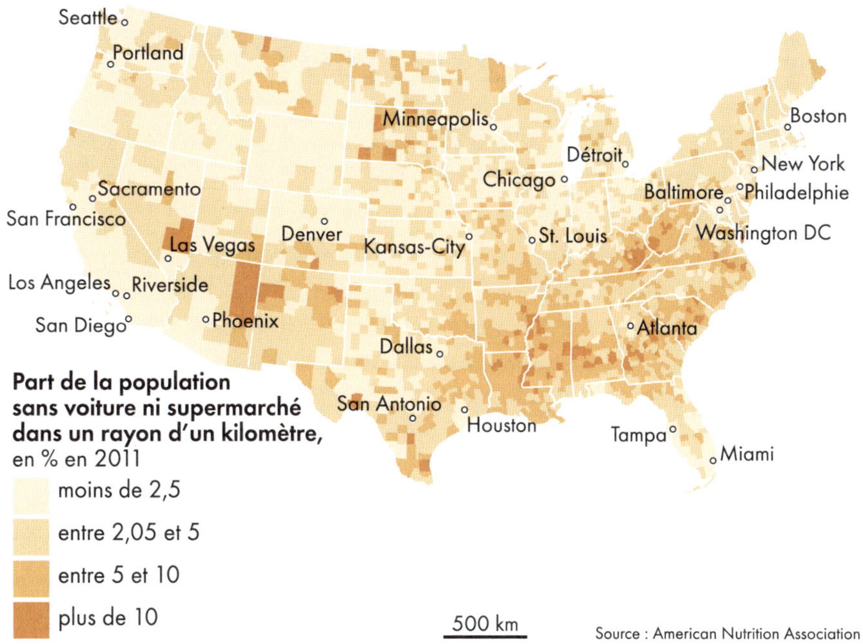

Source : American Nutrition Association

Évolution des régimes alimentaires

	Calories/ personne/jour		Part des graisses		Part des fruits et légumes	
Années	1961	2011	1961	2011	1961	2011
États-Unis	2882	3641	29 %	37 %	5 %	5 %
Chine	1415	3073	6 %	11 %	5 %	10 %
Corée	2140	3329	4 %	26 %	4 %	7 %
Monde	1085	2870	16 %	20 %	4 %	4 %

Source : Bentham, 2017

Gastronomie en péril en France ?

La France, pays de la gastronomie et du goût, a longtemps cru être épargnée par ces questions. Or la consommation de sucre y est de 35 kg par an et par habitant en 2018, contre 5 kg en 1850 ! Il a fallu les calculs rétrospectifs des indices de masse corporelle des conscrits – couvrant exhaustivement 10 classes annuelles de jeunes Français – pour qu'on réalise qu'une véritable épidémie de surpoids et d'obésité était en cours depuis plus de 10 ans, sans qu'aucun système d'information sanitaire ne l'ait détecté ! [Salem *et al.*, 2006]. Cette épidémie silencieuse a depuis été confirmée, touchant électivement les plus pauvres, et des enfants de plus en plus jeunes.

La géographie de la consommation de matières grasses comme « fonds de cuisine » en France a fait l'objet de travaux dès les années 1930, opposant l'Ouest consommateur de beurre, à l'Est et au Sud-Ouest amateurs de saindoux, et au Sud-Est privilégiant l'huile d'olive, les autres régions utilisant plusieurs types de matières grasses. Si ces traits régionaux persistent, les consommations correspondent aujourd'hui plus au milieu social qu'à la région d'appartenance, comme en témoigne la consommation de bières et de whiskies. Une étude de la Fondation Jean-Jaurès sur la distribution des commerces de kebabs dans le Vaucluse a montré qu'ils étaient d'autant plus présents que le prix de l'immobilier était faible, exact inverse des restaurants étoilés du Guide Michelin. C'est bien une géographie de la pauvreté qui se dessine, individualisant les centres-villes désertés par les commerces en raison de la concurrence des grandes surfaces.

Moins médiatique que les épidémies de virus, la « malbouffe » est sans doute le problème majeur de santé publique à venir, dans les pays du Nord bien sûr, mais aussi dans les pays du Sud soumis au pilonnage publicitaire des fabricants de nourriture industrielle. C'est donc tout un système économique et social qui se trouve accusé, ces produits tout préparés étant adaptés aux repas pris sur le pouce ou devant la télévision, dans des familles aux horaires décalés. Or cette trop malbouffe tue plus que le tabac.

Entre 1986 et 2016, le **nombre de calories** est passé de **326 à 416** pour le plat principal, et de **234 à 420** pour le dessert dans les fast-foods (Burger King, McDonald's, Wendy's, etc.) qui vendent des plats toujours plus caloriques.

Une nécessaire transition énergétique

La transition énergétique qui vise au passage des énergies fossiles (pétrole, charbon, gaz) aux énergies renouvelables est considérée comme indispensable pour atteindre l'objectif fixé en 2015 par la COP21 pour 2050 : une limitation du réchauffement à 1,5 °C. Cette adaptation au changement climatique repose aussi sur une efficacité énergétique accrue des modes de production, de distribution et de consommation d'énergie.

Une transition plus ou moins lente

La nécessité de réduire la production de GES dans les années à venir conduit à envisager le meilleur scénario possible pour 2050. Or, les avis divergent sur la situation énergétique mondiale à cette date.

Aujourd'hui, le système énergétique mondial repose sur les énergies fossiles, le pétrole (31 %), le charbon (29 %) et le gaz naturel (22 %). Selon un certain nombre de spécialistes, ces énergies demeureront importantes au milieu, voire jusqu'à la fin du XXIe siècle, en raison notamment d'une demande croissante d'énergie de la part des pays en développement (PED), dans lesquels plus d'un milliard de personnes n'a pas accès à l'électricité et de la présence de gisements dans un certain nombre de pays. La grande rigidité de ce système associé à de lourdes infrastructures, qui acheminent l'énergie depuis le gisement jusqu'au consommateur, contribue aussi à la lenteur de la transition.

Pour d'autres, les énergies renouvelables (EnR) seront dominantes dès 2050 conformément aux attentes de la COP21. Fin 2015, les EnR représentaient 19,3 % de la capacité énergétique mondiale, elles devraient atteindre 66 % en 2050. En 2020, les EnR fournissaient un quart environ de l'électricité mondiale, en 2050, 64 % de l'électricité devrait être d'origine renouvelable, 48 % de l'électricité étant fournis par l'éolien et le photovoltaïque, le reste par l'hydraulique ou d'autres types d'énergies renouvelables. De nombreux pays industrialisés ont pour objectif de réduire leurs émissions de GES de 75 % à l'horizon 2050 par rapport au niveau de 1990, tandis que les PED verront leurs émissions continuer à croître.

Selon l'Agence internationale pour les énergies renouvelables (IRENA), la consommation de la Chine en EnR devrait passer de 7 % en 2015 à 67 % en 2050, l'Union européenne (UE) de 17 % à plus de 70 %, celle de l'Inde et des États-Unis pourrait atteindre 66 % ou plus. Les PED devraient favoriser les énergies renouvelables produites localement. Les énergies renouvelables, notamment éoliennes et solaires photovoltaïques, ont attiré les investisseurs depuis 2006, mais dès 2016 ces investissements ont chuté, particulièrement ceux du solaire photovoltaïque, tandis que l'éolien a enregistré une hausse. Ces situations résultent de la réduction des investissements de la Chine dans le premier cas et de l'augmentation de ceux du Brésil et de l'Inde dans le second. Ces énergies ne sont pas exemptes de problèmes, elles sont intermittentes, et nécessitent donc des solutions complémentaires. La fabrication des éoliennes demande beaucoup d'énergie pour élaborer, transporter le béton des socles, et l'acier ; celle des panneaux solaires utilise des quantités importantes de

Adaptation au changement climatique

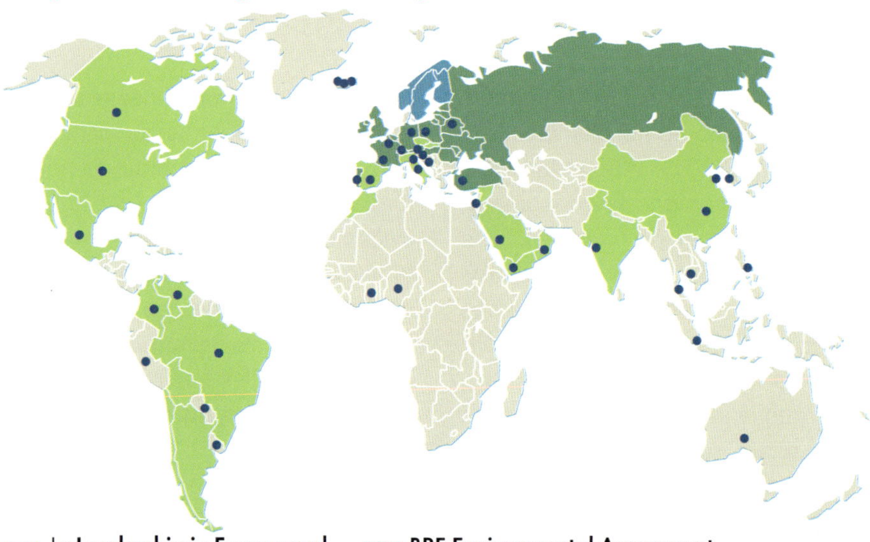

Le Leadership in Energy and Environmental Design (LEED) est un système nord-américain de standardisation de bâtiments à haute qualité environnementale créé par le US Green Building Council en 1998, semblable à celui de Haute Qualité environnementale en France

BRE Environmental Assessment Method (BREEAM) est la méthode d'évaluation du comportement environnemental des bâtiments développée par le Building Research Establishment (BRE), un organisme privé britannique de recherche en bâtiment

LEED et BREEAM

• Autres systèmes utilisés ou en cours de développement

Source : https://www.lemoniteur.fr/article/breeam-leed-et-hqe-a-la-conquete-du-monde-16142824

terres rares, dont la Chine est le principal producteur.

Limiter les émissions

L'efficacité énergétique accrue résulte de la réduction de la consommation et de la diminution du gaspillage énergétique. L'intensité énergétique de l'économie mondiale devrait diminuer d'environ deux tiers d'ici à 2050. Celle-ci est un indicateur qui permet de mesurer le degré de l'efficacité énergétique d'une économie envisagée par le rapport entre la consommation d'énergie d'un pays et son produit intérieur brut (PIB). Cet indicateur peut aussi être appliqué par secteur : transport, bâtiment, urbanisme, agriculture.

Dans ces secteurs, des efforts doivent être réalisés pour économiser les énergies, ou pour en produire dans le cadre de l'économie circulaire, qui occupe une place centrale dans la transition énergétique. L'économie circulaire implique notamment l'approvisionnement durable des ressources, l'écoconception, mais aussi une consommation responsable et l'allongement de la durée d'usage des produits.

Déjà de nombreuses innovations technologiques labellisées (BiodierCity, Breeam, BBCA...) concernent les bâtiments. Les *smart grids*, réseaux décentralisés de gestion de l'énergie, permettent d'optimiser l'équilibre demande/production, de stocker l'énergie en excédent dans des batteries ou de la revendre à un autre réseau. L'électricité d'origine renouvelable devrait occuper une part croissante dans le domaine de la mobilité, grâce à la mise au point de véhicules dotés d'une plus grande autonomie et à la multiplication des stations de recharge rapide.

La transition énergétique et l'adaptation au changement climatique ont donc un coût. Elles doivent être acceptées par la population, ce qui ne va pas toujours de soi, alors même qu'elles sont considérées comme des éléments majeurs du développement durable.

55 %

C'est l'objectif de réduction de ses gaz à effet de serre d'ici 2030 adopté en avril 2021 par l'Union européenne.

Dix premiers producteurs d'énergie renouvelable

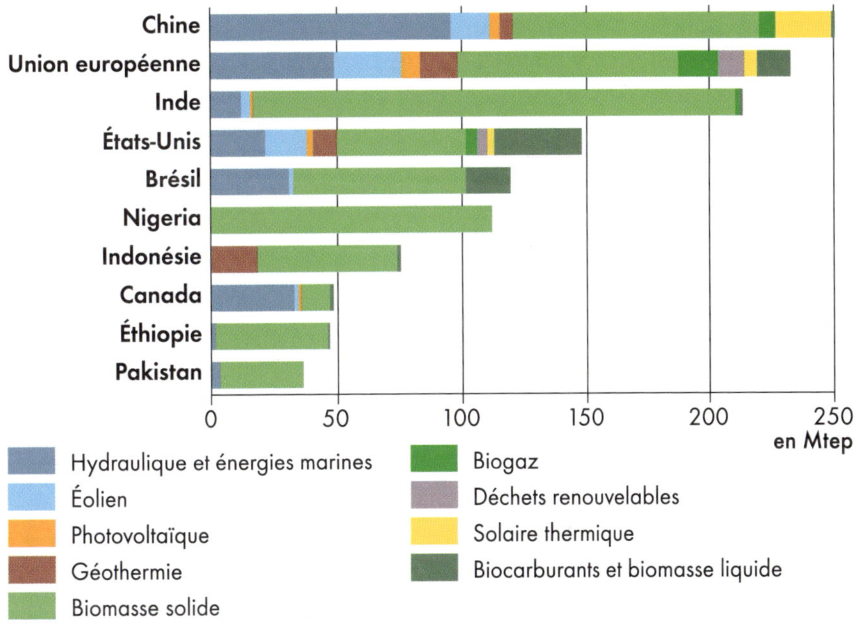

Note : Pour les pays non membres de l'OCDE, les données relatives à la biomasse solide sont des estimations. Étant donné leur poids important au sein des énergies renouvelables, les classements sont donc à prendre avec précaution.

Source : AEI, *World Energy Balances*, 2016, ©OCDE/AEI, 2016.

Trois axes pour réduire la consommation d'énergie

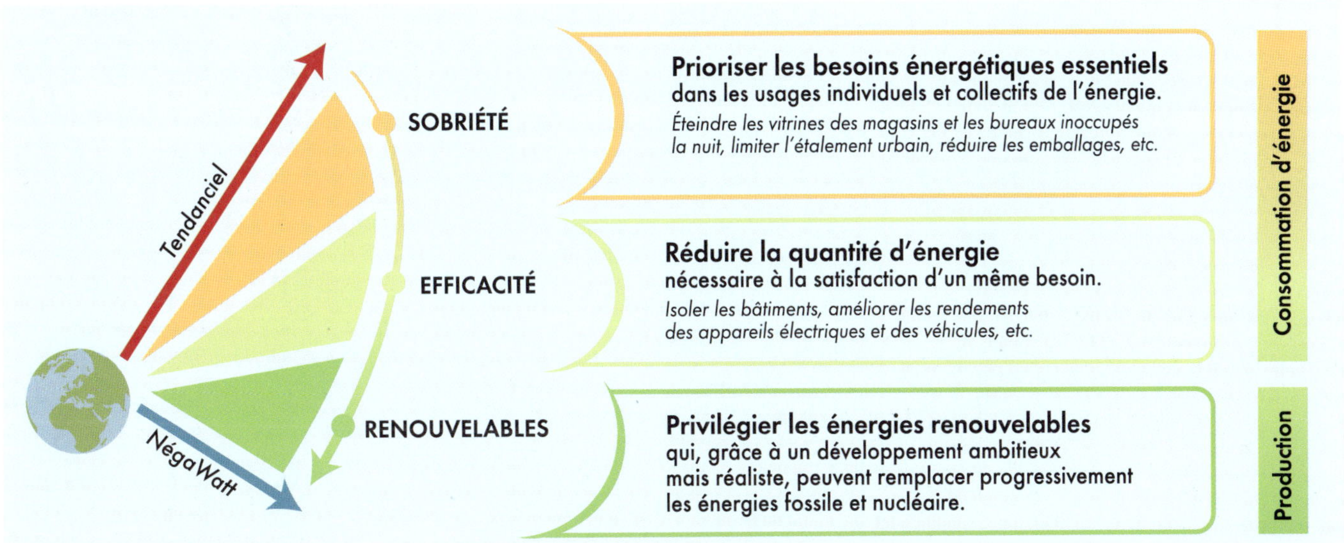

© Association négaWatt - www.negawatt.org

Source : negawatt.org

Des droits pour la nature ?

Les premières formulations d'un droit de l'environnement remontent à la fin de la Seconde Guerre mondiale, mais ce sont les nombreuses et régulières conférences de l'ONU, à partir de 1972, qui ont véritablement fait progresser le droit de l'environnement et organisé la coopération internationale notamment sur la protection du climat, de la biodiversité, de la couche d'ozone, des espèces en danger.

Plus de 300 traités

Le droit de l'environnement est aujourd'hui codifié dans plus de 300 traités multilatéraux, ce qui en fait un droit très fragmenté. L'essentiel des dispositions repose néanmoins sur quelques principes généraux : le principe de non-régression, qui prévoit que la protection de l'environnement ne peut faire l'objet que d'une amélioration constante ; les principes du pollueur-payeur, de précaution ou

Les sites protégés par l'Unesco

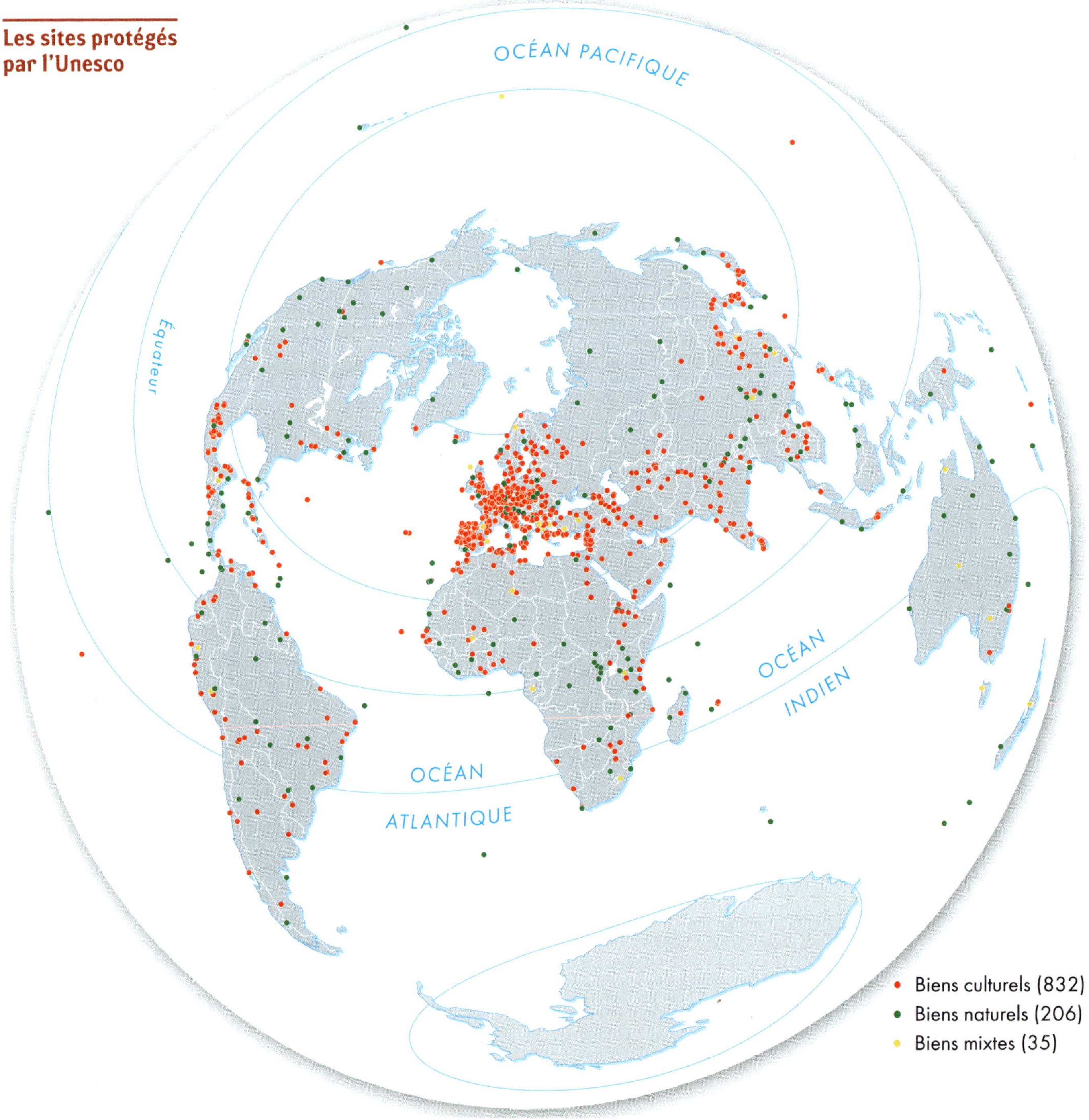

le principe des responsabilités communes mais différenciées, qui prévoit que la charge de l'effort de protection de l'environnement doit se répartir au prorata de la responsabilité de chacun dans sa dégradation.

La France a parfois joué un rôle pionnier dans le développement du droit de l'environnement, notamment avec la Charte de l'environnement voulue par le président Chirac, et intégrée en 2005 dans le bloc de constitutionnalité. Le principe de préjudice écologique consacré par les tribunaux français à l'occasion de la marée noire causée par le pétrolier *Erika* en 1999 permet à chacun de demander réparation pour des dégâts environnementaux, même quand il n'y a pas de dommages matériels ou d'atteintes personnelles. Et la France a naturellement joué un rôle clé lors de la COP21 en 2015 dans la négociation de l'accord de Paris sur le climat, visant à contenir le changement climatique en deçà d'une augmentation de la température de 2 °C d'ici 2100.

Plus de cent pays ont désormais inscrit la protection de l'environnement dans leur Constitution, et les droits environnementaux sont de plus en plus régulièrement associés aux droits de l'homme.

En 2012, l'ONU a désigné pour la première fois un rapporteur spécial sur les liens entre droits de l'homme et environnement, chargé notamment de rapprocher ces deux enjeux. Les tribunaux sont également amenés à jouer un rôle de plus en plus important pour contraindre les gouvernements à agir davantage.

La nature comme personnalité juridique ?

Malgré ces progrès, il reste aux droits environnementaux des défis considérables à surmonter. En 2015, 110 gouvernements ont ainsi adopté l'Agenda de protection de l'Initiative Nansen, qui rassemble une série de recommandations pour la protection des « migrants environnementaux ». Récemment, des fleuves et des forêts ont été reconnus comme personnalités juridiques par des tribunaux indien, néo-zélandais et colombien : si les frontières des droits environnementaux sont loin d'être figées, le grand défi reste celui de l'application pratique de ces droits. Le gouvernement français a ainsi préféré en août 2019 une formulation peu contraignante dans son projet de révision constitutionnelle. Ainsi, il « favorise la préservation de l'environnement, la diversité biologique et l'action contre les changements climatiques », plutôt que d'« agir pour » sa préservation.

212

C'est le nombre d'**activistes défenseurs de l'environnement**, souvent issus de peuples indigènes, qui ont été assassinés en 2019 dans le monde, selon l'ONG Global Witness.

Traités environnementaux ratifiés

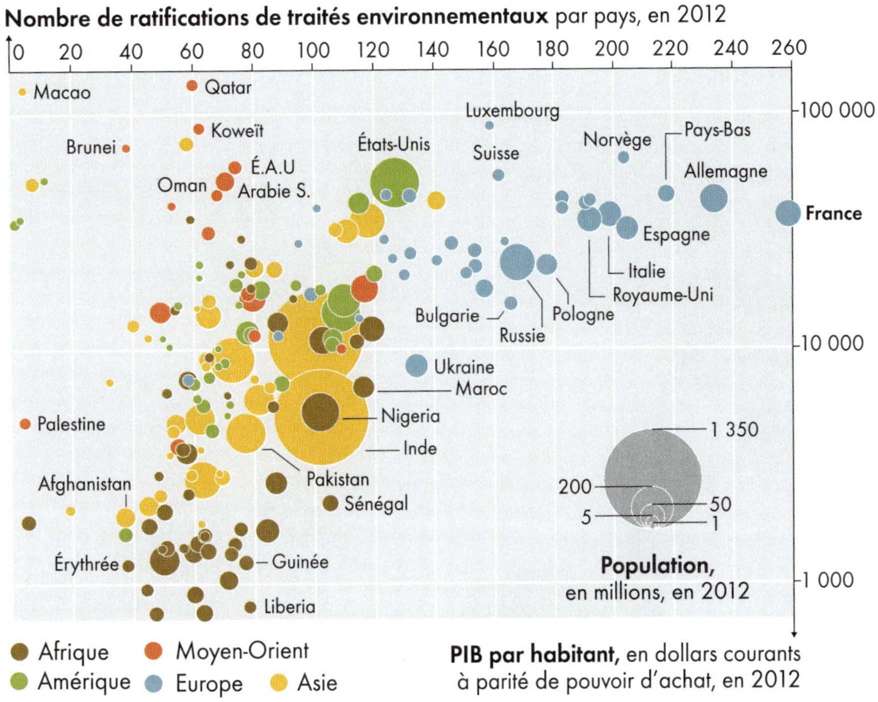

Sources : FNSP, Science Po, 2012.

Chronologie des ratifications

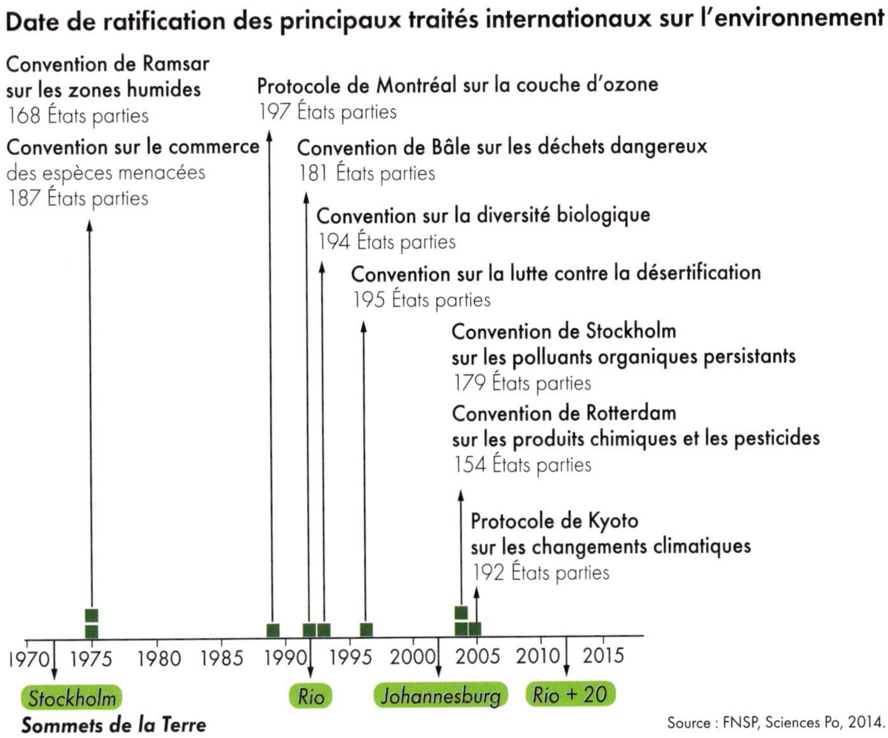

Source : FNSP, Sciences Po, 2014.

Vers une ubérisation des villes ?

Apparu au cours des années 2010, le phénomène d'ubérisation est un processus économique qui met en relation des prestataires de services, comme Uber, et des personnes via des plateformes numériques. Cette présence croissante des firmes numériques et la multiplication de leur usage dans les villes posent de nombreuses questions, aussi bien en termes d'usages que d'acceptation par les populations urbaines.

Le monde uberisé

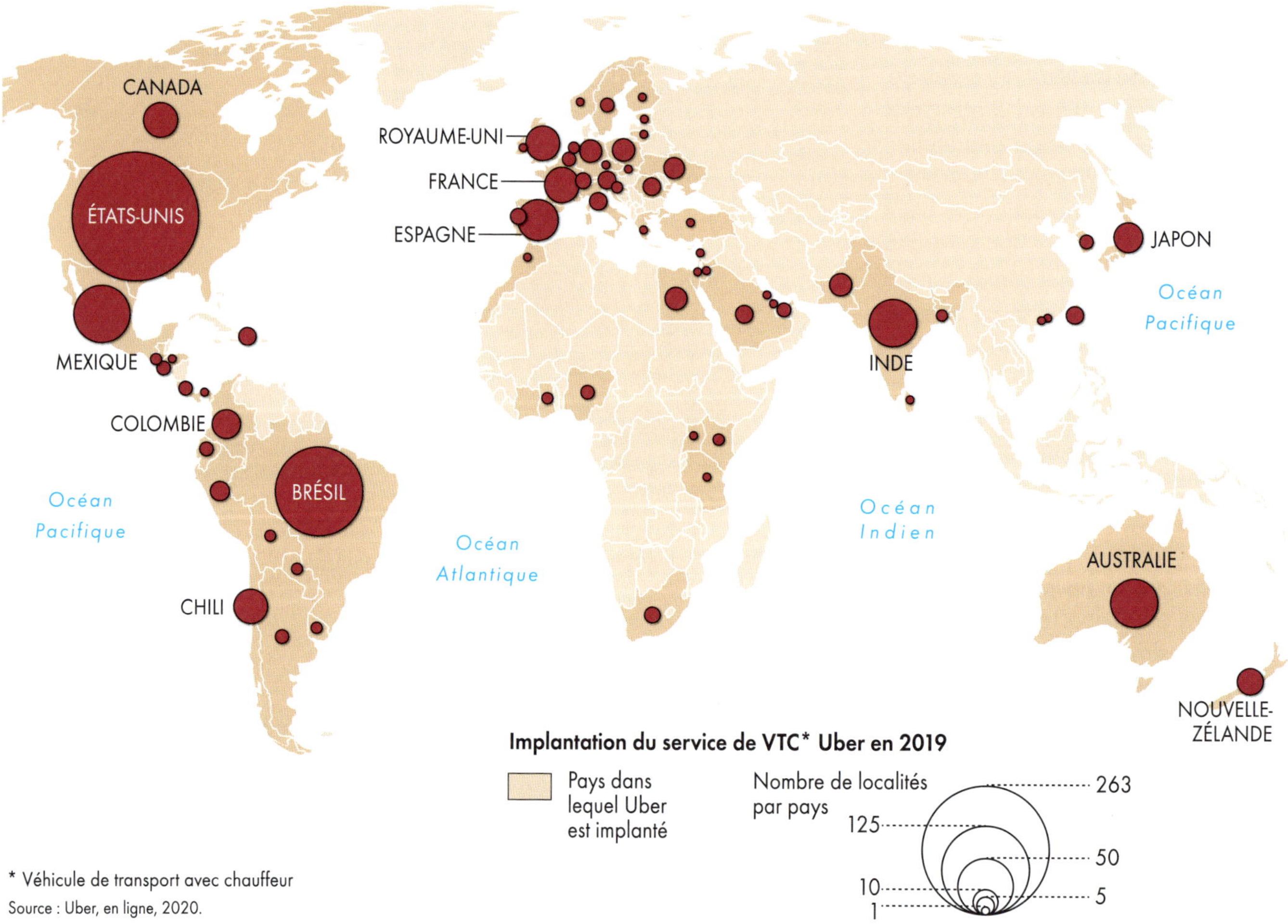

* Véhicule de transport avec chauffeur

Source : Uber, en ligne, 2020.

La ville, terrain de jeu de l'ubérisation

Même s'il est encore assez sélectif, le processus d'ubérisation s'affirme depuis quelques années dans de nombreuses villes, avec des services tels que les voitures avec chauffeurs (Uber), la location de modes de transport (Bird), de logements (Airbnb), ou les services à la personne (Deliveroo). L'ubérisation se distingue des plateformes classiques de services par un système de sous-traitance, faisant reposer la réalisation d'un certain nombre de tâches sur ses utilisateurs. Elle s'appuie sur un imaginaire de l'entrepreneuriat individuel, qui se traduit souvent par du précariat collectif et un faible respect du droit du travail.

La vocation urbaine de l'ubérisation s'explique par la nature des services proposés, mais son expansion est aussi rapide en milieu rural. Les firmes qui portent ces services sont nées dans la baie de San Francisco et sont surnommées les NATU (Netflix, Airbnb, Tesla, Uber). Que ce soient les NATU ou les firmes du numérique, surnommées les GAFAM (Google, Apple, Facebook, Amazon, Microsoft), leur implantation en ville peut prendre plusieurs formes : la vente de services à la population urbaine ou l'aménagement de leurs sièges sociaux en ville, générant alors de nombreux emplois, mais aussi des conflits. Ainsi, en 2018, en raison de l'opposition de la population, Google renonce à s'implanter dans le quartier berlinois de Kreuzberg.

Vers des villes Google ?

Depuis quelques années, certaines de ces firmes se pensent désormais en productrices de la ville. En 2017, le groupe Alphabet, qui détient Google, lance Sidewalk Labs, chargé de mettre en œuvre la requalification d'une friche à Toronto. Le projet inclut logements, bureaux, commerces ou parcs. Les données sur les usages des équipements et infrastructures doivent être récoltées afin d'optimiser l'offre de services urbains. Le partenariat avec Sidewalk Labs est rapidement contesté par la population, d'autant qu'il s'appuie sur une gouvernance sur mesure pour Alphabet, à la fois d'un point de vue urbanistique et fiscal. Le projet, surnommé « ville Google », est finalement interrompu (temporairement ?) en 2020, en raison de la crise de la Covid-19.

Cet exemple montre à la fois la volonté de ces firmes d'accroître leur contrôle sur les espaces publics, mais aussi les contestations que cela engendre, notamment en ce qui concerne l'usage des données collectées. Ainsi, en pleine pandémie de Covid-19, la mise en place d'applications de traçage est questionnée, aussi bien en raison de l'usage des données que de la privation de libertés que cela pourrait induire.

Le trottoir, entre convoitises et conflits

L'ubérisation de la ville révèle donc une logique de privatisation des espaces publics, qui porte notamment sur leurs usages. C'est le cas en particulier des services de mobilités et de leur rapport au trottoir. Avec la prolifération d'acteurs privés de mobilités (VTC, vélos, trottinettes, livraisons), le trottoir devient en effet un espace convoité et on assiste à une monétisation d'un espace dont l'usage est pourtant gratuit. Cela a mené au développement du *curb management* (gestion par les acteurs privés et publics des espaces de trottoir), dont Toronto fut l'une des pionnières, notamment pour réglementer les usages entre taxis et VTC.

Open curbs cartographie les usages des trottoirs de certains quartiers d'une dizaine de villes, dont Paris, Milan, San Francisco, Denver et Miami.

Toronto : Google, acteur de la planification urbaine

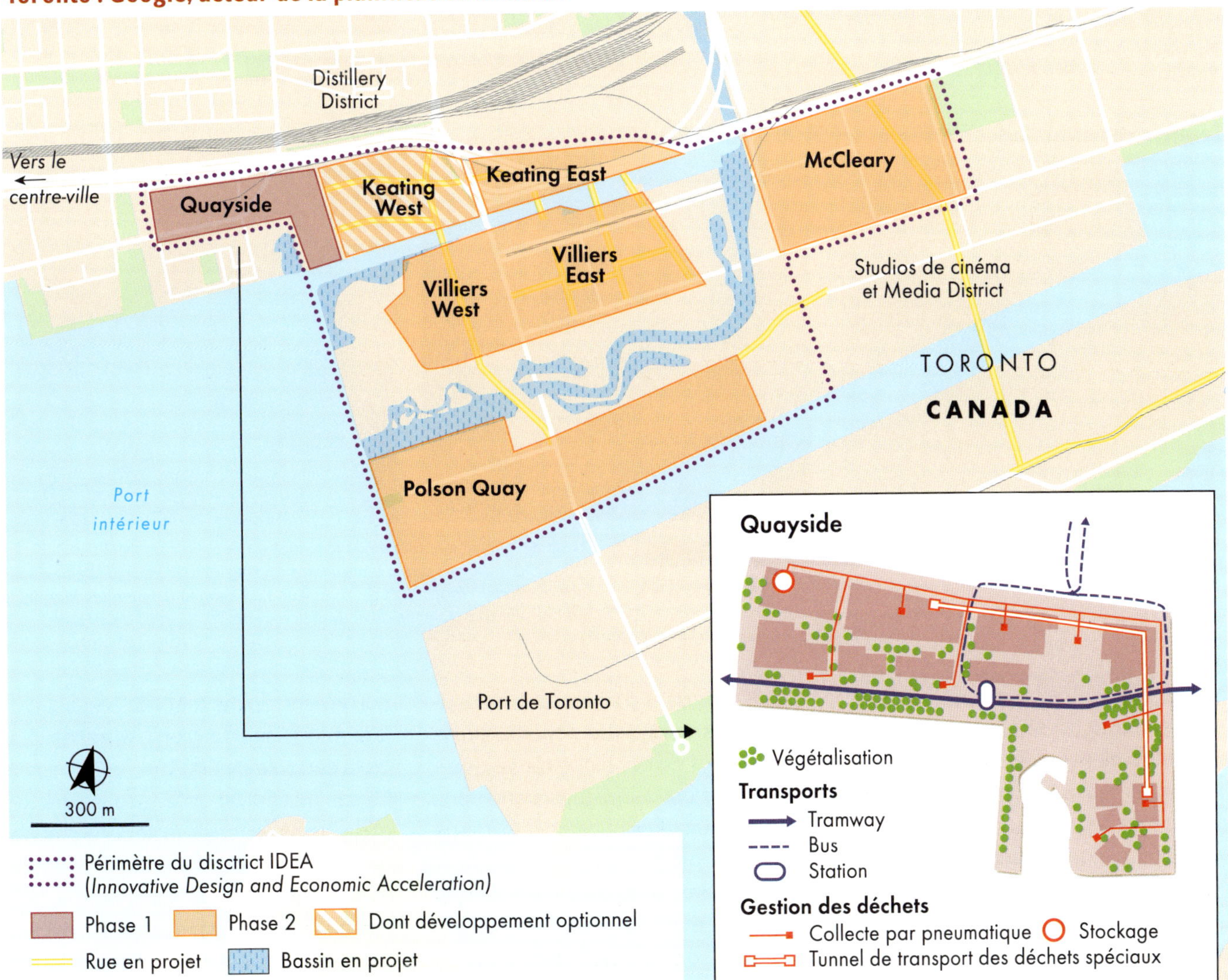

Source : Sidewalk Labs, *Toronto Tomorrow. A new approach for inclusive growth*, 2019.

Un monde plus urbain, mais bientôt invivable ?

Les bouleversements climatiques en cours et à venir viennent perturber le fonctionnement classique des villes, jusqu'à remettre en cause leur habitabilité. Celles-ci sont notamment menacées par le réchauffement climatique et la montée des eaux, les plaçant dans un état de haute vulnérabilité climatique. À ces deux phénomènes s'ajoute la pollution atmosphérique devenue un enjeu de santé publique et d'aménagement.

Des villes trop chaudes pour y vivre ?

Températures extrêmes en 2100 selon les scénarios du GIEC

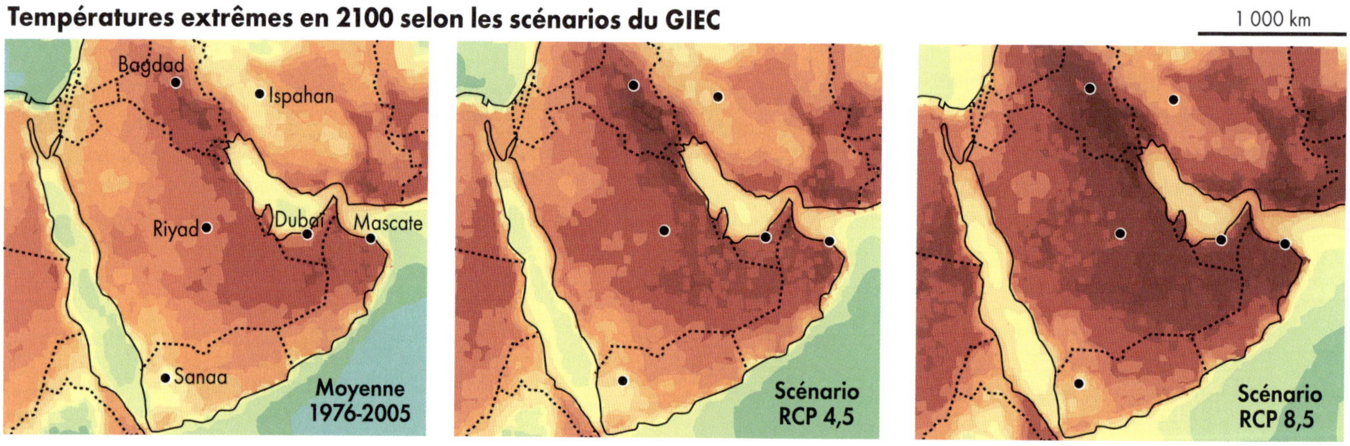

Températures
En °C
32 34 36 38 40 42 44 46 48 50 52 54 56 58 60

RCP 4,5 : scénario si des actions de mitigation sont mises en œuvre

RCP 8,5 : scénario si rien n'est fait

Températures humides extrêmes en 2100 (mesure combinée de la température et de l'humidité)

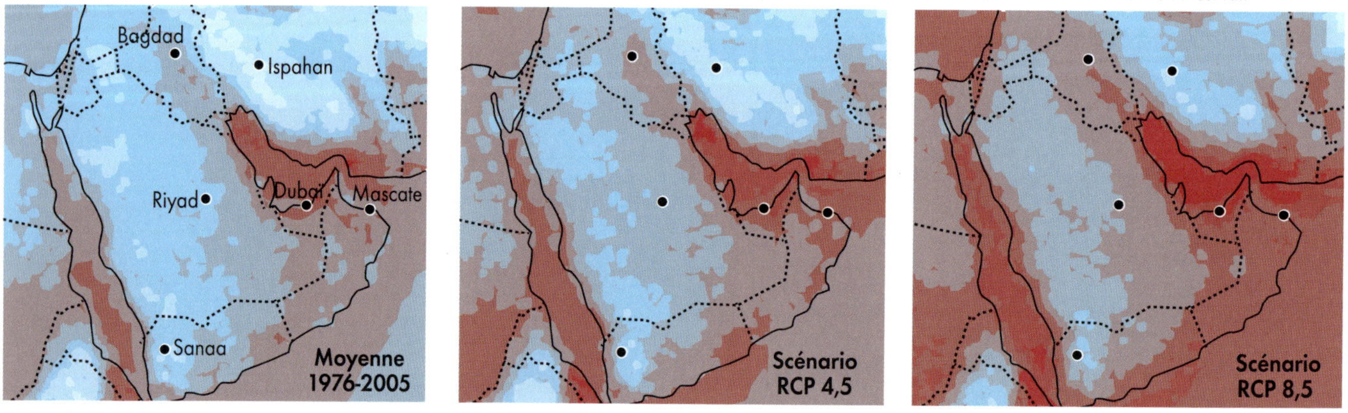

Températures humides,
En °C
22 24 26 28 30 32 34 36

Le corps humain est capable de faire face à des conditions extrêmes de température grâce à la transpiration à condition que l'humidité ne vienne pas contrarier l'évacuation de la chaleur. Pour cela, la température humide doit absolument rester en dessous d'un seuil de 35 °C, seuil de survie.

Source : J. Pal, E. Eltahir « Future temperature in southwest Asia projected to exceed a threshold for human adaptability », *Nature*, 2016.

La ville surchauffée

Longtemps considérées comme des anomalies climatiques et statistiques, les températures extrêmes mesurées dans certaines villes sont progressivement en train de devenir une nouvelle normalité et un des traits de l'Anthropocène. Dans la ville de Quriyat, à Oman, on a relevé en juin 2018 la plus haute température minimale jamais mesurée : 42,6 °C pendant 51 heures consécutives. Dans ce type de conditions, les villes sortent de la « niche climatique » humaine, c'est-à-dire des conditions viables pour la population : le corps humain ne parvient plus à se refroidir naturellement, et les risques d'attaque cardiaque et d'insuffisante irrigation du cerveau sont démultipliés. L'îlot de chaleur urbain renforce ce processus, qui devient rapidement létal, expliquant la surmortalité en région parisienne lors de la canicule de 2003.

Le cas de Quriyat est à la fois extrême et de moins en moins isolé. Une grande partie des villes du golfe Persique, mais aussi certaines villes nord-américaines, russes, chinoises ou ouest-européennes ont connu des vagues de chaleur longues et intenses au

Pollution atmosphérique des villes d'Asie

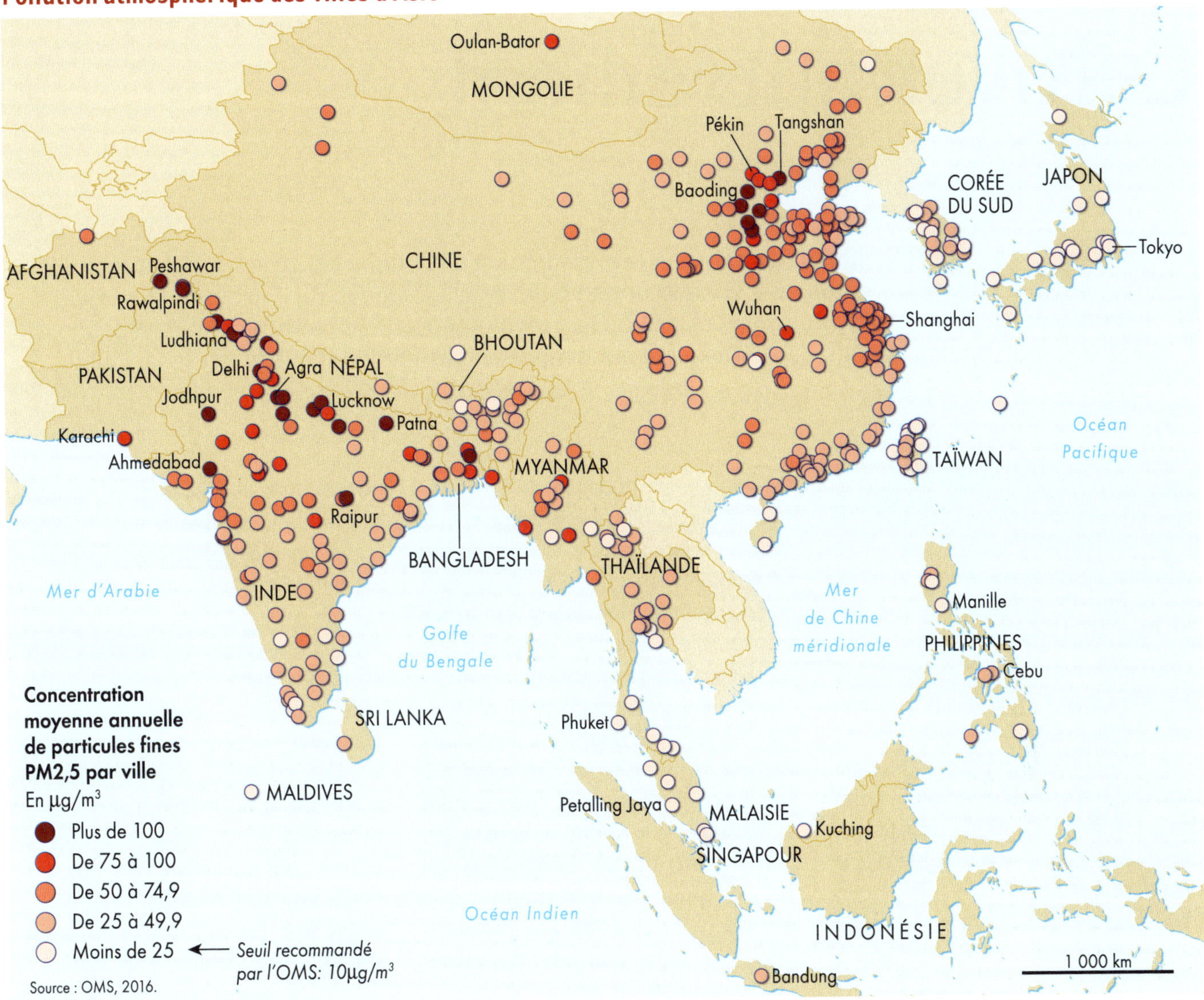

cours de la décennie 2010. Selon les projections du GIEC, les températures moyennes des villes du Golfe sont amenées à augmenter deux à trois fois plus vite que la moyenne mondiale, rendant plus sévères encore les effets de surchauffe, et remettant en cause l'habitabilité même de vastes zones, notamment pour les populations sans possible accès à des climatiseurs.

La ville submergée

À ce défi de la montée des températures dans les villes s'ajoutent les effets liés au réchauffement climatique. Une montée des eaux océaniques de un mètre en moyenne à l'échelle du globe pourrait faire disparaître sous les eaux Miami ou Jacksonville en Floride. Face à cette épreuve sans précédent, certaines autorités locales commencent à mettre en place des plans d'adaptation ou de résilience (digues en béton de La Nouvelle-Orléans). Ces stratégies sont parfois controversées, car très consommatrices en ressources matérielles, et renforcent de ce fait les phénomènes qu'elles sont censées endiguer.

La ville asphyxiée

La pollution de l'air est devenue un enjeu sanitaire urbain majeur, la qualité de l'air devenant plus que dangereuse pour la santé dans certaines villes asiatiques, comme Shanghai ou Pékin, à la fin des années 2010. En Chine, ce risque d'asphyxie généralisée a entraîné la mise en place de politiques publiques drastiques pour diminuer cette pollution.

48 000 morts prématurées en 2016

dans les villes françaises dues à la pollution atmosphérique, selon Santé publique France

Pollution atmosphérique à Guangzhou

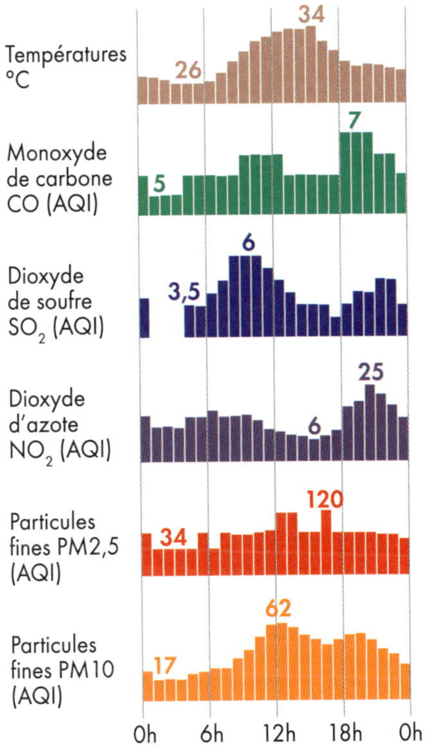

AQI : Index de qualité de l'air américain (EPA).
Source : aqicn.org.

Cultiver autrement

La pression sur les ressources naturelles et le changement climatique oblige les agricultures du monde à s'adapter pour produire à la hauteur des besoins alimentaires de l'humanité. Elle rend nécessaire la sortie du modèle agronomique de la « révolution verte », basé sur l'intensification de la production par les engrais de synthèse, la concentration des exploitations et la mécanisation.

Diversifier les modèles agricoles

Selon les scientifiques, l'agriculture mondiale émet en moyenne 14 % de gaz à effet de serre (GES) dus aux activités humaines (30 % quand on prend en compte la déforestation). Les principaux postes en accusation sont les engrais et pesticides de synthèse, la consommation d'énergie fossile et les éructations de méthane des ruminants. Le menu occidental, démesurément riche en viande d'animaux nourris aux céréales pèse donc très lourd en GES. Variétés et races locales amènent le consommateur à redécouvrir la richesse de l'agriculture de proximité. En s'éloignant du modèle uniformisé de consommation alimentaire, on gagne en bilan carbone (ne serait-ce qu'en termes de transport) et la part de gaspillage due au circuit industriel diminue.

L'agriculture, l'élevage et la sylviculture sont aussi parmi les premières activités humaines à être touchées de plein fouet par le changement climatique, qui remet en cause les modèles agricoles traditionnels. La solution pour en sortir pourrait être de s'appuyer sur les écosystèmes locaux et régionaux, afin d'y puiser ressources et résistances indispensables pour s'adapter aux modifications des régimes de précipitations et de température.

Privilégier le bio

Contrairement à l'agriculture intensive, l'agriculture biologique ou agrobiologie s'interdit tout recours aux engrais minéraux, aux pesticides de synthèse et aux OGM. Elle assure la fertilisation du sol et la protection contre les parasites par des processus biologiques et des cultures associées. En cultivant et multipliant les variétés locales, elle assure le

Le bio en Europe

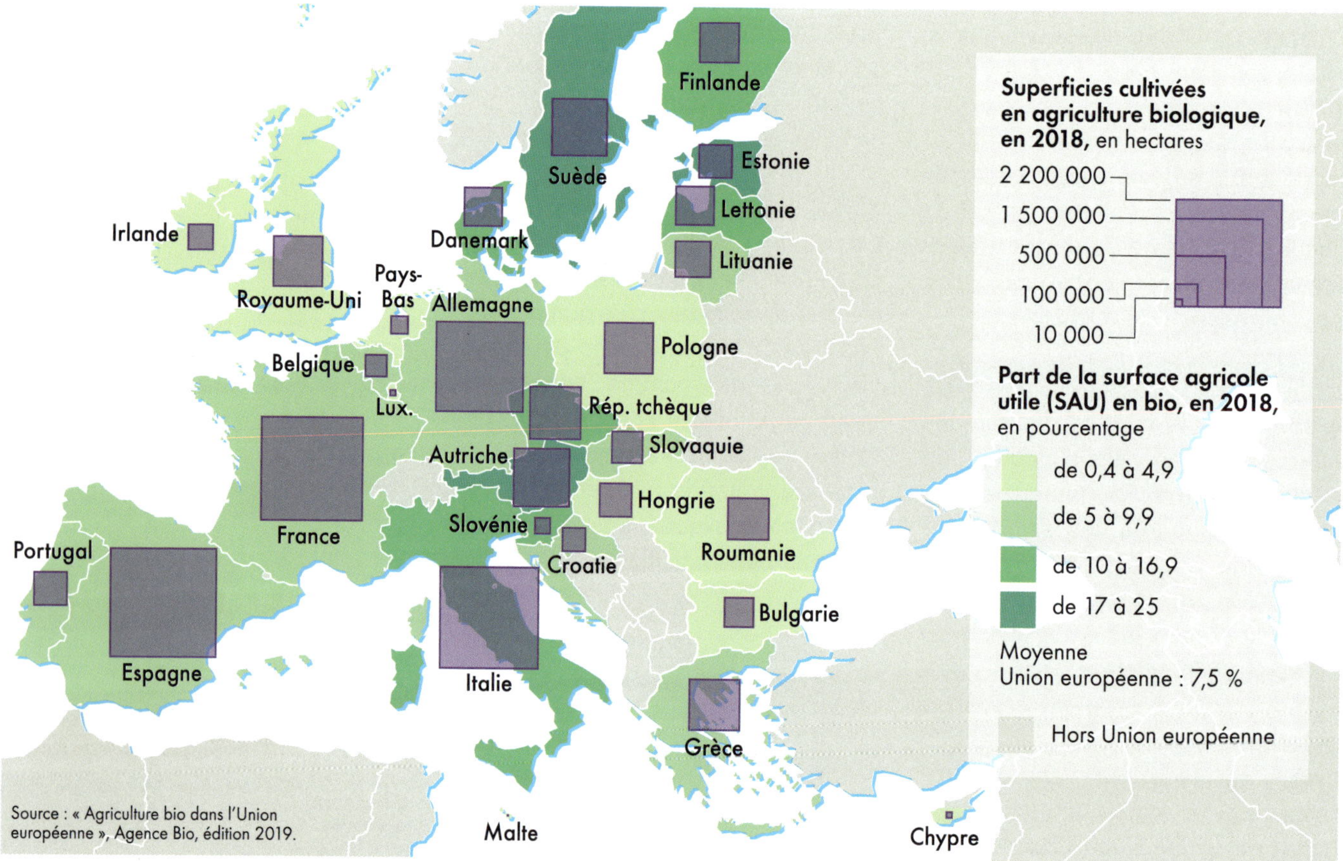

Source : « Agriculture bio dans l'Union européenne », Agence Bio, édition 2019.

Agroforesterie : un modèle

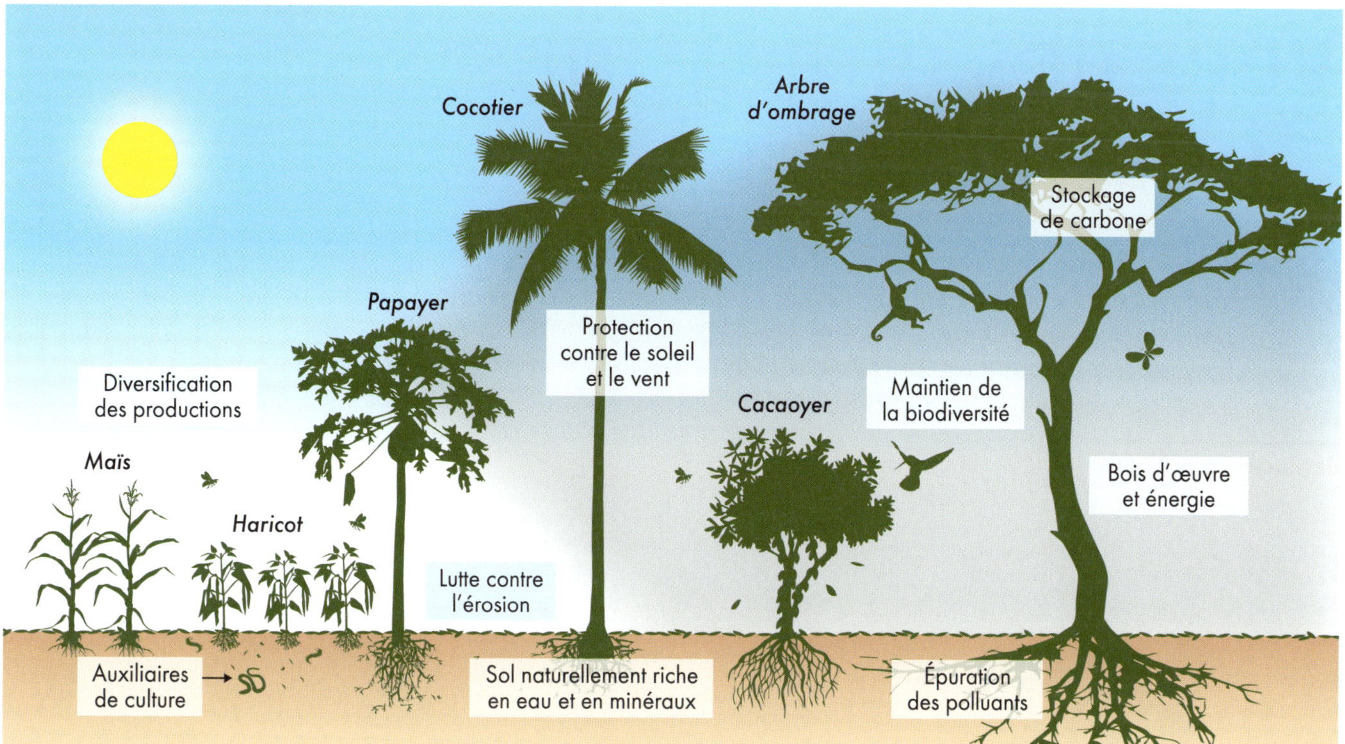

Source : Ethiquable.coop.

brassage génétique nécessaire à l'adaptation des plantes au climat. Olivier de Schutter, rapporteur spécial des Nations unies sur le droit à l'alimentation, a présenté l'agrobiologie comme la meilleure solution pour nourrir 9 milliards d'êtres humains en 2050 et adapter l'agriculture au défi climatique, à condition de se donner les moyens de la développer à grande échelle. En 2015, la superficie en culture biologique certifiée ne représente que 1,1 % de la surface agricole mondiale utilisée. C'est en Océanie et en Europe qu'elle occupe aujourd'hui plus de place.

Choisir sa viande

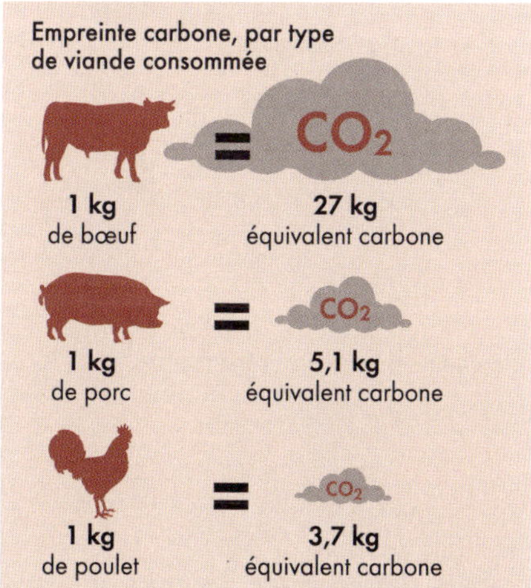

Source : Chiffres-carbone.fr, 2015.

Développer l'agroforesterie et la permaculture

La FAO promeut l'agroforesterie, démarche proche de l'agrobiologie mais sans le refus des produits de synthèse. Elle associe sur une même parcelle des arbres et des cultures annuelles ou des pâturages. En zone tempérée, on redécouvre les vertus des « prés-vergers » et des bocages, en zone tropicale les pratiques de culture sous couvert forestier. Les arbres – fruitiers ou forestiers – plantés en lignes diminuent l'impact des aléas météorologiques extrêmes, et l'on cultive dans les allées. Par leur système racinaire, les arbres limitent l'érosion des sols, facilitent l'infiltration de l'eau en profondeur, altèrent la roche-mère riche en matière organique et font remonter les nutriments vers les plantes cultivées. Les mêmes racines interceptent les excès d'azote des cultures et protègent ainsi la ressource en eau. Les rendements peuvent aller jusqu'à 60 % de gain de biomasse par rapport aux cultures seules. Le maillage forestier et les haies attirent les pollinisateurs, fixent les insectes ravageurs et ceux qui, rampants ou volants, les contrôlent, ce qui limite, voire supprime, l'usage de pesticides. Côté climat, tant qu'ils poussent, les arbres séquestrent du carbone (1 à 4 tonnes par hectare et par an).

L'agroforesterie comme l'agrobiologie sont deux méthodes moins mécanisées, ce qui permet une économie de carburant. Et l'agriculteur profite de deux revenus, agricole et forestier. À une échelle locale se développe aussi de plus en plus la permaculture, concept né en Australie dans les années 1970 qui vise à réaliser des écosystèmes, en s'inspirant du fonctionnement de la nature. Comme l'agrobiologie, elle n'utilise pas de produits chimiques ni de synthèse, mais tire en plus parti des interactions naturelles entre êtres vivants.

18 %

C'est le pourcentage du territoire français est concerné par la perte de biodiversité et l'érosion des sols (soit 27 millions d'hectares concernés en France)
Source *Le Monde*.

Vers des migrations climatiques

Par la dégradation, voire la destruction de l'environnement qu'ils impliquent, les conflits armés génèrent épidémies, famines ou malnutrition et provoquent de très nombreux déplacements de populations au sein des pays et entre pays. Ces déplacements peuvent être aggravés par les effets du changement climatique, lui-même agissant sur les ressources disponibles.

Déplacés et réfugiés

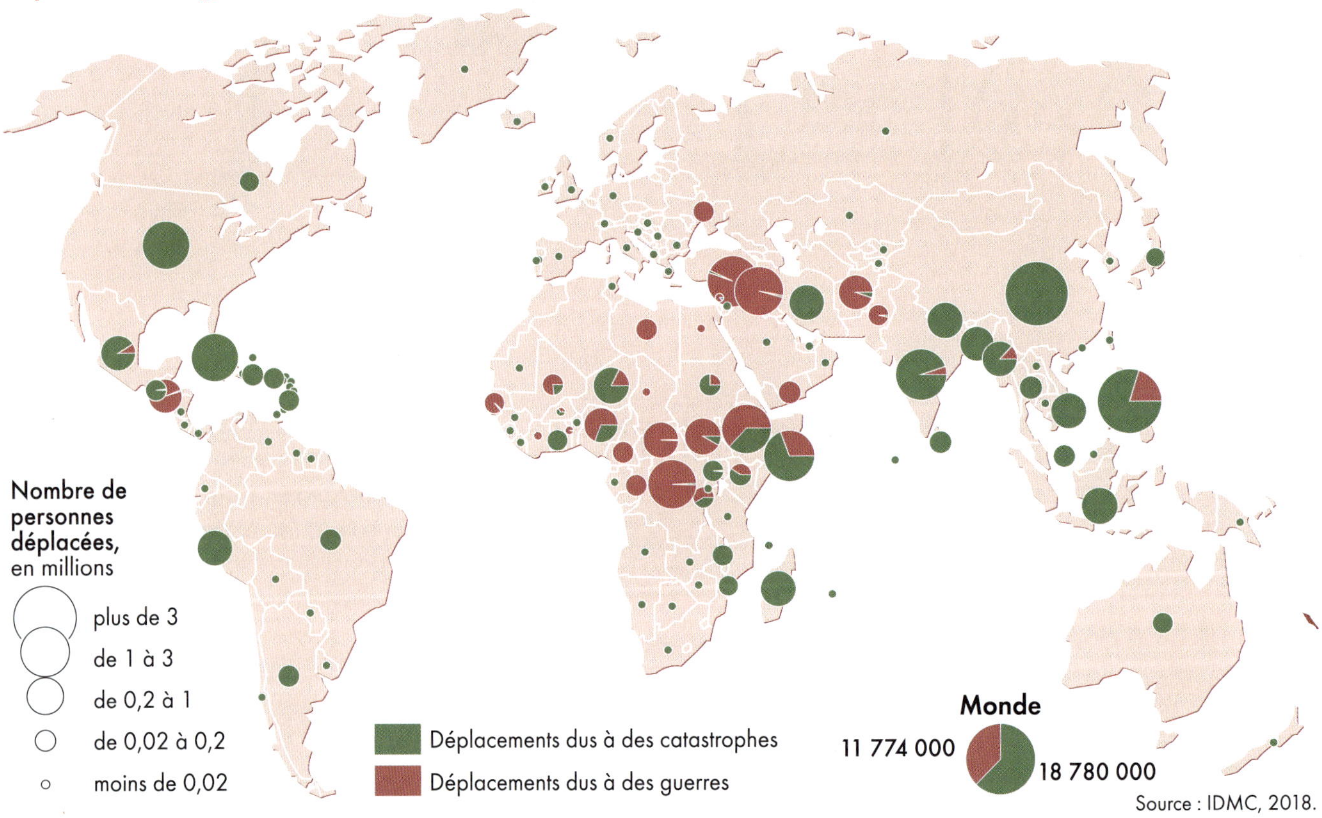

Source : IDMC, 2018.

L'environnement, facteur d'instabilité

Les principales causes des conflits armés relèvent de facteurs économiques, ethnico-politiques, mais le « stress » environnemental et notamment climatique peut renforcer l'insécurité et l'instabilité au sein des territoires. Par exemple, en raison de la diminution naturelle de l'offre liée à la variabilité des conditions naturelles (sécheresse, inondations…), les usagers entrent en compétition pour les ressources, contribuant à générer de fortes tensions et des conflits.

Une distribution inéquitable de la ressource entre usagers peut aussi engendrer des crises. L'émergence de conflits est souvent à mettre en rapport avec des modifications environnementales importantes et/ou rapides mal anticipées par des institutions, qui ne sont pas en mesure d'absorber et de gérer de façon efficace le changement. L'abondance est aussi parfois source de violence, la richesse en eau ou en minerai attisant la concurrence entre États. Les guerres liées aux ressources en énergie fossile et minière sont nombreuses (guerres en Angola de 1975 à 2002 alimentées notamment par l'accès aux diamants et au pétrole, guerre en Irak et au Koweït en 1990-1991), elles provoquent des flux migratoires généralement vers les pays proches, où l'arrivée parfois massive de réfugiés a des conséquences environnementales par l'augmentation de la demande en ressources diverses et d'autres en termes de santé, de nourriture, d'accès à l'éducation de ces populations déplacées.

Des millions de réfugiés climatiques

Entrées dans le langage courant, les expressions « réfugiés de l'environnement », « éco-réfugiés » ou « réfugiés climatiques » occupent une place importante dans l'analyse des impacts du réchauffement climatique. Ainsi, l'Observatoire des situations de déplacement interne (IDMC) et l'agence des Nations unies pour les réfugiés (UNHCR) estiment qu'entre 2008 et 2014, au moins 22,5 millions de personnes ont fui chaque année la menace directe ou les conséquences d'inondations, de glissements de terrain, de tempêtes, d'incendies et de températures extrêmes affectant leur sécurité, leur logement et leurs moyens de subsistance, tout cela considéré comme lié au changement climatique. Les incertitudes subsistent quant à savoir si ces processus de forte intensité (cyclones, tempêtes) relèvent ou non du changement climatique, mais ces données permettent d'envisager un processus qui pourrait s'aggraver avec les effets du changement. Les déplacements de population au Sahel ou dans le Nord-Est brésilien ont accompagné depuis toujours la variabilité climatique « naturelle » de ces espaces affectés par la désertification quand se déroulent des épisodes de sécheresse.

Réalité ou alibi ?

Les littoraux bas sont directement concernés par la montée du niveau marin de 20 cm à 1 m selon l'ampleur du réchauffement climatique au cours du XXIe siècle estimé par le GIEC (2014, 2018). Cela concerne plus particulièrement les archipels du Pacifique (Fidji, Tuvalu, Tonga, Kiribati…) et de l'océan Indien (les Maldives) composés d'îles très basses qui parfois font moins de 1 km^2. Les estimations sur le nombre de migrants climatiques forcés d'ici à 2050 dans ces îles varient très fortement, de 100 000 à 2 millions de personnes, car subsistent de très fortes incertitudes sur le devenir de ces petites îles.

Dans certains cas, les facteurs environnementaux peuvent renforcer la migration mais celle-ci n'est pas nouvelle. Les comportements migratoires des habitants de Tuvalu (10 000 habitants) par exemple évoquent davantage des stratégies familiales – souvent anciennes – de réduction des risques, notamment économiques, que des migrations climatiques au sens strict. Dans ces espaces minuscules, les migrations sont traditionnelles et bien antérieures à la montée du niveau marin et à l'aggravation des faits climatiques. Ces petits États instrumentalisent parfois cette situation pour bénéficier de fonds et d'aides variés et acquérir une vraie place sur la scène internationale. De fait, toutes les îles ne disparaîtront pas sous l'effet de la montée des eaux : certaines, d'origine volcanique, sont élevées. La montée du niveau marin et la multiplication ou l'aggravation des cyclones affecteront au cours du XXIe siècle les deltas fortement peuplés de l'Asie du Sud-Est (Bangladesh par exemple). Il faut donc envisager des modes d'adaptation que les pays en développement peinent à mettre en œuvre à la différence des Pays-Bas et du plan Grand Delta.

L'état de l'environnement dans la plupart des cas ne doit pas être déconnecté de la situation économique, politique et sociale globale ; l'ensemble pouvant contribuer à renforcer la pauvreté et à faire naître l'insécurité et les migrations.

Une « **véritable diplomatie des catastrophes** » a vu le jour : l'Allemagne, candidate au Conseil de sécurité, qui a besoin du soutien des petits États du Pacifique, appuie leur demande pour faire face à la situation à venir.

L'Océanie menacée par les eaux

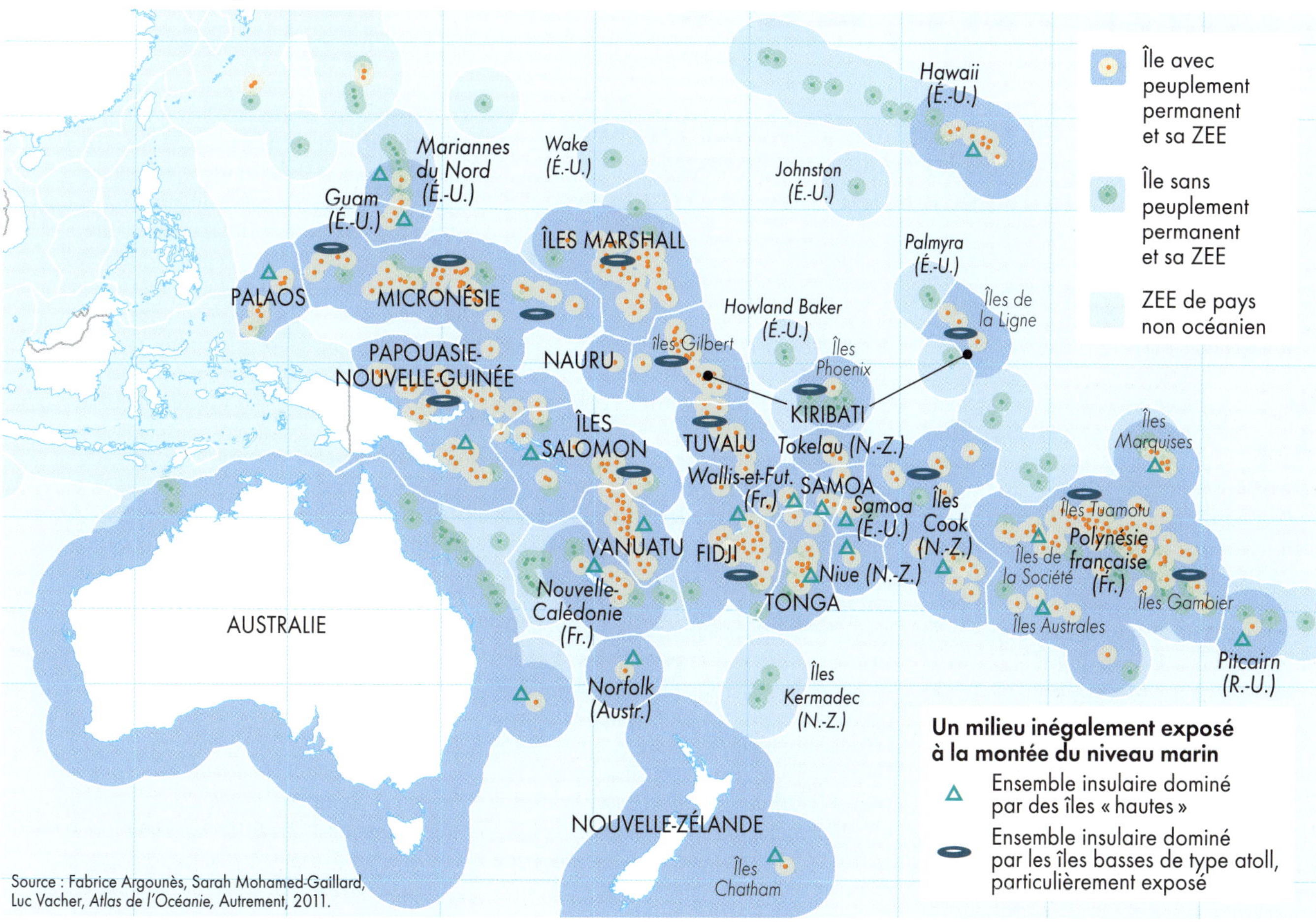

Source : Fabrice Argounès, Sarah Mohamed-Gaillard, Luc Vacher, *Atlas de l'Océanie*, Autrement, 2011.

La Russie, futur grand producteur d'or numérique ?

Coût de l'électricité faible, climat froid : certaines régions de Russie réunissent toutes les conditions favorables à l'installation de "fermes de minage", où sont extraits les bitcoins.

—**Vzgliad** *(extraits) Moscou*

La Sibérie et l'Extrême-Orient, deux régions russes très hostiles à l'homme, sont parfaitement adaptées à la production de cryptomonnaies, cet "or numérique". Pourquoi cette situation ? Quel est le rapport avec les infrastructures de l'époque soviétique et le prix de l'électricité ? Et qu'est-ce qui empêche les mineurs de cryptomonnaie russes de s'enrichir encore davantage ?

L'envolée rapide du cours du bitcoin et d'autres cryptoactifs a rendu leur production (le "minage") très attractive, non seulement pour une poignée de débrouillards et quelques sociétés, mais aussi pour des États. L'accès à de l'électricité bon marché est l'une des principales clés du succès dans cette activité, c'est pourquoi les experts en cryptomonnaie promettent de grandes perspectives à quelques régions de Russie, notamment la Sibérie.

Au vu de l'échelle industrielle qu'a atteinte le minage de cryptomonnaies, les mineurs qui ont accès à d'importantes quantités d'électricité peu chère ont un avantage décisif sur les autres. Ainsi, la Russie reste l'un des pays où cette activité peut être très rentable. Le minage est attractif dans les régions où le réseau électrique a été dimensionné pour desservir des sites militaires et d'importants ensembles industriels soviétiques aujourd'hui disparus ou exploités au ralenti, explique Nikolaï Korinets, analyste pour la plateforme TradingView Inc. En la matière, l'Extrême-Orient et la région de Krasnoïarsk offrent de belles perspectives avec une électricité 25 % moins chère que la moyenne russe et un climat adapté pour le refroidissement des installations.

Ces possibilités sont déjà largement exploitées. *Bloomberg* a publié récemment un article sur la première ferme de minage de bitcoin de l'Arctique, inaugurée à Norilsk en octobre 2020 par la multinationale BitCluster, domiciliée en Suisse. L'installation devrait permettre de produire jusqu'à six bitcoins par jour, notamment grâce à l'électricité peu chère fournie par la centrale électrique de la compagnie russe Norilsk Nickel.

La région d'Irkoutsk, dont les infrastructures électriques ont été conçues pour desservir des sites d'extraction d'aluminium, est excédentaire en énergie et accueille elle aussi des activités de minage. D'après le quotidien *Kommersant*, près de 24 000 équipements servant au minage, d'une valeur globale de 40 à 60 millions de dollars, ont été récemment importés dans la région. Les excédents d'énergie du barrage de Bratsk [le troisième plus grand de Russie] ont permis l'implantation de l'un des plus grands centres de minage de tout l'espace postsoviétique, dont les capacités sont proposées à la location auprès de mineurs de tous les continents. Il y a deux ans, *Bloomberg* avait relaté le projet du milliardaire Oleg Deripaska [PDG de Rusal, deuxième plus grande société d'aluminium du monde] d'implanter un *data center* à proximité de l'usine d'aluminium de Bratsk ; une idée qui va sans doute voir le jour avec la récente promulgation de la loi fédérale sur les actifs financiers numériques.

On observe d'ores et déjà une concentration de sites de minage partout où il y a de l'électricité bon marché, en particulier à proximité des centrales électriques, explique Viatcheslav Outouchkine, directeur de la plateforme de paiement TTM Bank. D'après lui, il est facile de trouver des sites avec un raccordement tout à fait légal au réseau électrique pour 3,3 roubles ou 0,045 dollar le kWh. Un prix bien en deçà des moyennes au niveau mondial ; même en Chine, où les centrales électriques sont nombreuses, les tarifs tournent plutôt autour de 0,06 dollar le kWh.

Tatiana Maksimenko, porte-parole de la Bourse de cryptomonnaies Garantex, confirme que la Russie propose un tarif de l'électricité parmi les plus attractifs au monde. D'après elle, le minage ne saurait causer de pénurie d'électricité, ni en Russie ni à l'échelle de la planète. "*On voit apparaître des calculateurs plus économes en énergie*, précise-t-elle. *Le minage est un processus tout à fait concurrentiel. Ce sont surtout les fermes de minage illégales qui représentent un risque du point de vue énergétique, car elles surchargent le réseau électrique et menacent l'acheminement normal. Mais si un mineur déclare en toute transparence*

↘ *Dessin de* **Cost** *paru dans* **Le Soir,** *Bruxelles.*

Lexique

Bitcoin. Mot-valise (de *bit*, unité d'information binaire, et *coin*, "pièce de monnaie") pour décrire une monnaie virtuelle et un système de paiement fondé sur une chaîne de blocs.

Chaîne de blocs, ou *blockchain*. Registre partagé et public fondé sur la cryptographie, qui répertorie des transactions organisées en suites de blocs. Chacune est validée à partir d'un calcul qui donne l'horodatage et le montant échangé entre deux clés cryptographiques publiques.

Cryptomonnaie. Monnaie sans autorité centrale basée sur la chaîne de blocs associant l'utilisateur à l'émission et au règlement de transactions réputées inviolables. Le bitcoin a été la première cryptomonnaie à voir le jour, en 2009.

Mineur. On désigne ainsi la personne qui met la puissance de calcul de son ordinateur au service du réseau et, par extension, la machine elle-même. L'objectif : résoudre des équations complexes pour confirmer les transactions. C'est la seule manière de créer des bitcoins.

l'implantation d'un centre de traitement de données dans un secteur et ses besoins énergétiques réels, et que le réseau en question peut supporter ce volume de consommation, alors il ne doit pas y avoir de problème."

Pour l'heure, la Russie est loin d'être un leader mondial dans la production de cryptomonnaies. D'après Denis Badianov, analyste chez Alfa Capital Management, 65 % de la capacité mondiale d'extraction de bitcoins est en Chine. La deuxième place est occupée par les États-Unis, où ont été réalisés 23 % de la production mondiale de bitcoin en 2020. Viennent ensuite, en volume de production de cryptomonnaies, la Géorgie, le Koweït, l'Islande, l'Estonie, le Canada et le Venezuela.

Aujourd'hui, le bitcoin et ses cousins de la famille des cryptoactifs ne jouissent pas d'un statut entièrement légal en Russie. La loi fédérale sur les actifs financiers numériques, entrée en vigueur le 1er janvier, définit une cryptomonnaie comme un code numérique utilisé comme moyen de paiement et d'épargne, ainsi que d'investissement, mais elle interdit son utilisation pour payer des biens et des services.

"Les tarifs de l'électricité en Russie sont certainement plus bas que dans la plupart des pays développés, résume Ivan Kladov, cofondateur du cabinet d'investissement Aravana Capital Management. *Mais les mineurs rencontrent encore de nombreuses difficultés liées à l'inaboutissement du cadre juridique : il est possible de se livrer au minage, mais il est interdit de vendre les cryptomonnaies produites. Souvent, les mineurs opèrent dans une zone grise, ce qui a déjà causé des problèmes avec les autorités dans un certain nombre de pays."*

—Mikhaïl Kouvyrko
Publié le 5 mars 2021

SOURCE

VZGLIAD
Moscou, Russie
vzglyad.ru

Vzgliad, qui signifie "Regard" ou "Point de vue", est un site d'informations générales lancé en 2005, à destination des hommes et femmes "d'affaires". Plus politique qu'économique, c'est un site à la fois réactif et capable de proposer des analyses approfondies grâce à une équipe de chroniqueurs réguliers. Il affiche des positions proches du Kremlin et défend farouchement les intérêts de la Russie dans le monde.

franceinfo:

Le robot *Perseverance* explorant Mars, la planète rouge, à la recherche de traces de vie. Éléments d'image fournis par la NASA. © Evgeniyqw / Shutterstock

L'offensive spatiale

Vers Mars et au-delà... nouveaux outils, multiplication des missions, la conquête spatiale a de beaux jours devant elle !

Dans le domaine spatial, 2021 aura été l'année martienne avec pas moins de trois missions qui se sont rendues autour ou sur notre planète sœur. À commencer par le projet américain Mars2020 qui a déposé en février sur le sol martien le robot mobile *Perseverance* dont la mission principale est la recherche de traces de formes de vie.

Cette recherche va se poursuivre désormais au-delà de notre Système solaire, le regard tourné cette fois vers les exoplanètes, ces objets célestes tournant autour d'autres étoiles. Plus de 4 000 d'entre elles ont été officiellement répertoriées – on en découvre de nouvelles régulièrement – et certaines dites habitables pourraient recueillir les conditions nécessaires au développement de la vie. Dans les prochains mois, les spécialistes auront à leur disposition un nouvel appareil pour scruter notamment l'atmosphère de ces planètes extrasolaires : le télescope spatial *James-Webb*, un engin de plus de six tonnes qui sera doté d'une résolution inédite.

Plus près de nous, ce sont les origines du Système solaire que les chercheurs vont aussi continuer d'explorer avec l'analyse de la composition de plusieurs astéroïdes, ces corps nés en même temps que notre Système solaire et qui ont été peu modifiés depuis. Ainsi la sonde *Lucy* a pour objectif l'étude d'astéroïdes dits troyens, qui se trouvent sur la même orbite que Jupiter. Son voyage qui débute devrait durer plus de cinq ans. Entre-temps, les échantillons prélevés fin 2020 sur un autre astéroïde appelé Bennu par la sonde *Osirix-Rex* nous seront parvenus, au terme d'un voyage de trois ans. Ils rejoindront dans les laboratoires du monde entier ceux rapportés cette année par la mission Hayabusa 2 et qui sont en cours d'analyse.

La recherche spatiale promet donc encore de belles découvertes, et la technologie elle-même devrait encore progresser avec, par exemple, la nouvelle version du lanceur européen, Ariane 6, dont les premiers vols commerciaux doivent débuter en 2022.

Olivier Emond
Journaliste, chef du service Sciences Santé Environnement Technologies de franceinfo

Des libertés en recul dans le monde ?

Sommaire

Libertés en recul : la crise sanitaire en cause ?

Dans le classement des démocraties 2020 établi par l'hebdomadaire britannique *The Economist*, la France figure parmi les démocraties défaillantes. Les mesures prises pour lutter contre la Covid-19 auraient-elles entraîné un recul de nos libertés fondamentales ? Ou bien notre pays doit-il engager une réflexion profonde sur la structure de ces institutions et de leur fonctionnement, dont témoigne l'abstention record aux élections locales de juin 2021 ?

Mesurer la démocratie

S'il peut s'avérer difficile de mesurer la démocratie dans le monde, en raison des différents types de régimes politiques et de leurs institutions, ce travail n'est pas moins nécessaire, et notamment en période de crise. Force est de constater que les confinements imposés par de nombreux gouvernements à leur population en raison de la pandémie de Covid-19 ont contribué à un recul des libertés au cours de l'année 2020, à commencer par la liberté de circuler et de se déplacer librement. Acceptée de manière temporaire, cette perte de libertés est critiquée par certains chercheurs et citoyens qui craignent l'instauration de dictatures sanitaires, le pouvoir politique étant soumis aux décisions des médecins et des scientifiques. Cela explique les manifestations contre les mesures de confinement, voire contre le port du masque, dans plusieurs démocraties européennes, plus particulièrement en Allemagne, aux Pays-Bas, en Suisse, au Royaume-Uni, en Autriche et en Bulgarie, ainsi qu'en Australie et aux États-Unis.

Reste que le classement établi par Freedom House montre que les libertés et droits politiques ne sont pas menacés dans ces pays européens et en Australie, mais qu'ils sont bafoués et en recul au Venezuela, en Algérie, en Éthiopie, en Inde et en Biélorussie, d'abord pour des raisons politiques : hirak en Algérie, guerre et massacres au Tigré éthiopien, discriminations croissantes des musulmans par le gouvernement Modi en Inde et répression de l'opposition et trucage des élections présidentielles en Biélorussie.

Toutefois, le rapport sur la démocratie 2021 de l'institut suédois V-Dem intitulé « l'autocratisation devient virale » pointe des violations majeures

Parmi les 23 démocraties pleines, 7 se placent en tête du classement avec des scores dépassant 9/10, dont 5 pays européens nordiques :

- Norvège 9,81
- Islande 9,37
- Suède 9,26
- Nouvelle-Zélande 9,25
- Canada 9,24
- Finlande 9,2
- Danemark 9,15
- France 7,99

Violations de la démocratie sous prétexte de pandémie

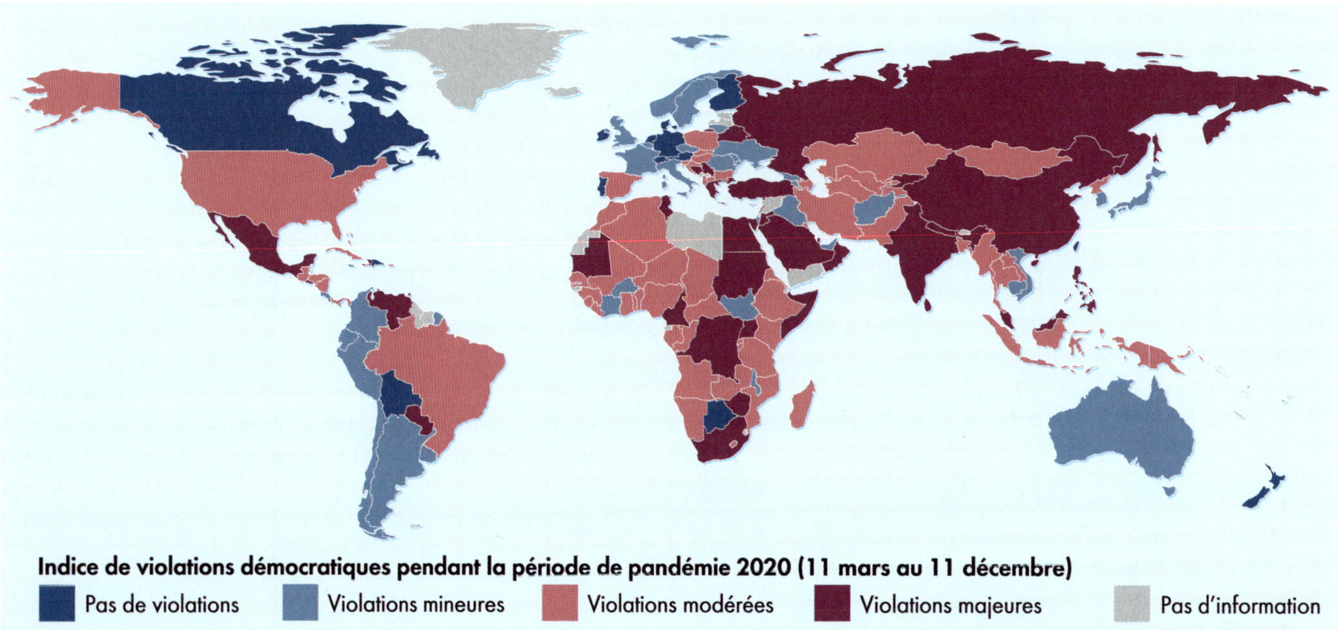

Source : PanDem Project, *in* V-Dem Institute, « Democracy Report 2021 ».

La démocratie selon Intelligence Unit

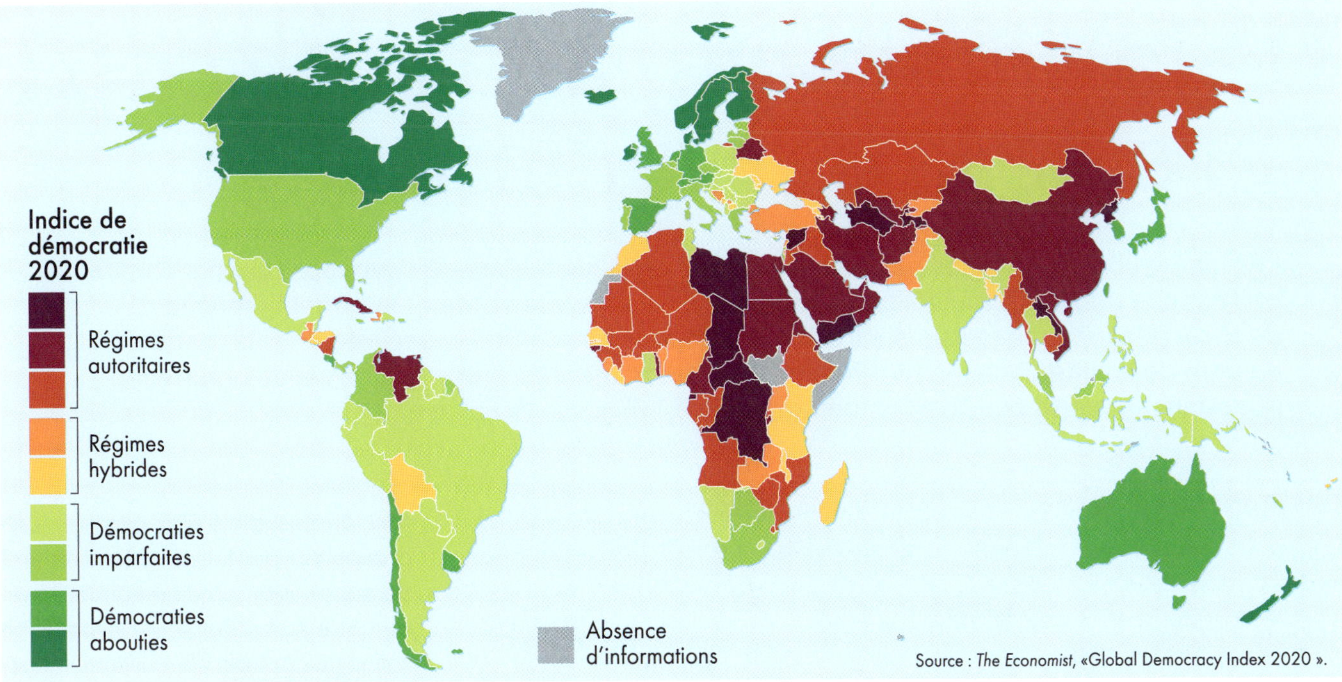

La démocratie selon Freedom House

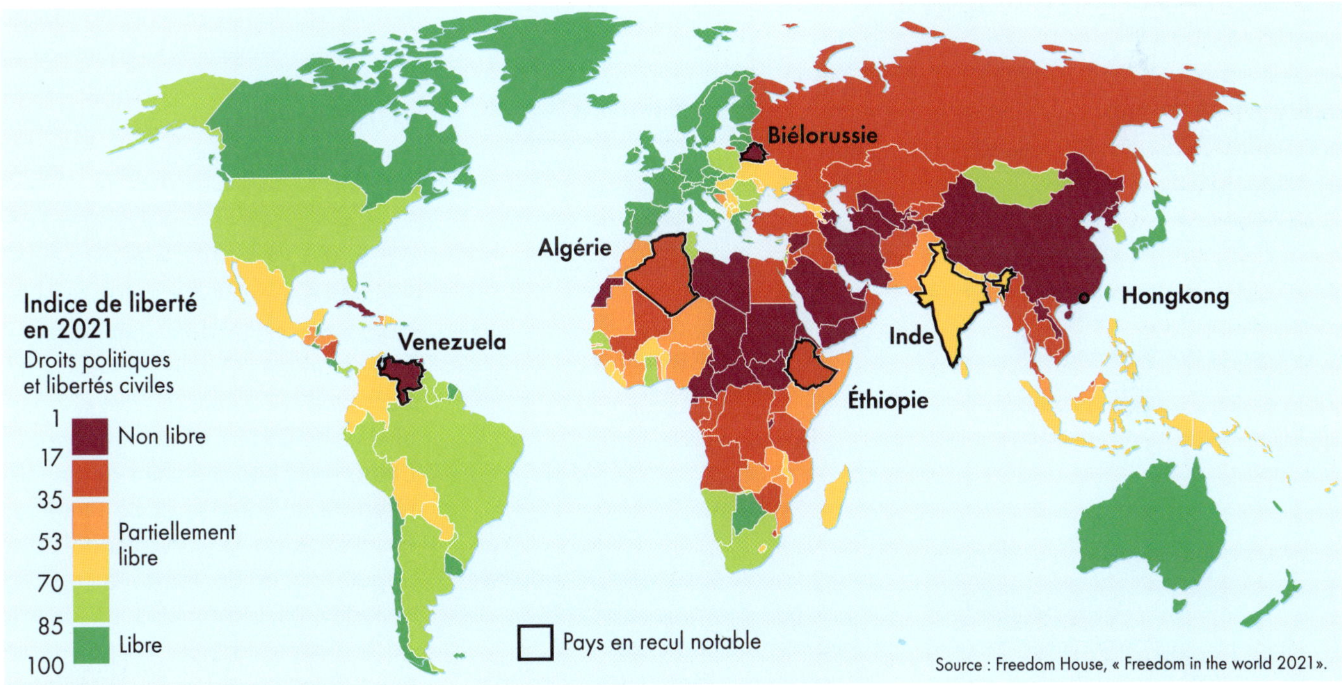

pendant la pandémie de Covid, avant tout dans des pays autoritaires ou hybrides d'Afrique ou d'Asie, qui à l'instar de la Turquie ou de l'Inde ont profité de l'épidémie pour harceler ou arrêter des journalistes couvrant la crise sanitaire. Dans certaines démocraties, le rapport note le même type de mesures vis-à-vis des médias (blogueurs en Tunisie) ou de la désinformation (États unis), ainsi que l'imposition de mesures de confinement plus strictes à l'encontre de la minorité rom en Slovaquie, à l'encontre de réfugiés en Grèce.

L'imparfaite démocratie française

60 critères répartis en cinq catégories (processus électoral et pluralisme ; fonctionnement du gouvernement ; participation politique ; culture politique démocratique ; libertés civiles) ont été définis par *The Economist* pour classer le niveau démocratique de 167 États. 23 États sont considérés comme des « démocraties abouties », 52 comme « imparfaites », tandis que 92 États ont des régimes « hybrides » ou « autoritaires ».

Si le classement des États-Unis et de la France parmi les démocraties imparfaites peut surprendre, respectivement au 25e et 24e rang, ils le doivent à des faiblesses structurelles : dans le cas américain, le maintien de fortes discriminations vis-à-vis des Afro-Américains, le racisme et une violence policière systémique à leur encontre ; dans le cas français, le rapport note en particulier une participation politique faible aussi bien en termes d'appartenance à un parti ou syndicat ou qui s'exprime d'abord et avant tout par la manifestation. L'abstention record aux élections régionales de juin 2021 semble l'avoir démontré.

De la *smart city* à la *safe city* : l'ère de la surveillance

Les innovations techniques permettent une surveillance accrue de l'espace urbain et constante de l'espace public. La multiplication des caméras de surveillance et le perfectionnement de la reconnaissance faciale sont déployés pour assurer ordre et sécurité en ville, parfois au nom de la lutte contre le terrorisme, parfois comme outil d'une gouvernance autoritaire, remettant en cause nos libertés fondamentales.

Les promesses de la *smart city* : l'exemple de Songdo

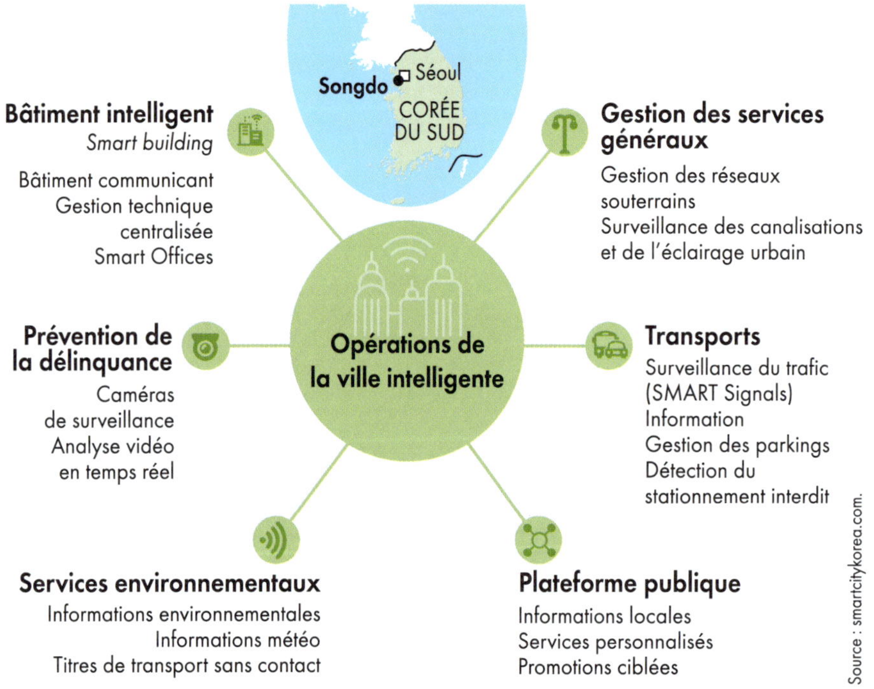

Surveiller pour sécuriser l'espace urbain

Les technologies de surveillance, dont l'introduction dans l'espace public urbain est souvent justifiée par l'impératif d'un rétablissement de l'ordre public en temps de crise (caméras en Angleterre lors des attentats menés par l'IRA dans les années 1980), sont désormais des composantes ordinaires de l'environnement urbain. Du bertillonnage de la population (identification biométrique des criminels) à la vidéosurveillance, par circuit fermé (CCTV) ou utilisant les réseaux de 4G ou de 5G, intégrant le recueil de données biométriques et la reconnaissance faciale, les objectifs visent à assurer un contrôle permanent et total de l'espace urbain, en le rendant visible pour le superviser, le sécuriser, et prévenir les comportements considérés comme criminels.

La croissance des revenus du marché de la surveillance urbaine (+33 % entre 2018 et 2022) est soutenue par la forte demande des régimes autoritaires mais aussi des gouvernements démocratiques, qui font le pari de la surveillance pour assurer la sécurité de leur population.

Les outils de cette technopolice se sont miniaturisés, digitalisés et sont devenus quasiment invisibles, les angles morts de l'espace urbain se réduisant à mesure des progrès de la technologie, désormais volante. Ainsi, en avril 2020, le ministère de l'Intérieur français lance un appel d'offres portant sur l'acquisition de 650 drones dont 565 dits « microdrones du quotidien ». Les centres de supervision urbaine sont les lieux de cette surveillance par excellence, salles de contrôle centralisant images et données recueillies, comme le Centre C5 à Mexico. Ils permettent la coordination de nombreux dispositifs, fixes, mobiles, et l'intégration de contenus produits par la population, grâce à la constitution de plateformes de données en réseau.

Une surveillance aux mains du privé

Les acteurs puissants du secteur de la surveillance urbaine sont les entreprises privées (Thalès, Engie, IBM, Samsung, Huawei), qui développent ces technologies et les vendent aux États, par l'intermédiaire des ministères de la Défense et de l'Intérieur en charge de la surveillance de la population et du territoire, ou aux collectivités territoriales en charge de la police urbaine. Le gouvernement chinois a organisé l'intégration civilo-militaire, par la constitution d'un véritable conglomérat entre la sphère technologique et les organes du Parti communiste. Dans des contextes plus démocratiques, la libéralisation des politiques publiques a parfois conduit les municipalités à être très exposées aux solutions privées de surveillance urbaine : Huawei à Valenciennes et Nairobi, IBM à Saint-Louis et à Toulouse, Thalès à Nice.

Un risque pour nos libertés ?

Les protocoles et procédures de surveillance urbaine sont indécelables et favorisent une reproduction des

inégalités sociales (biais racistes de la reconnaissance faciale) puisque les principes à partir desquels ils sont établis ne sont pas débattus collectivement. En contexte démocratique, la législation n'impose pas d'intégrer les populations surveillées à l'élaboration des conditions de la surveillance, tout au plus elle exige la visibilité des équipements par une signalétique spécifique. Elle protège cependant en partie les données personnelles collectées, à l'échelle nationale (CNIL en France) ou à l'échelle européenne (RGPD).
De nombreux acteurs militent pour l'encadrement strict de technologies dénoncées comme liberticides, comme le lobby European Digital Rights qui a interpellé en mai 2020 l'Union européenne.

La Chine représente **47 %** du marché de la vidéosurveillance en 2020 d'après Omdia.

Villes britanniques sous surveillance

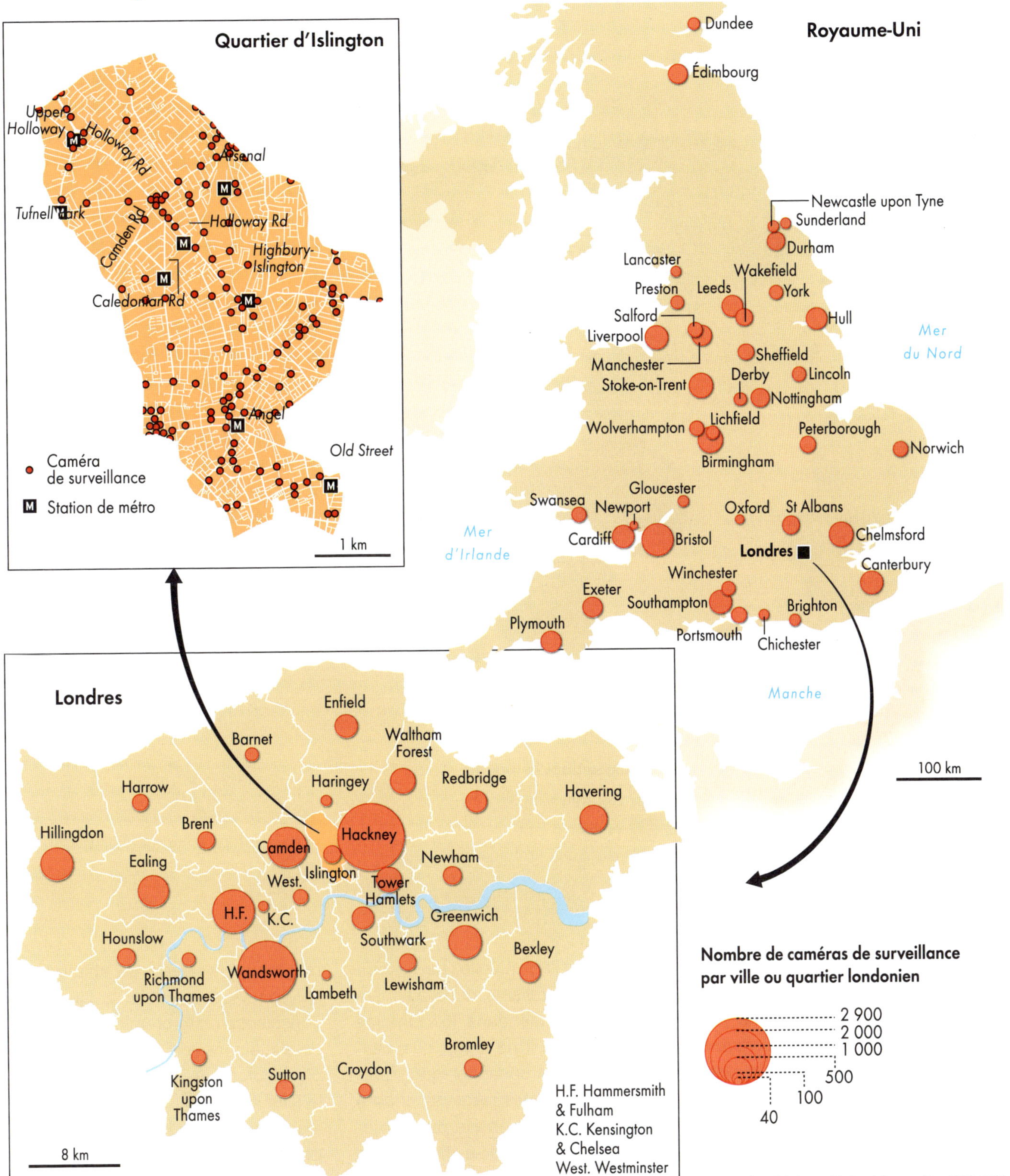

Sources : ifsecglobal.com ; *National Geographic*, n°221, 2018

La liberté de conscience et de religion

Selon V-Dem Institute, la part de la population mondiale vivant dans des régimes autocratiques atteint 68 % en 2020 contre 48 % en 2010. Une situation inquiétante niant en de nombreux lieux du monde, en Chine, au Pakistan et même aujourd'hui en Inde, cette dimension intime de la liberté ancrée dans la conscience individuelle.

Les rapports État-religion

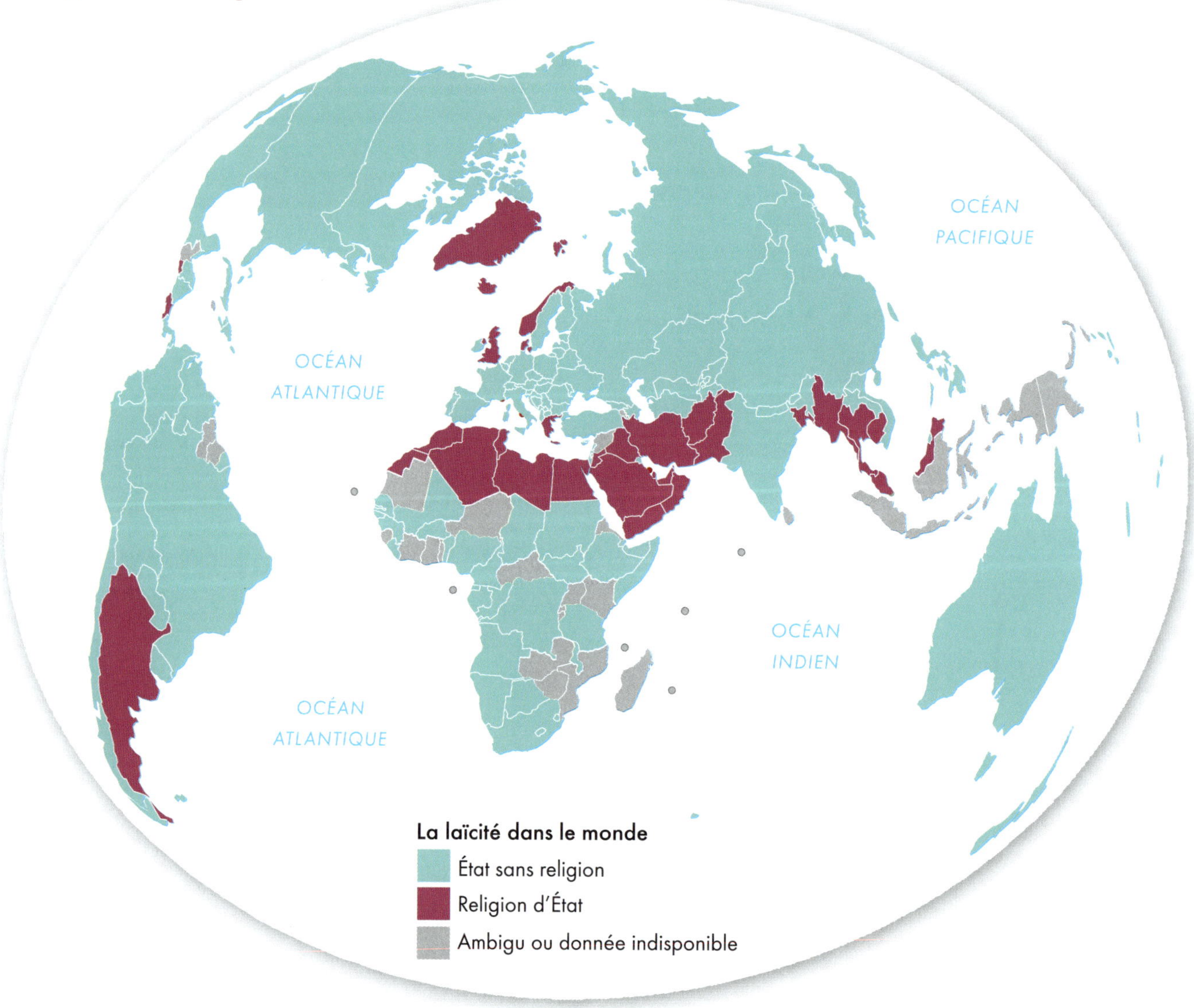

La liberté de conscience

La liberté trouve ses fondements philosophiques et religieux dans la primauté morale de la « conscience ». Au sortir des guerres de Religion, l'État westphalien avait tempéré le vieux principe *cujus regio, ejus religio*, par la protection des minorités religieuses, ouvrant la voie au respect de la liberté individuelle, de la tolérance et du pluralisme, dans la sphère politique comme dans le domaine religieux. Mais il ne s'agit pas seulement de faire cohabiter pacifiquement les différentes religions, encore faut-il respecter la liberté de conviction de chacun, c'est-à-dire le libre choix d'avoir ou de ne pas avoir de religion et la liberté de changer de religion. Autrement dit la liberté de conscience reste première, dans une double expression, le « for intime », au plus profond de chaque personne, et le « for externe », à travers ses manifestations publiques, individuelles et collectives.

On retrouve ce dédoublement dans

la Déclaration française des droits de l'homme et du citoyen de 1789 qui précise que « Nul ne doit être inquiété pour ses opinions, même religieuses, pourvu que leur manifestation ne trouble pas l'ordre public établi par la loi » (art. 10). La Déclaration universelle des droits de l'homme va plus loin en soulignant dès l'article 1er que les hommes « sont doués de raison et de conscience », avant de consacrer « la liberté de pensée, de conscience et de religion » (art. 18) et « la liberté d'opinion et d'expression » (art. 19).

Des principes universels

Le pacte international sur les droits civils et politiques adopté en 1966 par l'Assemblée générale des Nations unies développe ces principes, tout comme la Convention européenne des droits de l'homme et d'autres grands systèmes régionaux. Même en cas de crise ou de conflit, l'État ne peut remettre en cause la liberté de conviction de toute personne, en forçant sa conscience intime, même si la « liberté de manifester sa religion ou ses convictions » peut faire l'objet de restrictions très limitées, au nom de l'ordre, de la sécurité ou « des libertés et droits fondamentaux d'autrui ».

Au contraire, lorsqu'on passe de la liberté d'opinion à la liberté d'expression, conçue comme « la liberté de rechercher, de recevoir et de répandre des informations et des idées de toute espèce, sans considération de frontières, sous une forme orale, écrite, imprimée ou artistique, ou par tout autre moyen de son choix », le Pacte indique que l'exercice de ces libertés « comporte des devoirs spéciaux et des responsabilités spéciales » impliquant un contrôle renforcé au nom du « respect des droits ou de la réputation d'autrui » comme de « la sauvegarde de la sécurité nationale, de l'ordre public, de la santé ou de la moralité publique ».

Concilier religion et politique

Sur la base de ces grands principes, les organes de contrôle, y compris les juridictions nationales, ont développé toute une jurisprudence, en tenant compte des spécificités de chaque pays. C'est le cas pour la France avec la notion de laïcité qui est au fondement de la séparation des Églises et de l'État, afin de garantir la neutralité des pouvoirs publics et le pluralisme religieux, dans le respect de la conscience individuelle.

D'autres pays doivent concilier l'existence d'une idéologie politique ou d'une religion d'État – voire l'affirmation de la primauté d'un droit d'inspiration divine – avec le respect de la liberté individuelle, qu'il s'agisse de la liberté de changer de religion ou de critiquer une religion, sans être accusé d'apostasie ou de blasphème. Alors que la Cour européenne des droits de l'homme s'est inspirée du principe de subsidiarité pour reconnaître la diversité des situations historiques et de régimes des cultes, notamment au regard de la conception française de la laïcité, comme socle de la paix civile, les organes des Nations unies semblent privilégier une approche plus radicale, dans un contexte de lutte contre l'islamophobie, en n'hésitant pas à dénoncer des « discriminations institutionnelles » à l'égard de minorités religieuses, notamment les femmes musulmanes.

Nombre de pays menaçant la liberté d'expression

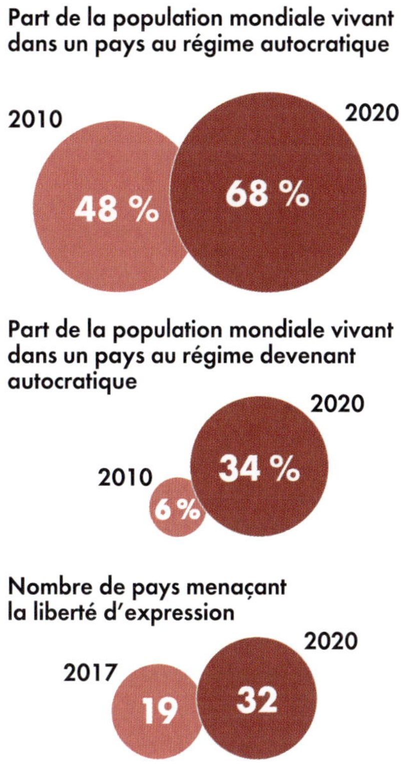

Le recul des libertés

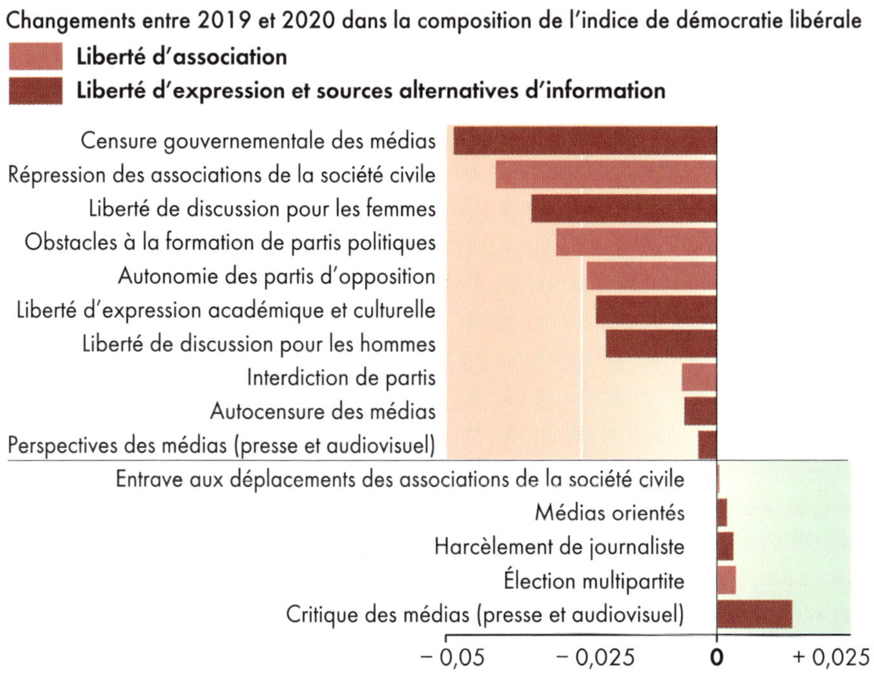

Dans un grand discours prononcé le 6 janvier 1941, le **président Roosevelt** évoquait : **« l'avènement d'un monde où les êtres humains seront libres de parler et de croire, libérés de la terreur et de la misère. »** Une formule reprise dans le préambule de la Déclaration universelle de 1948.

La liberté de choisir : le droit de vote universel

La conquête d'un droit de vote universel s'est étalée sur plusieurs siècles. Elle est le résultat de luttes qui ont d'abord permis la mise en place de régimes basés sur la souveraineté nationale, puis autorisé les femmes à participer à la vie politique. Toutefois, les régimes autoritaires en limitent aujourd'hui la portée, tout comme l'atteinte à l'État de droit dans les démocraties dites « illibérales ».

Un droit d'abord masculin

La Révolution de 1789 marque en France une étape décisive dans l'obtention du droit de vote. Mais celui-ci est longtemps restreint aux hommes de plus de 25 ans payant un impôt direct, le cens, d'où le nom de suffrage censitaire, elle transforme les sujets en citoyens. Il faut toutefois attendre la révolution de 1848 qui met fin à la monarchie (IIe République) pour que le suffrage universel masculin s'impose et ne soit plus remis en cause.

Pour que ce droit devienne réellement universel, il faut cependant attendre la fin de la Seconde Guerre mondiale et l'ordonnance du 21 avril 1944 qui accorde le droit de vote aux femmes de plus de 21 ans, en dépit de luttes menées depuis le début du siècle.

Dans le reste du monde, l'obtention du droit de vote féminin sans restriction s'est échelonnée sur plus d'un siècle : les Néo-Zélandaises participent à tous les scrutins de leur pays depuis 1893, tandis que les Saoudiennes ont dû attendre 2015 pour obtenir ce droit lors des élections municipales, les seules existantes dans le pays.

Un droit à la base de la démocratie

Au-delà de l'extension du scrutin à tous les sexes, la pratique démocratique interroge. Alors que certains ont parlé d'une « fin de l'histoire » pour qualifier la victoire du modèle de la démocratie libérale depuis la chute du mur de Berlin, fondée sur le multipartisme et l'organisation d'élections libres, la réalité est plus nuancée. Ainsi, nombre de régimes autoritaires adoptent aujourd'hui certains « codes démocratiques » sans pour autant respecter la liberté du vote. Ces

Droit de vote des femmes

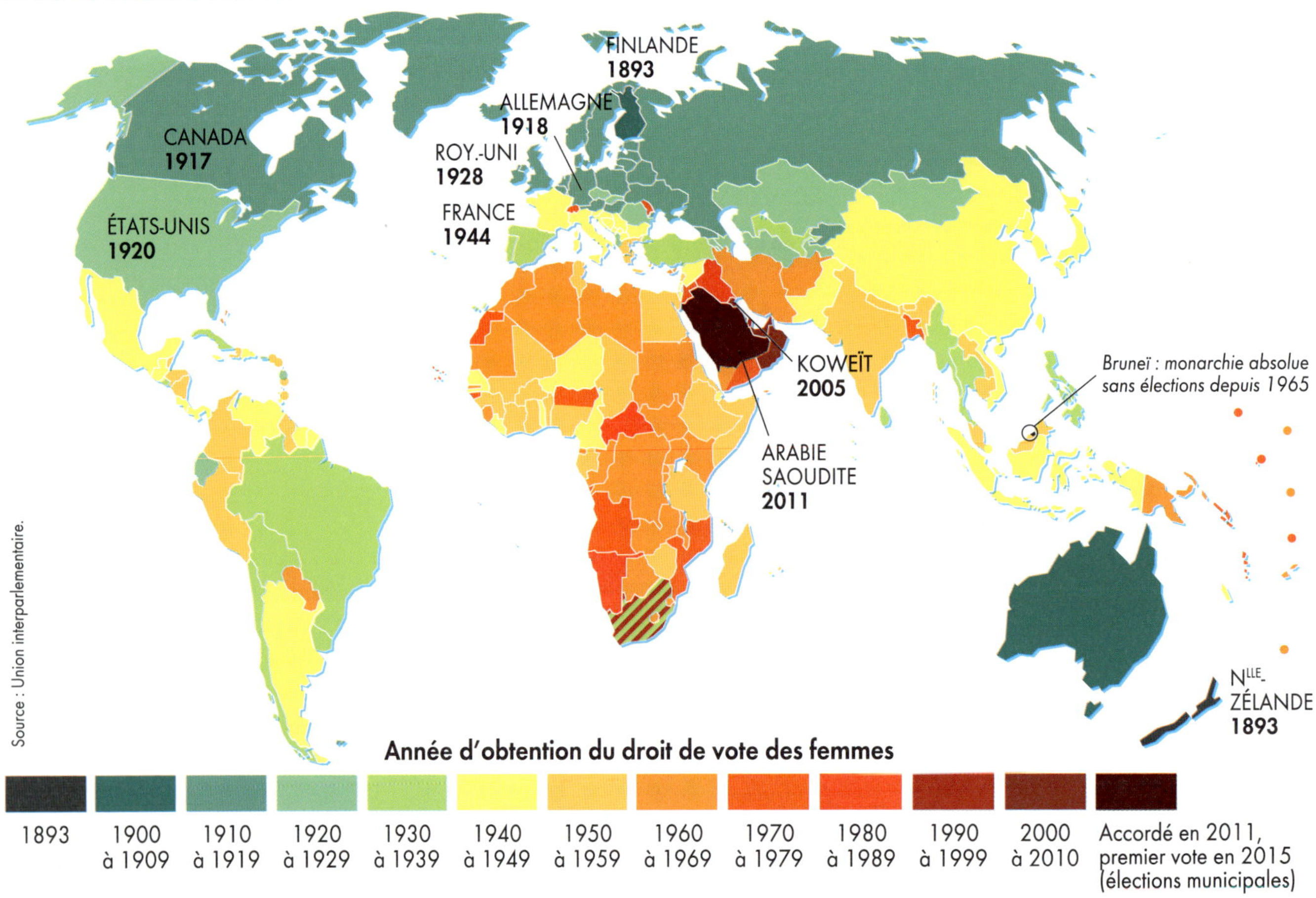

régimes se servent de la démocratie pour légitimer leur pouvoir (« démocratures »), usent de la fraude ou du trucage des résultats. Dans la vingtaine d'élections qui ont eu lieu sur le continent africain en 2020, la grande majorité (Gambie, Guinée, Togo, Côte d'Ivoire, Mali, Centrafrique, Malawi, Tanzanie…) a en effet été entachée d'irrégularités, de fraude, voire de violences perpétrées par le pouvoir en place. En Biélorussie, l'accès à des observateurs internationaux fut interdit lors de l'élection présidentielle, empêchant toute transparence et la réélection de Loukachenko au pouvoir depuis 1994, malgré de massives contestations.

En Europe de l'Est, certains États démocratiques, comme la Hongrie ou la Pologne, bien que disposant de gouvernements élus, remettent en cause l'État de droit, en limitant la liberté des médias, le droit des minorités, ou en cherchant à contrôler le pouvoir judiciaire. Ces démocraties sont qualifiées d'illibérales, par leur remise en cause des libertés, tandis que le V-Dem Institut suédois parle d'« autocratie électorale » pour désigner ce type d'États qui utilisent le vote comme façade à leur tendance à l'autoritarisme. Dans son rapport, constatant les dérives autoritaires du Premier ministre Modi, il a classé l'Inde dans cette catégorie, pourtant décrite comme la plus grande démocratie du monde, en raison de sa démographie.

Un droit délégitimé ?

Dans les démocraties représentatives, le droit de vote est de plus en plus délégitimé en raison de la croissance de l'abstention. En France, les élections régionales de 2021 ont été marquées par un taux d'abstention record de 66,3 %, soit 15 points de plus qu'aux élections législatives de 2017. Mais la participation diffère selon les scrutins, les présidentielles mobilisant plus que toute autre élection.

La baisse de la participation est visible dans la plupart des démocraties occidentales depuis les crises économiques des années 1970 et la hausse du chômage consécutive, qui ont progressivement donné le sentiment aux citoyens que leurs gouvernements étaient désormais dans l'incapacité d'améliorer leurs conditions de vie. Elle s'explique aussi par la professionnalisation des partis politiques et de la personnalisation du pouvoir en découlant, qui, de fait, a tendance à exclure les citoyens d'un système politique, vu comme un instrument du fonctionnement de l'État, et non comme un moyen d'évolution de la société.

Cette délégitimation du système et donc de la démocratie représentative se manifeste par l'abstention mais également par l'augmentation massive du vote protestataire (soit en votant les extrêmes, soit par des votes que l'on qualifie de « dégagisme », soit par le vote blanc). C'est pourquoi certains militent pour élaborer une démocratie plus participative, comme les « gilets jaunes » qui en 2019 revendiquaient un référendum d'initiative citoyenne.

> **« Ce qui compte, ce n'est pas le vote, mais comment on compte les votes. »**
>
> **Joseph Staline**

L'état des démocraties libérales

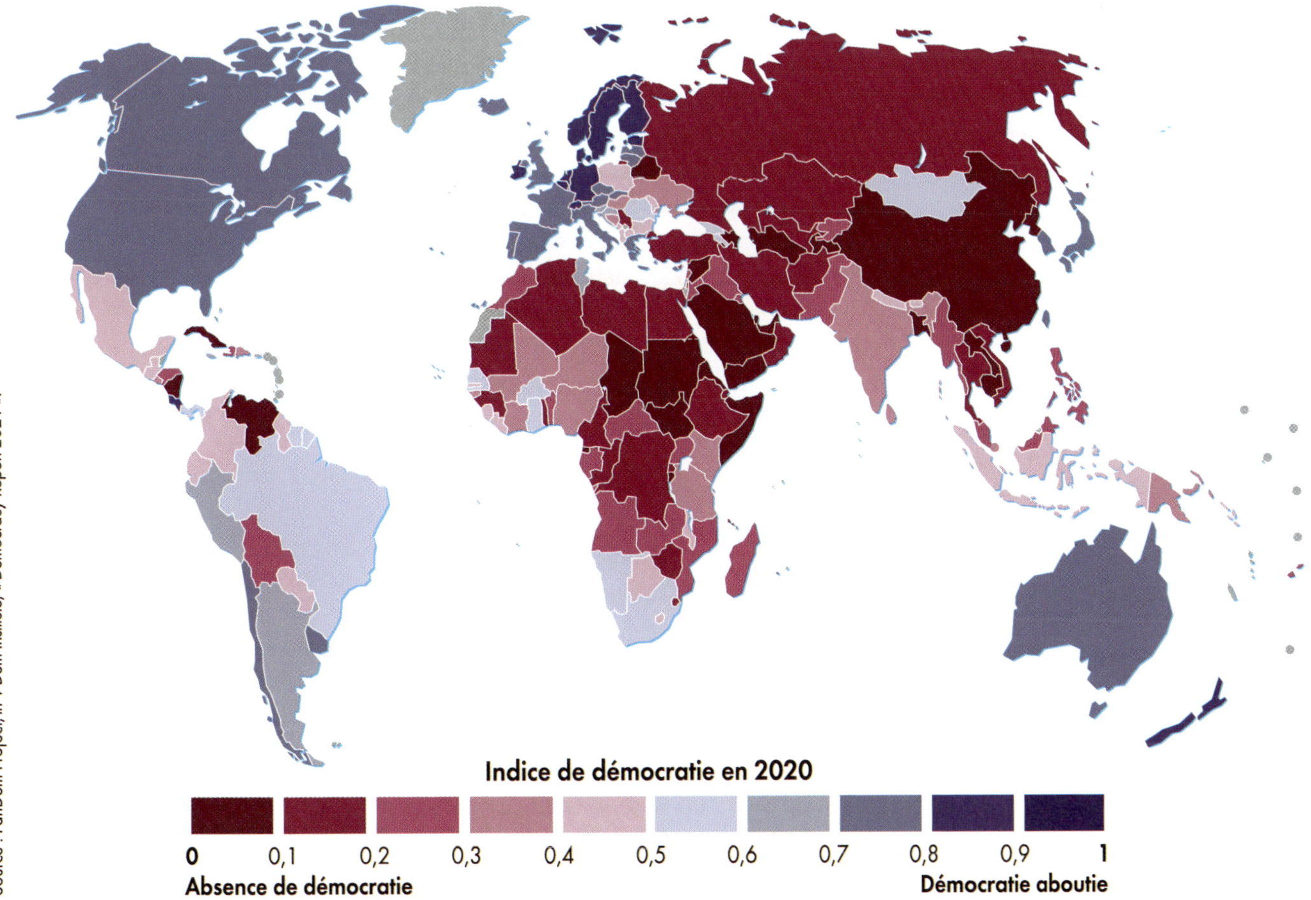

Source : PanDem Project, *in* V-Dem Institute, « Democracy Report 2021 ».

La liberté de la presse au prisme de la désinformation

La liberté d'informer et de s'informer, de débattre et de critiquer, au cœur de la démocratie, est en plusieurs endroits de la planète tout simplement bafouée, ou menacée par la désinformation. Dans 73 % des 180 pays évalués par Reporters sans frontières, le journalisme est « totalement ou partiellement bloqué », alors qu'il est le « principal vaccin contre le virus de la désinformation ».

Une liberté menacée par la pandémie

Le classement établi par l'ONG Reporters sans frontières (RSF) chaque année depuis 1985 montre que la liberté de la presse est très variablement respectée dans le monde. Se fondant sur 7 critères (le degré du pluralisme des opinions, l'indépendance des médias, les conditions d'exercice du journalisme, dont l'autocensure, la qualité du cadre légal, la transparence des institutions vis-à-vis de la production de l'information, la qualité des infrastructures productrices d'infos, ainsi que le niveau des violences commises envers les journalistes), il évalue le niveau de liberté dont jouissent les journalistes, les médias y compris sur le Net dans 180 pays, ainsi que les moyens déployés par les États pour respecter et faire respecter cette liberté.

Le rapport 2021 révèle deux tendances : d'abord, une hausse des restrictions d'accès et des entraves à la couverture médiatique, au prétexte de la crise sanitaire ; ensuite, une inquiétante défiance du public envers les journalistes, qui doivent faire face à une désinformation croissante notamment sur les réseaux sociaux, et aux manipulations et rumeurs qualifiées par RSF d'« infodémies ». C'est le cas au Brésil et au Venezuela, où les présidents Bolsonaro et Maduro ont vanté les mérites de médicaments, dont l'efficacité n'a jamais été prouvée, pour se soigner contre la Covid-19. En Égypte, la publication de chiffres autres que ceux du ministère de la Santé est prohibée par le pouvoir.

Un modèle nordique ?

Sans surprise, les États européens, et plus particulièrement les pays nordiques, arrivent en tête du classement RSF de la liberté de la presse. La Norvège se classe en 1re position pour la quatrième année consécutive, talonnée par ses voisins finlandais, suédois et danois. Hors d'Europe, deux États connaissent également une situation optimale : la Jamaïque et la Nouvelle-Zélande, respectivement à la 7e et 8e place mondiale. Seuls 7 % des 180 États évalués se trouvent dans cette catégorie. L'Allemagne en est sortie cette année, en raison d'agressions de journalistes par des mouvements extrémistes et complotistes lors de manifestations contre les restrictions sanitaires. Elle a rejoint les États où la situation de la presse est plutôt bonne (20 % du total), à l'instar de la France, des États-Unis, de l'Uruguay, des pays d'Afrique australe et de la plupart des États européens.

On trouve en queue de classement le Turkménistan (178e), la Corée du Nord (179e) et l'Érythrée (180e), des régimes dictatoriaux, où la liberté de la presse est tout simplement inexistante, ainsi que la Chine (177e), l'Iran (174e), la Syrie (173e) ou l'Arabie saoudite (170e). C'est sur Internet que la censure, la surveillance et la propagande sont exercées par la Chine à des niveaux sans précédent.

Quant au Brésil, il a perdu 4 places par rapport au classement précédent. La situation des médias y est désormais critique, en raison du climat de méfiance et de haine alimenté par le président populiste Bolsonaro qui fait de la presse son principal bouc émissaire, qu'il accuse d'être à l'origine de la crise sanitaire. En perdant 18 places par rapport au classement 2020, la Malaisie enregistre la plus forte baisse, le nouveau décret « anti-fake news » donnant un

Source : Reporters sans frontières, « Classement mondial de la liberté de la presse 2021 ».

blanc-seing au gouvernement pour diffuser des contrevérités.

Globalement, la liberté d'informer n'a cessé de se dégrader presque partout dans le monde depuis 2013, au nom de la sécurité ou aujourd'hui de la crise sanitaire.

Les plus belles progressions du rapport 2021 se trouvent principalement sur le continent africain.

- Le Burundi (147e, +13),
- La Sierra Leone (75e, + 10)
- Le Mali (99e, + 9)

Amélioration due à la libération des quatre journalistes du média burundais indépendant *Iwacu*, à l'abrogation de la loi criminalisant les délits de presse au Sierra Leone et à la baisse du nombre d'exactions au Mali.

Source : RSF

Quand le journalisme tue

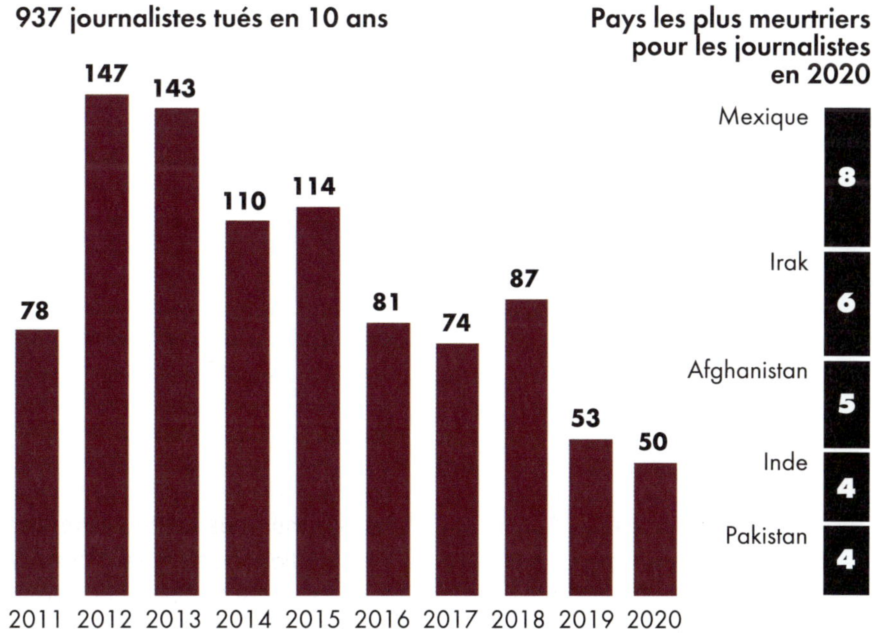

Source : Reporters sans frontières, « Les journalistes tués. Bilan 2020 ».

État des lieux de la liberté de la presse dans le monde

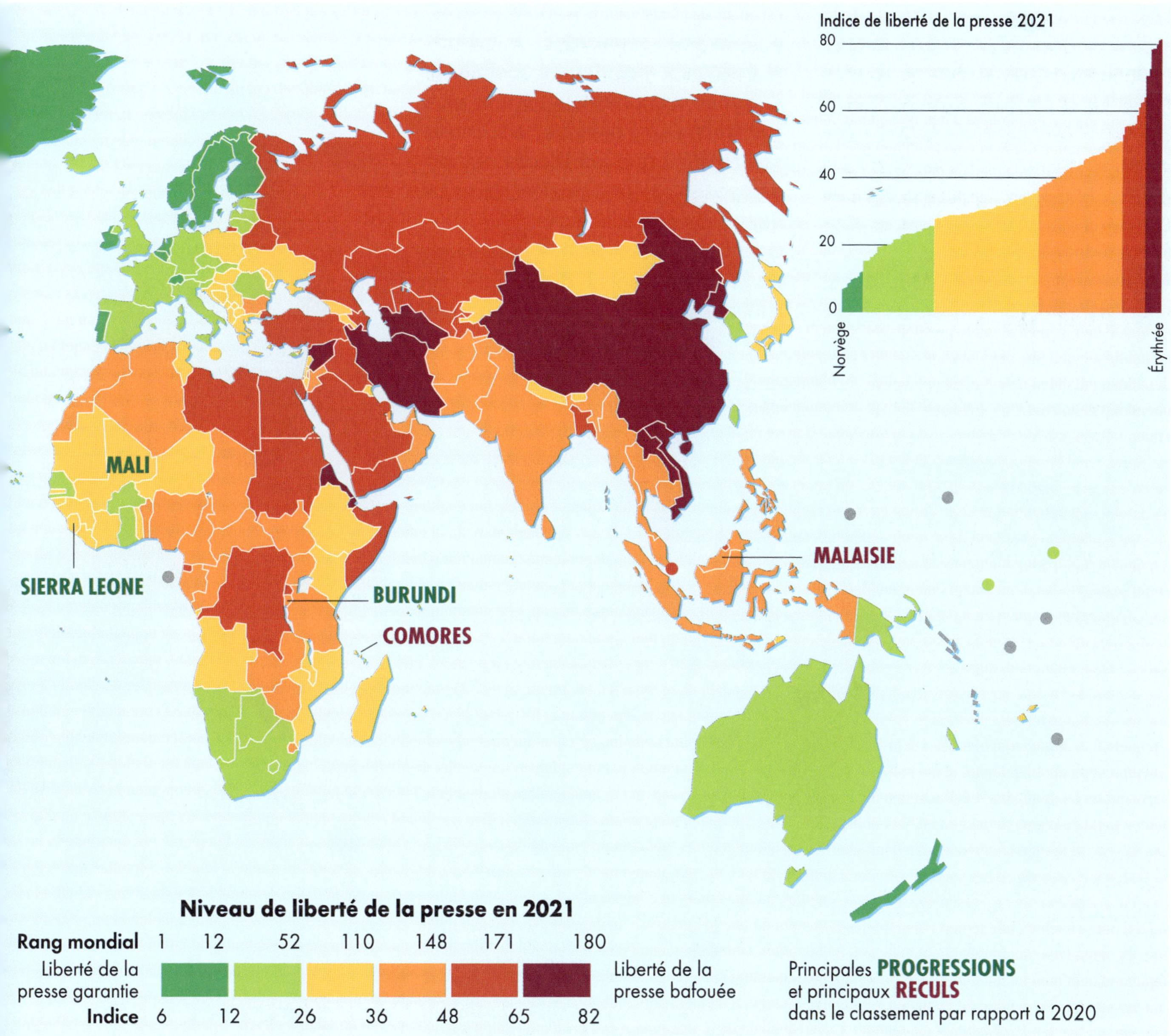

Quelles libertés sexuelles et de genre ?

Au cours de la dernière décennie, les avancées législatives sur la reconnaissance des couples de même sexe ont été importantes non seulement dans les pays occidentaux, mais également en Amérique latine et en Afrique australe. Mais elles ne doivent toutefois pas masquer la situation très difficile de millions d'homosexuels dans le monde ni celle des personnes trans ou de genre divers qui connaissent criminalisation et discriminations.

Des avancées juridiques, mais pas partout

Si presque tout le continent américain et l'Europe occidentale reconnaissent désormais les unions homosexuelles, ce ne sont au total que 28 des 193 États membres de l'ONU qui le font. Les avancées récentes de pays très catholiques comme l'Irlande et l'Argentine, ou de pays africains comme l'Afrique du Sud ne doivent pas occulter certains États européens tels que l'Italie qui refuse encore toute évolution de son droit, ou la Russie qui a formellement interdit, dans sa constitution, le mariage entre personnes de même sexe.

À l'échelle du monde, 67 États continuent d'interdire l'homosexualité par la loi, 6 vont jusqu'à la punir de la peine de mort : Brunei, l'Iran, l'Arabie saoudite, la Mauritanie, le Yémen et 12 États fédérés du Nigéria. Ailleurs, si la loi n'incrimine pas spécifiquement l'homosexualité, des poursuites judiciaires peuvent être engagées pour d'autres motifs plus vagues, comme l'atteinte à la morale publique, l'attentat à la pudeur, actes contre nature, etc.) En Asie et en Afrique, l'homosexualité est vue comme contraire à la culture de nombreux pays et perçue comme une pratique occidentale contagieuse que les Blancs tentent d'imposer par la diffusion de leurs modes de vie décadents.

Quant à la situation des personnes trans et de genres divers, elle se caractérise, selon le dernier rapport publié en 2020 de l'ILGA (International Lesbian Gay Bisexual and Intersex Association), par des discriminations et de la répression dans de nombreux États du monde. Treize États dans le monde, en majorité pour des invocations religieuses, continuent

Reconnaissance légale des personnes trans

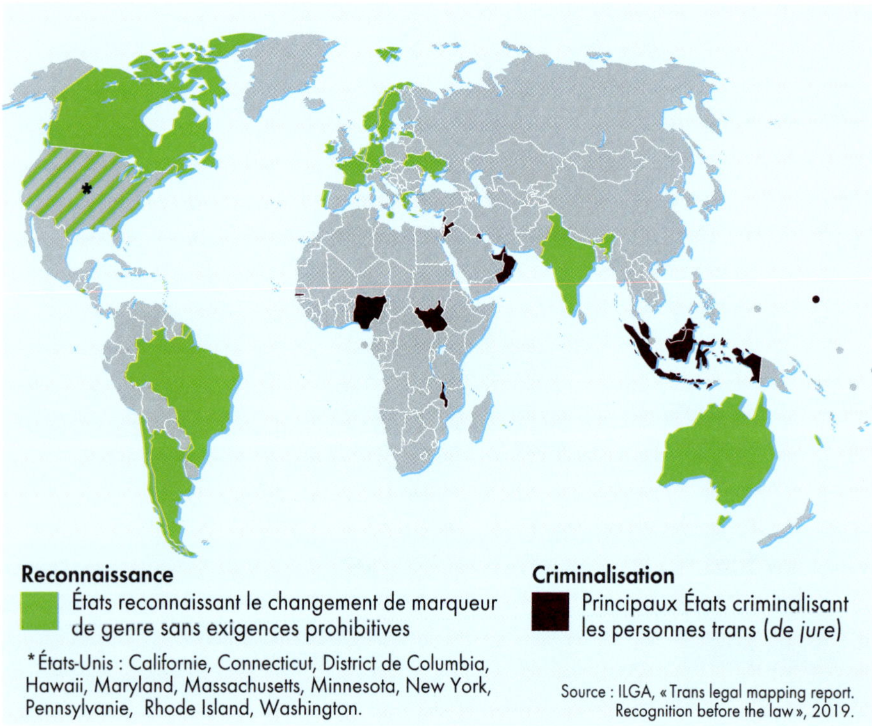

de « criminaliser explicitement les personnes trans », voire ont recours à des lois ou réglementations apparemment inoffensives en lien avec le travestissement (*cross-dressing*) qui ciblent pourtant ouvertement les expressions de genre. Comme pour l'homosexualité, de nombreux États utilisent d'autres motifs tels les nuisances publiques, l'indécence, la moralité, la flânerie, le travail du sexe ou l'interdiction de rapports entre personnes du même sexe pour les incriminer.

Malgré tout, le rapport note des évolutions positives : 96 États du monde autorisent la reconnaissance juridique du genre, mais seulement 25 États, dont la France, sans exigences prohibitives (interventions chirurgicales, hormonales ou de stérilisation ; divorce de force de leur partenaire, absence d'enfants à charge...). Au Pakistan, le Transgender Persons Act de 2018 reconnaît les identités transsexuelles et autorise désormais le changement de marqueur de genre, tandis le Bangladesh reconnaît un troisième genre pour les hijras, nom communément donné à la communauté ancestrale transgenre du sous-continent.

LGBTI+ : acronyme de Lesbiennes, Gays, Bisexuels, Transgenres, Intersexes et le + pour toutes les autres identités de genres comme entre autres les personnes asexuelles, pansexuelles, agenres... On ajoute parfois un Q pour *queer*.

Au niveau international, l'adoption en 2019 de la nouvelle classification internationale des maladies de l'OMS (CIM-11) en vigueur le 1er janvier 2022 marque un tournant pour les personnes trans, puisque celle-ci établit qu'être une personne trans ne signifie pas souffrir d'un trouble mental.

Une haine universelle contre les LGBTI+

Toutefois, malgré ces évolutions juridiques, les sociétés demeurent souvent impuissantes à enrayer l'homophobie et la transphobie qui demeurent un défi culturel et pédagogique. Elles sont aujourd'hui largement véhiculées par des discours de politiciens conservateurs ou d'extrême droite qui opposent identités LGBTI+ aux identités nationales.

Législation sur l'homosexualité

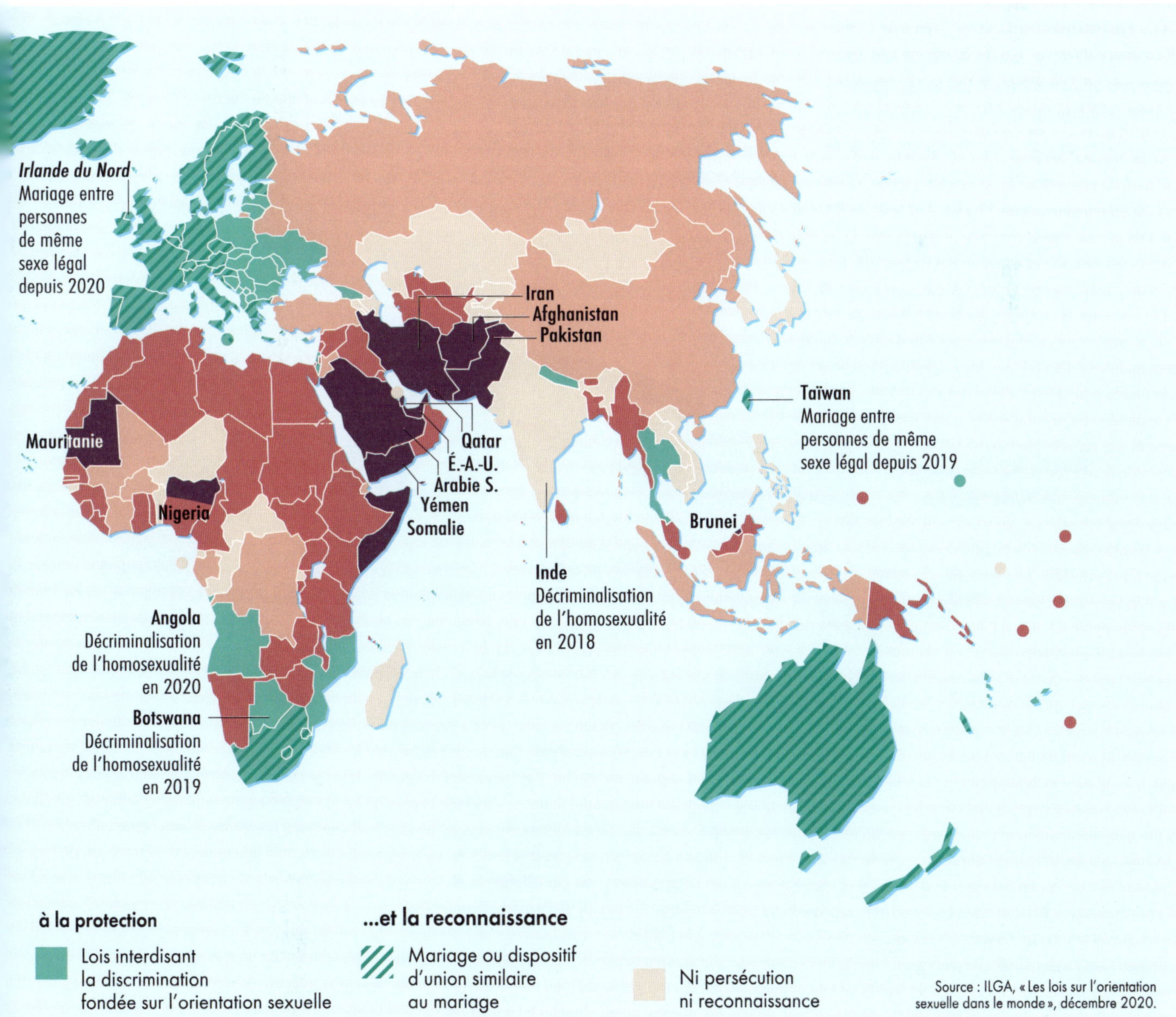

Source : ILGA, « Les lois sur l'orientation sexuelle dans le monde », décembre 2020.

La liberté de circuler réservée aux plus riches ?

Si un Européen ou un Américain peut voyager aujourd'hui sans visa dans près de 180 pays, ce n'est pas le cas d'un Érythréen, d'un Soudanais ou d'un Afghan presque partout assujettis à visa. La liberté de circuler considérée comme un attribut essentiel de la modernité et de la mondialisation fait donc partie des droits bien inégalement partagés. Une situation que les mesures sanitaires liées à la pandémie de Covid-19 ont encore renforcée.

Des frontières plus marquées

Depuis la fin du XXe siècle, la généralisation de l'accès à un passeport donnant le droit de sortir de son pays s'est imposée, avec la chute du rideau de fer et la délivrance de celui-ci, dans la plupart des pays du Sud. Ce droit de sortie s'est accompagné du renforcement de la fermeture des frontières par les grands pays d'immigration : États-Unis, Canada, Union européenne, Australie, Japon. Cette multiplication des frontières physiques, avec des murs comme à Ceuta et Melilla, enclaves espagnoles au Maroc ou entre les États-Unis et le Mexique, mais aussi institutionnelles par la mise en place des visas, a conduit à nombre d'effets pervers : plus de 35 000 morts en Méditerranée depuis 2000, multiplication des camps, développement du trafic du passage, exploitation des voyageurs clandestins par des formes d'esclavage, prostitution, racket, enfermement, viols, trafic d'organes. Des sans-papiers par millions se sédentarisent dans le pays de transit ou d'arrivée, dans la précarité.

> Le droit universel à la mobilité est considéré comme **l'utopie d'un monde sans frontières**, pour la libre circulation des hommes à travers le monde.

Droits d'entrée et de sortie

Pour les deux tiers de la population de la planète, le droit à la mobilité n'existe pas, faute d'accès aux visas, mais les riches des pays pauvres peuvent souvent circuler légalement, car l'apport d'argent ou encore la haute qualification donnent accès à un titre de séjour dans nombre de pays d'accueil. Le droit de sortie

Les flux migratoires dans le monde

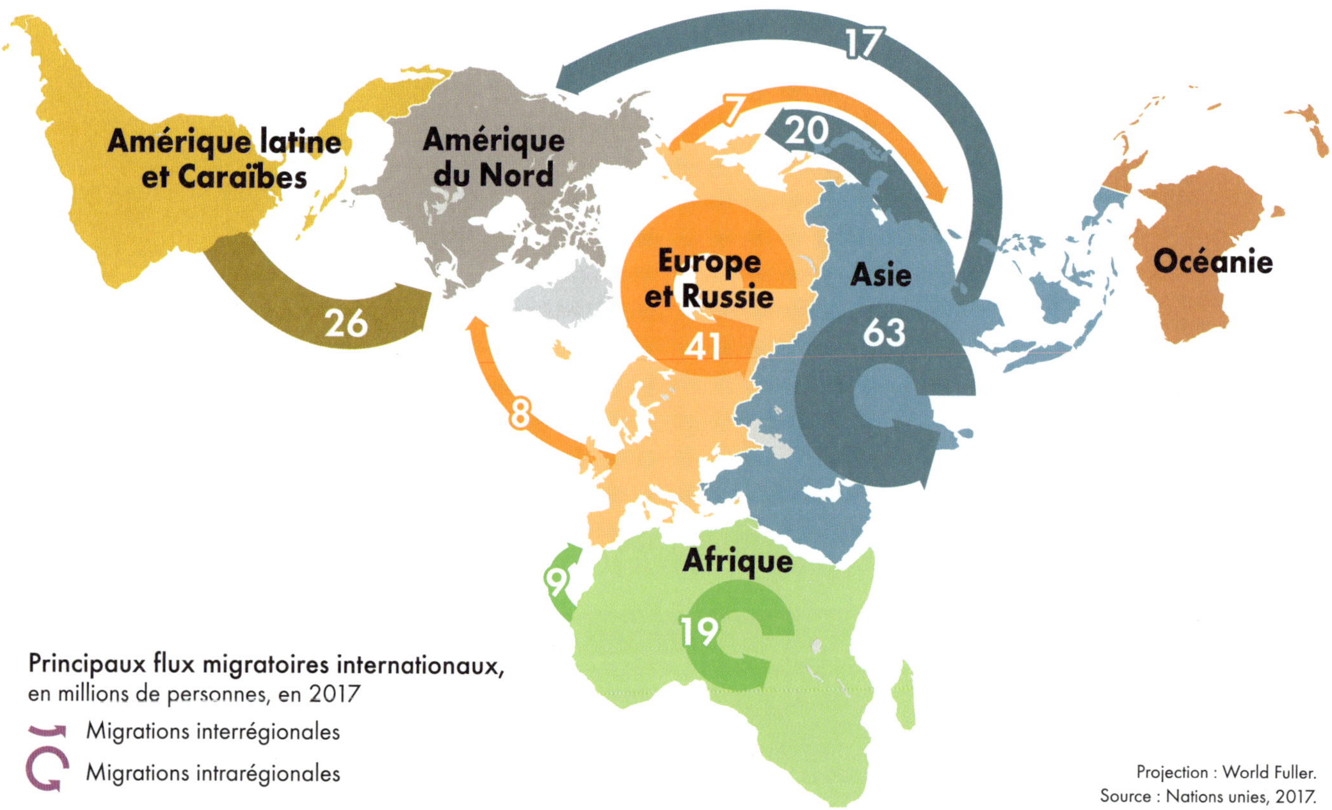

Projection : World Fuller.
Source : Nations unies, 2017.

sans droit d'entrée pour le plus grand nombre est une inversion par rapport au passé où il était plus difficile de sortir de son pays que d'entrer ailleurs. Les pays d'immigration de peuplement et la colonisation cherchaient à attirer de nouveaux venus. Dans l'Europe du XVIIIe siècle jusqu'à la moitié du XIXe siècle, il était, sauf pour les minorités dites indésirables, les proscrits et quelques privilégiés, interdit de partir, car la population était une ressource agricole, militaire, fiscale.

Ce régime de fermeture à la sortie s'est perpétué jusque dans les années 1970 au Portugal, par exemple, qui distribuait parcimonieusement ses passeports et au début des années 1990 pour l'URSS, en même temps que la suppression, en 1994, du passeport intérieur appelé la « propiska ». La Chine a ouvert ses frontières. Quelques rares pays du monde, comme la Corée du Nord, interdisent encore la sortie de leur territoire et Cuba l'a autorisée récemment. Les monarchies et les empires, les régimes coloniaux et autoritaires n'ont eu de cesse de fermer leurs frontières à ceux qui « votaient avec leurs pieds », selon l'expression d'Albert Hirschman.

Un droit humain universel ?

Pourtant, le droit de migrer puise ses sources dans des textes philosophiques et juridiques. En 1765, Voltaire préconisait aux despotes éclairés de permettre à leurs sujets de sortir de leur territoire et de donner envie aux étrangers d'y entrer. Kant considère que l'hospitalité doit être la première règle d'éthique dans une vision universaliste du citoyen du monde, et, dans son *Projet de paix perpétuelle* (1795), il distingue le droit d'installation du droit de visite, « droit fondé sur la possession commune de la surface de la Terre, dont la forme sphérique oblige les hommes à se supporter les uns à côté des autres ». Plus tard, Hannah Arendt (1906-1975) rétablit l'idée du droit d'émigrer pour l'homme moderne, en tant que « droit d'avoir des droits » contre le totalitarisme. Zigmunt Bauman, dans *Le Coût humain de la mondialisation* (1999), reprenant la notion de citoyen du monde de Kant, montre comment l'État moderne s'est empressé de contrôler les déplacements humains, créant des apatrides, des déboutés du droit d'asile et des sans-papiers, qui rappellent l'exclu de la cité de l'Antiquité.

Des textes juridiques, comme la Déclaration universelle des droits de l'homme de 1948, définissent « le droit de sortir d'un pays y compris le sien » (un droit de sortie sans droit d'entrée, dans un contexte de guerre froide) et la Convention de Genève de 1951, avec le droit d'asile, confirme ce droit de sortie universel pour ceux qui sont persécutés ou ont une crainte fondée de le devenir. En 1990, l'ONU a élaboré une Convention sur les droits de tous les travailleurs migrants et de leurs familles, mais elle n'a été signée que par 51 États, tous du Sud. Une étape supplémentaire serait franchie en considérant que le droit de migrer est un droit universel et que les États peuvent interdire ou limiter l'accès à leur territoire, dans le respect de leur souveraineté, mais ils devraient en justifier les motifs. L'ouverture des frontières deviendrait alors une norme universelle et la fermeture, l'exception.

Circuler sans visa

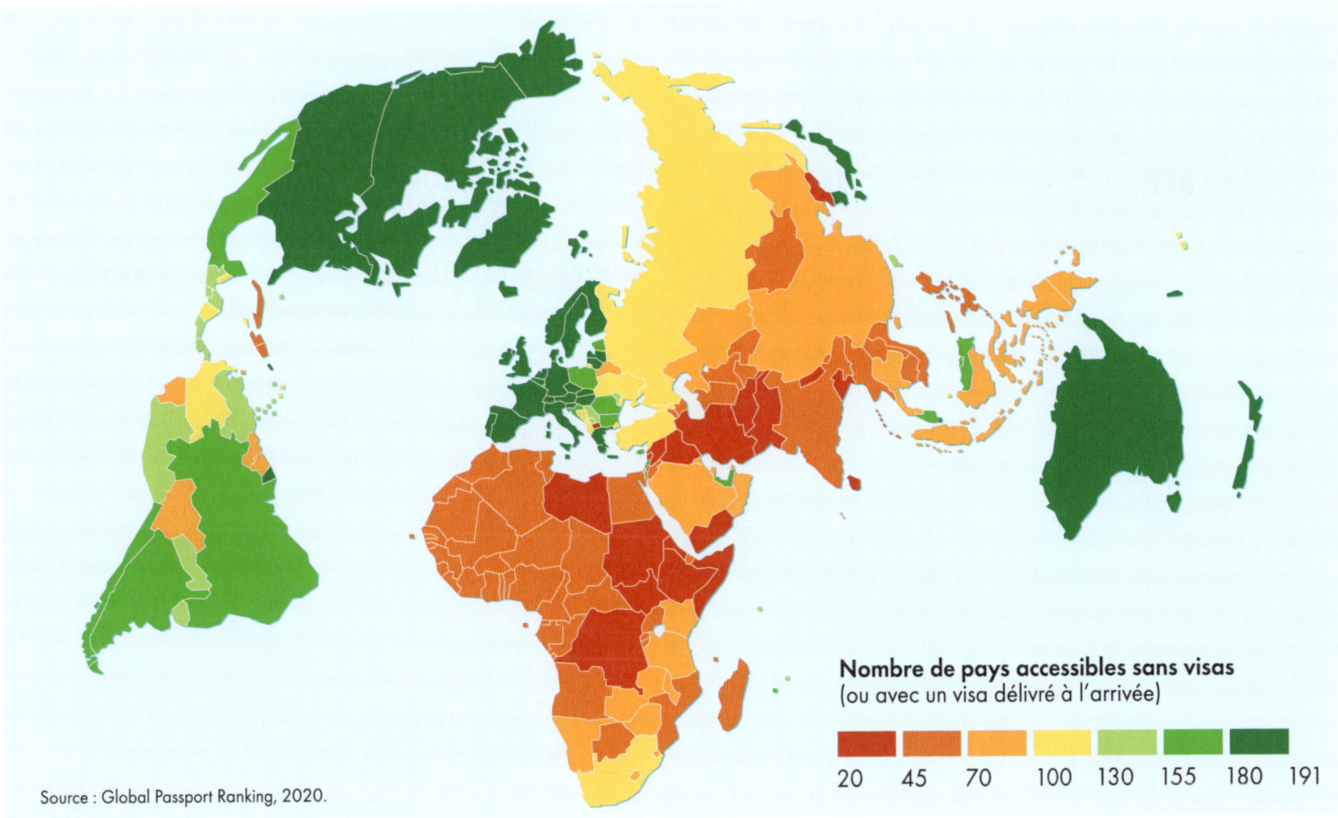

Les discriminations, une lutte sans fin

La discrimination est définie comme l'action d'isoler ou de traiter différemment certains individus ou un groupe entier par rapport aux autres. Elle peut être sociale, ethnique, culturelle, religieuse, sexuelle, fondée sur le handicap et se traduit par une rupture du principe d'égalité. C'est une notion clé pour formaliser ou expliquer les inégalités.

Une lutte mondiale

Si la lutte contre les discriminations a émergé notamment aux États-Unis avec les manifestations en faveur des droits civiques (dont Martin Luther King fut la figure de proue) au début des années 1960, elle s'est déclinée sous différentes formes, avec l'intervention de l'État fédéral pour imposer la déségrégation scolaire en 1957, puis avec la loi sur l'accès aux droits civiques des Noirs en 1964 et enfin avec la notion d'« affirmative action », destinée à compenser les inégalités par un traitement plus favorable envers les groupes discriminés. Cette discrimination positive a ensuite fait l'objet de critiques et a été fortement atténuée, voire abandonnée (à l'université).

Inégalités de salaires hommes-femmes en Europe

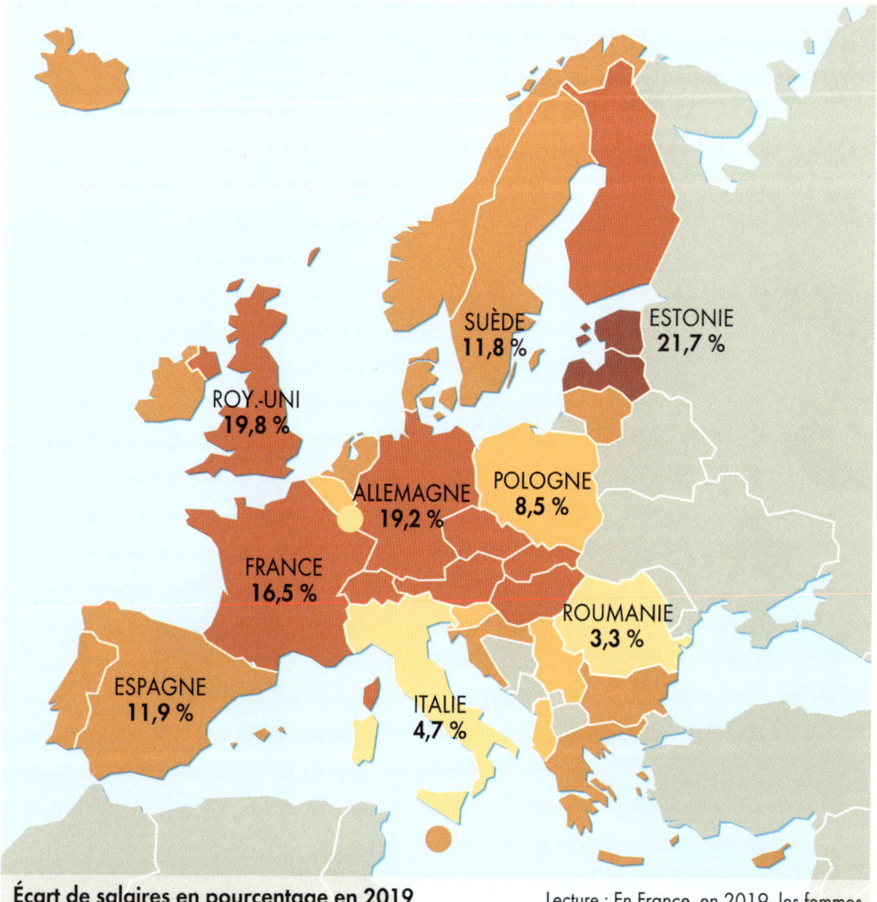

Écart de salaires en pourcentage en 2019
Écart entre le salaire horaire brut moyen des hommes et celui des femmes salariées

1,3 5 10 15 20 22 %

Lecture : En France, en 2019, les femmes salariées touchaient en moyenne un salaire horaire brut inférieur de 16,5 % en moyenne à celui des hommes.

Source : Eurostat, 2021.

En Europe, le Royaume-Uni s'est illustré par sa lutte pionnière contre les discriminations, avec la création de la Commission for Racial Equality dès 1976. Après plusieurs bavures policières mises en évidence par le rapport MacPherson (1999), la notion de racisme institutionnel a souligné les pratiques discriminatoires des institutions d'autorité à l'égard des minorités. En France, la contradiction entre la proclamation d'une citoyenneté de droit (article 1 de la Déclaration des droits de l'homme et du citoyen de 1789) a longtemps été considérée comme un rempart contre les discriminations de fait, mais l'affichage d'idéaux républicains n'empêche pas les « bavures » ni les différences de traitement (contrôles d'identité, gardes à vue, violences policières), à l'égard de populations « visibles », pauvres et considérées comme potentiellement délinquantes. La plupart des émeutes urbaines depuis la fin des années 1970 jusqu'en 2005 (Clichy-sous-Bois) sont liées au sentiment de discriminations policières impunies avec la mort de jeunes des quartiers sensibles. Les pratiques discriminatoires se réfèrent souvent à des allégations de communautarisme et d'allégeances supposées douteuses, en lien avec la radicalisation musulmane.

Une lutte devenue valeur

La lutte contre le racisme a été combattue par le droit dès 1972, mais s'est enrichie d'une législation contre les discriminations, en 2000 et 2001, notamment dans le marché du travail, conformément à la directive européenne de 1999. À l'échelon européen,

La jeunesse face à la police

Proportion des personnes contrôlées déclarant que les policiers ont été brutaux, les ont insultées ou les ont tutoyées lors du dernier contrôle, selon l'âge
en pourcentage des réponses

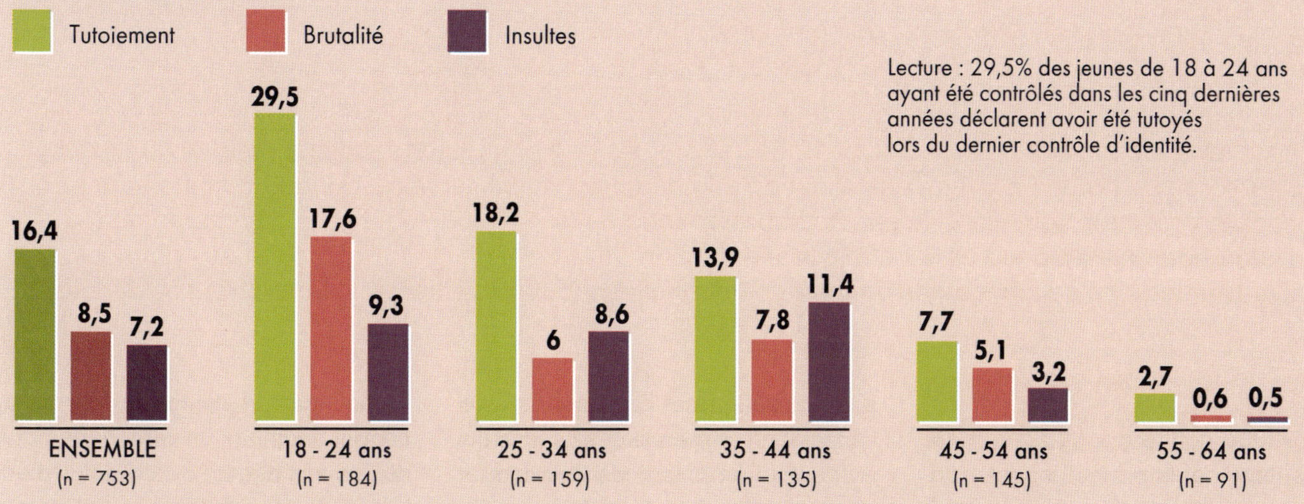

Champ : Ensemble de la population déclarant avoir été contrôlée au moins une fois dans les cinq dernières années (753 personnes)
Source : Défenseur des droits, « Enquête sur l'accès aux droits. Vol. 1. Relations police/population : le cas des contrôles d'identité », 2017.

la lutte contre les discriminations fait aujourd'hui partie des valeurs européennes, enrichissant le contenu de la citoyenneté, également fondé sur la notion de diversité. Elle est énoncée dans le traité d'Amsterdam de 1997 (article 13), puis reprise dans le traité constitutionnel de l'Union européenne de Lisbonne en 2007.

Fréquence des contrôles selon l'origine

Fréquence des contrôles d'identité dans les cinq dernières années selon le fait d'être perçu comme un homme arabe (maghrébin), noir ou blanc,
en pourcentage des réponses

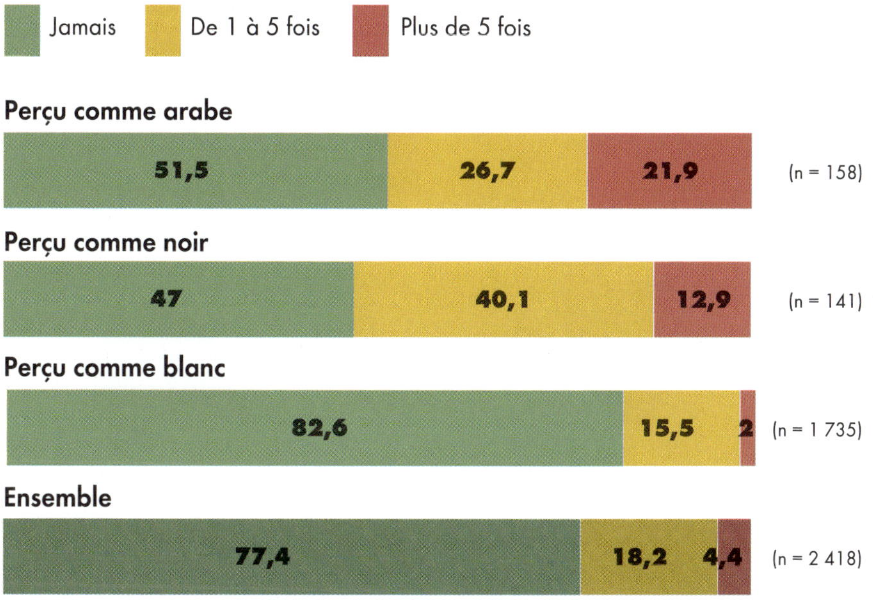

Champ : Ensemble de la population masculine (échantillon de 2 422 personnes)
Lecture : Dans les cinq dernières années, 17,5 % des hommes perçus comme blancs déclarent avoir été contrôlés, contre 53% des hommes perçus comme noirs.
Source : Défenseur des droits, « Enquête sur l'accès aux droits. Vol. 1. Relations police/population : le cas des contrôles d'identité », 2017.

Mais la sensibilité des pays européens à l'égard des discriminations et les méthodes de lutte diffèrent. Les discriminations peuvent aussi se traduire par la ségrégation spatiale, où les inégalités sont accompagnées de mesures comme les restrictions à la liberté de circuler ou la relégation dans les « quartiers » d'exil où interfère une pluralité de critères sociaux, ethnoculturels et économiques. Elles sont parfois corrélées à des mécanismes de stigmatisation à l'égard d'autres publics (femmes, handicapés, homosexuels, bi et transsexuels, âge), et assignent systématiquement les individus et les groupes à des places subalternes.

Une pluralité de processus d'exclusion s'articule les uns les autres pour conduire à des pratiques discriminatoires. Les formes de discrimination sont plus insidieuses, lorsque des membres de communautés discriminées pratiquent des discriminations dans leurs fonctions d'autorité pour s'en protéger eux-mêmes. Des discriminations indirectes peuvent aussi limiter l'accès à l'emploi (« le plafond de verre »), ou quand les candidats manquent d'héritage de « savoir-faire » et de réseaux, alors qu'ils adhèrent pleinement aux idéaux républicains et au système éducatif pour les extraire des déterminismes sociaux dans lesquels ils ont vécu.

À l'échelle mondiale, l'**Afrique du Sud**, depuis le succès de Nelson Mandela dans la lutte contre l'apartheid comme politique d'État, reste le **pays phare dans la lutte contre les discriminations raciales.**

La protection des données à l'ère du numérique

À l'heure de la pandémie de Covid-19, les stratégies numériques d'identification et de suivi des personnes malades par la géolocalisation afin de mieux surveiller le respect du confinement et contenir le virus soulèvent l'enjeu de la protection des données de santé. Le développement du numérique n'est donc pas sans risques, en raison de la collecte de très nombreuses données, de l'utilisation non consentie des données personnelles, pouvant entraîner de nombreuses dérives.

Les droits de l'individu numérique

Dès l'origine, la protection des données a été en France comprise comme un droit fondamental, intrinsèquement lié à la personne humaine et à sa dignité. Alors que l'informatique ne faisait qu'émerger, le premier président de la Commission nationale de l'informatique des libertés (CNIL), Jacques Thyraud, vantait en 1977 les mérites de l'adoption d'une loi relative à l'informatique et aux libertés : « Il existe dans ce monde des nations qui respectent les droits de l'homme et d'autres qui ne les respectent pas. On peut espérer que celles qui les respectent sauront tenir compte également des principes qui sont énoncés dans cette loi. »

Les principes et le dispositif de la loi se sont révélés robustes et ont été régulièrement enrichis en fonction des évolutions technologiques. Ils ont surtout démontré leur pertinence dans un univers numérique où l'on sait désormais collectivement – depuis les révélations d'Edward Snowden ou, plus récemment, celles concernant Cambridge Analytica – qu'il n'y a qu'un pas à franchir du service à l'intrusion, de la personnalisation à la surveillance. Ainsi, les GAFAM (Google, Amazon, Facebook, Apple, Microsoft) offrent des services « gratuits », mais dont le prix est

Protection de l'Internet

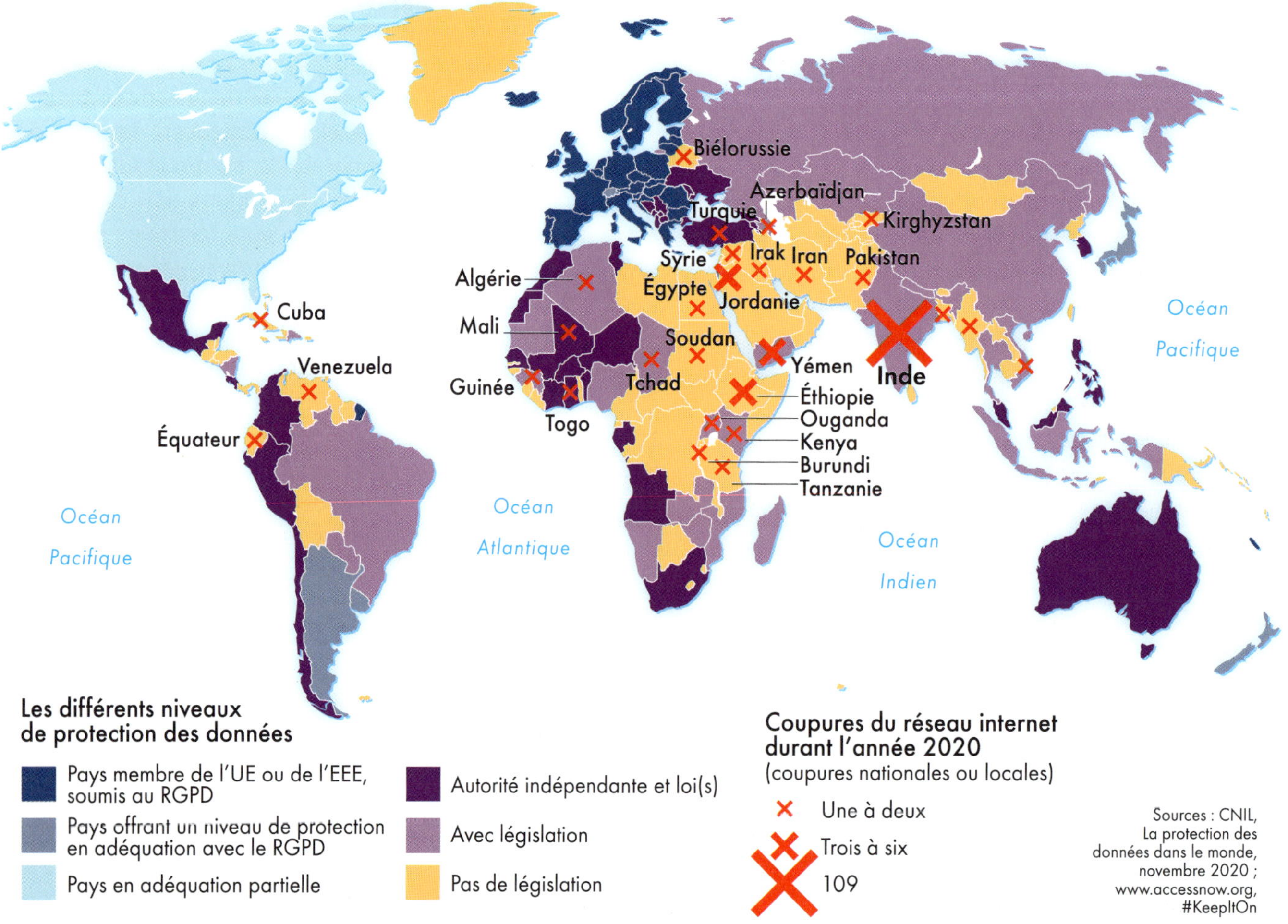

Sources : CNIL, La protection des données dans le monde, novembre 2020 ; www.accessnow.org, #KeepItOn

l'usage intensif et invisible des données qu'elles vendent et utilisent pour le marketing ciblé, qui constitue leur modèle économique.

À cet égard, la loi française a récemment consacré un principe nouveau d'autodétermination informationnelle. Ce droit « chapeau » surplombant l'ensemble des autres droits de la personne vise à offrir à celle-ci la maîtrise de ses données, c'est-à-dire la possibilité d'en décider et d'en contrôler les usages à une époque où les données personnelles sont partout relayées par une myriade de capteurs (achats en ligne, déplacements, données de bien-être, etc.) et d'acteurs.

Se protéger face à quels risques ?

En écho à ces évolutions, les individus sont depuis plusieurs années de plus en plus soucieux des risques relatifs à leurs données personnelles. Ainsi, entre 2014 et 2019, le nombre de plaintes reçues par la CNIL a été multiplié par trois pour atteindre le chiffre « record » de 14 137 en 2019, soit une augmentation de 27 % en un an. Elles ont trait notamment à la e-réputation (sites, réseaux sociaux), aux pratiques commerciales intrusives (prospection en ligne ou par téléphone) ou à des pratiques abusives constatées dans un contexte professionnel (vidéosurveillance, géolocalisation). Cela a conduit à huit sanctions et sept amendes, dont l'une contre Google.

Dans ce contexte, intervient le nouveau cadre juridique européen, le règlement sur la protection des données personnelles (RGPD), qui entre en application le 25 mai 2018. L'approche européenne se distingue par son très haut niveau de protection : responsabilisation de tous ceux qui traitent des données qui doivent se doter d'outils et de processus internes pour démontrer leur conformité de façon continue ; droits renforcés des personnes, voire nouveaux comme le droit à la portabilité des données ; protection effective vis-à-vis des acteurs étrangers dès lors que ceux-ci offrent un produit ou un service qui cible des consommateurs européens. Le RGPD fournit également une réponse moderne à

Le Darknet

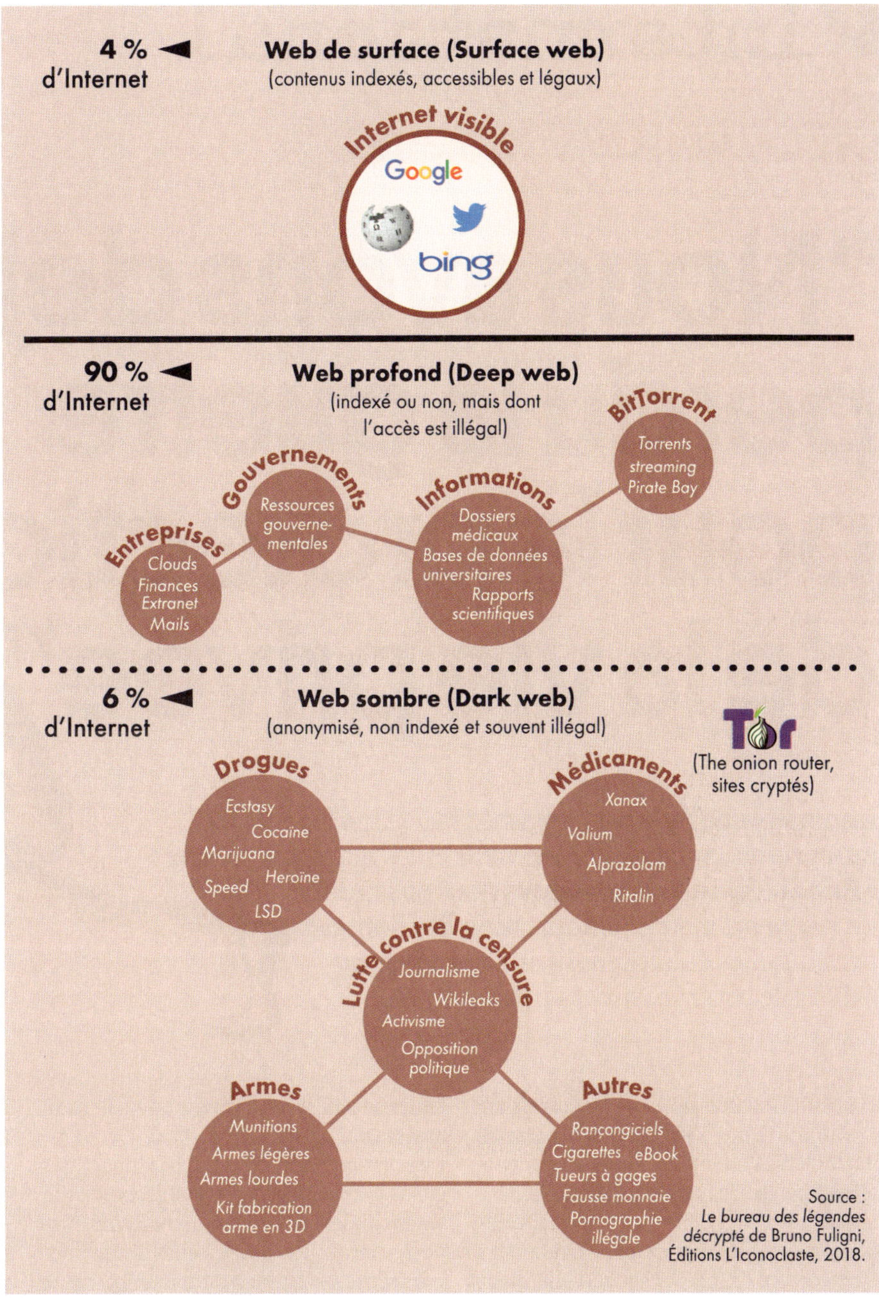

Source : *Le bureau des légendes décrypté* de Bruno Fuligni, Éditions L'Iconoclaste, 2018.

l'asymétrie actuelle de pouvoirs entre individus atomisés qui n'exercent aujourd'hui pas encore suffisamment leurs droits et les grands opérateurs, en ouvrant la possibilité d'actions collectives. De manière générale, le RGPD veut offrir un cadre de confiance aux individus comme aux opérateurs, ce qui constitue un avantage concurrentiel pour l'Europe.

Quels enjeux à l'heure de la Covid-19 ?

Dans le cas spécifique de la pandémie de Covid-19, il requiert par exemple des États européens l'utilisation de données « anonymisées » et « agrégées », afin, en principe, de ne pas porter atteinte aux personnes concernées. Ailleurs dans le monde, certains États sont moins soucieux de la protection des données, et font parfois usage, dans la lutte contre la propagation de l'épidémie, de systèmes de surveillance du suivi des personnes comme à Hong Kong, en Thaïlande et en Iran, ou de « *contact tracing* », traçage des contacts, en Inde ou à Bahreïn.

50 MILLIONS D'EUROS

C'est le montant de l'amende infligé par la CNIL à Google pour « manque de transparence » et « absence de consentement valable pour la personnalisation de la publicité ».

Courrier international

LIBERTÉ EN RECUL

“Nous avons déjà perdu la guerre pour la protection de la vie privée”

Impossible de ne laisser aucune trace dans le monde numérique, constate le chercheur en psychologie sociale Michal Kosinski. Mais nous pouvons réduire les risques d’instrumentalisation des données personnelles en reprenant aux entreprises privées le contrôle sur ces informations.

TYGODNIK POWSZECHNY: **Je ne suis ni sur Facebook ni sur Twitter et je bloque les publicités. Vos recherches pourraient-elles dire quelque chose de moi ?**

MICHAL KOSINSKI : Vous avez un téléphone portable ? Une carte de paiement ? Une voiture ? Celle-ci est certainement équipée d’un ordinateur qui suit votre comportement de conduite. Un téléviseur récent ? Il garde en mémoire tous vos choix. Vous utilisez aussi probablement une carte électronique pour accéder à votre parking ou à votre domicile. Dans le monde numérique, il est impossible de ne pas laisser de trace derrière soi.

Il y a quelques années, on me demandait sans arrêt à partir de combien de likes on peut cerner la personnalité d’un individu. Nos études ont montré qu’il suffit d’une dizaine. Au-delà de cent, il est possible de vous connaître aussi bien que vous connaissent votre famille ou vos amis les plus proches. Mais les likes ne sont ni les seules ni les meilleures traces à analyser. Les sites Internet que vous visitez, vos appels téléphoniques, vos achats par carte bancaire, votre carnet d’adresses et le contenu de vos e-mails constituent une documentation bien plus précise de votre personnalité. À moins que vous ne soyez millionnaire et que vous n’ayez un assistant qui fait tout à votre place...

Dans ce cas, vous sauriez tout de mon assistant.

Exactement. Néanmoins, la plupart des gens qui travaillent doivent recourir aux technologies qui leur facilitent la vie. Elles nous sont utiles. Grâce à elles, nous pouvons communiquer avec des interlocuteurs du monde entier et accéder à des savoirs et des loisirs qui étaient auparavant hors de portée. Pourquoi ne ferions-nous pas usage de ces trésors de connaissance et de divertissement ?

La vente de nos données personnelles est la raison d’être de Facebook, et non la possibilité pour nous d’échanger des photos ou nos avis.

Facebook existe pour tirer le plus d’argent possible des données que ses utilisateurs laissent sur le réseau, mais cela ne passe pas forcément par la vente de ces données. Leur vente fait considérablement baisser leur valeur, car Facebook cesse alors d’être leur unique propriétaire. C’est pourquoi Facebook, Google ou LinkedIn préfèrent conserver l’exclusivité sur les données de leurs utilisateurs, cela leur donne un grand avantage sur la concurrence et consolide leur position sur le marché.

Ainsi, si vous êtes un annonceur, vous pouvez directement récupérer des données d’utilisateurs ou payer Facebook pour qu’il les analyse à votre place. Évidemment, Facebook préfère la seconde solution, qui lui permet d’encaisser de l’argent sans partager les données. De nombreuses entreprises acceptent cela et ce n’est pas plus mal, car ainsi les données ne sont pas diffusées.

Vous défendez Facebook ? C’est une posture rare aujourd’hui. Voyez-vous toujours plus de bien que de mal dans les réseaux sociaux ?

Sans l’ombre d’un doute. Bien sûr, il est plus facile de devenir populaire en diabolisant l’intelligence artificielle et en prédisant l’inéluctable fin du monde. Et, dans ce scénario, Facebook tient le rôle de l’ulcère qui a mis à mal notre démocratie et notre société. Mais la vérité est bien plus complexe. L’instrumentalisation d’informations personnelles, la perte de vie privée et la manipulation étaient déjà une réalité avant l’omniprésence des réseaux sociaux, et elles nous accompagneront encore très longtemps.

Nous devons donc apprendre à vivre avec, et je n’éprouve aucune satisfaction en disant cela. Je passe le plus clair de mon temps à étudier les questions de vie privée précisément parce que nous la perdons de plus en plus. Nous laissons de plus en plus de traces dans le monde

↙ *Dessin de* **Belle Mellor** *paru dans* **The Baffler,** *Cambridge (Massachusetts).*

numérique, tandis que les algorithmes qui les traitent deviennent de plus en plus en perfectionnés et parviennent à en tirer des profils psychologiques très précis. Malheureusement, nous avons déjà perdu la guerre pour la défense de la vie privée. Dès lors, nous devrions nous demander comment employer à notre avantage les transformations auxquelles nous participons et comment minimiser les risques comme les manipulations politiques et les publicités trop invasives.

D'accord, mais que doivent faire les gens ordinaires qui entendent que le libre arbitre est une illusion et que nous sommes tous manipulés (par des trolls, la publicité ciblée…) ?
Souvenons-nous que la manipulation des gens n'est pas née avec Facebook. Nous sommes la cible de tentatives de manipulation et d'actions de propagande depuis le début de la politique et de la vie sociale. Hitler et Staline n'ont pas eu besoin de Facebook pour envoyer des millions de gens à la mort.

Évidemment, les nouveaux médias constituent de nouveaux lieux de rencontre, et ils attirent donc les entreprises et les politiques. Ces menaces étaient déjà connues dans le passé, mais elles prennent une forme différente et parfois très agressive. Toutefois, si nous considérons l'époque contemporaine, la population est la mieux informée et la plus progressiste de l'histoire de l'humanité. Je sais que c'est difficile à croire, mais nos sociétés n'ont jamais été aussi peu clivées. Les gens ne se sont jamais aussi peu haïs qu'aujourd'hui. Et toutes ces évolutions positives sont les plus marquées dans la classe d'âge qui a le plus accès aux nouvelles technologies de l'information.

On croit entendre à travers vous Steven Pinker [ce professeur de psychologie à Harvard défend l'idée que la vie sur Terre s'améliore, en s'appuyant sur des indicateurs comme l'espérance de vie et le taux d'alphabétisation, en hausse depuis deux siècles] : "Nous vivons dans le meilleur des mondes." Cependant, vous connaissez sans doute le bon mot [attribué à l'écrivain américain Mark Twain] : "Il y a trois sortes de mensonges : les mensonges, les sacrés mensonges et les statistiques."
Steven Pinker dépeint une image nuancée de la réalité. Il y a évidemment beaucoup de choses à améliorer, mais ce monde est le meilleur que nous ayons connu jusqu'ici. C'est sans doute pourquoi ses livres ne se vendent pas aussi bien que ceux des marchands de peur. Le problème est le suivant : si vous croyez que vous avez un cancer et que vous êtes en réalité en bonne santé, si vous suivez une chimiothérapie, non seulement elle ne vous aidera pas, mais elle vous fera du mal. La panique autour de Facebook, de Google et d'autres technologies, sans tenir compte des avantages qu'ils apportent, peut nous conduire à cette chimiothérapie inutile.

De quoi s'agirait-il concrètement ?
Aux États-Unis, Facebook a été récemment contraint d'embaucher 15000 censeurs qui vérifient non seulement les messages des entreprises et des responsables politiques, mais aussi ceux d'utilisateurs privés. C'est un paradoxe de l'histoire : après que des générations se sont battues pour la liberté et pour moins de censure, leurs enfants et petits-enfants réclament le retour de la censure. En outre, il ne s'agit même pas d'une censure encadrée par les pouvoirs publics ou par une communauté qui jugerait certains contenus néfastes pour elle-même, mais d'une censure appliquée par une entreprise commerciale et dont l'objectif est le profit financier.

Devrions-nous contrôler nous-mêmes la collecte des données et le contenu des réseaux sociaux?
Oui, bien sûr. Les entreprises ne devraient pas être autorisées à définir elles-mêmes les règles et à en contrôler l'application. C'est comme si nous confiions aux industriels du tabac la réglementation de la vente de cigarettes, ou aux géants du pétrole la réglementation du marché des carburants. Il n'est pas normal que ce soit la direction de Facebook qui décide de ce qu'il est possible de dire et de publier sur le réseau.

Qui devrait établir ces règles?
Des institutions d'intérêt général élues démocratiquement ou soumises à un contrôle démocratique. C'est comme cela que fonctionnent la radio et la télévision. Le critère essentiel devrait néanmoins être le respect de la liberté d'expression. Elle nous coûte cher, car tout le monde – vous, moi, un parti politique ou un gouvernement – peut en abuser et répandre des mensonges, de la haine ou tout simplement des bêtises. Mais le prix de la réduction de cette liberté serait encore plus élevé, car le même instrument technologique qui permet aujourd'hui de bâillonner un homme politique avec lequel vous n'êtes pas d'accord sera utilisé demain pour bâillonner un homme politique avec lequel vous êtes d'accord, voire pour vous bâillonner vous.

Sauf qu'aujourd'hui, en échange d'un plus grand sentiment de sécurité, les gens sont plus disposés à abandonner des libertés qu'à en élargir le champ.
Nous avons oublié le temps où il n'y avait pas ces libertés. L'aptitude à abandonner la liberté d'expression n'est pas un phénomène isolé. Les postures fondées sur la peur et les croyances se répandent. Regardons le mouvement antivaccin. Les gens ont oublié que les enfants pouvaient mourir de la rougeole et d'autres maladies. Nous vivons trop bien et nous ne nous en rendrons compte que lorsque les antivaccins sacrifieront sur l'autel de leurs théories complotistes la vie de nombreux enfants.

—Propos recueillis par Dariusz Rosiak
Publié le 21 janvier 2020

SOURCE

TYGODNIK POWSZECHNY
Cracovie, Pologne
tygodnikpowszechny.pl
Suspendu après la mort de Staline pour ne pas avoir publié sa nécrologie, puis réactivé au moment du "dégel", en 1956, l'"Hebdomadaire universel" est l'un des principaux porte-voix du catholicisme ouvert polonais.

franceinfo:

Centre d'entraînement de l'État islamique dans une église chrétienne en Irak. © Lena Ha / Shutterstock

Les minorités chrétiennes sous pression

Entre guerres civiles et répression, la communauté est-elle contrainte à l'exil ?

Lors de sa visite historique en Irak au printemps 2021, le pape François a pu saisir toute la détresse des chrétiens, mais aussi leur volonté de s'accrocher à leurs villages de la plaine de Ninive, comme celui de Qaraqosh, l'un des plus emblématiques.

Depuis la chute de Saddam Hussein en 2003, leur nombre a fondu à cause du chaos de la guerre civile qui a suivi, puis de l'apparition de Daech qui avait fait de Mossoul la « capitale » de son pseudo califat.

Menacés, les chrétiens irakiens ont pris la route de l'exil vers l'Europe et les États-Unis. Dans le pays, ils ne sont plus aujourd'hui que 400 000 âmes contre un million et demi vingt ans plus tôt.

Partout au Moyen-Orient, les communautés chrétiennes sont sous pression, pour des raisons politiques, économiques ou religieuses.

En Terre sainte, les communautés chrétiennes se sont rétrécies et ne représentent plus que 1,2 % de la population. Bethléem et ses villages voisins de Beit Jala et de Beit Sahour sont asphyxiés par les colonies juives construites autour et le mur de séparation qui bloquent l'accès à Jérusalem.

Le Liban reste le pays du Moyen-Orient où les chrétiens sont les plus influents, notamment au niveau politique puisque le président de la République est maronite.

Mais avec l'effondrement de l'économie libanaise depuis la révolution citoyenne de 2019, beaucoup de chrétiens, notamment les jeunes diplômés, font leurs valises et sollicitent des visas dans les chancelleries occidentales avec l'espoir d'un avenir meilleur.

Christian Chesnot
Journaliste, rédaction internationale de Radio France

POSTFACE

Un nouveau monde, de nouveaux territoires ?

Un nouveau monde : Combien de fois cette expression a-t-elle pu être utilisée au fil des années et des crises. Un concept aux allures de serpent de mer qui émerge à chaque fois que nos habitudes sont bousculées, que les événements qui surgissent nous étonnent du fait de leur caractère imprévisible.
Qui aurait pu prévoir en effet que le monde s'arrête ainsi pendant un an et demi ? Qui aurait imaginé encore qu'un battement d'aile de chauve-souris venu de Chine puisse remettre en cause notre société dans son ensemble ?
Certainement pas nous, journalistes d'ici ou d'ailleurs, qui essayons pourtant chaque jour d'être les témoins de ce monde qui bouge. Mais contrairement aux apparences, rien ne s'est vraiment arrêté. Le cours de l'actualité s'est poursuivi en conservant malheureusement ses défauts et ses excès.
Oui la Terre a continué de tourner.
Aux États-Unis d'abord avec l'élection d'un nouveau président au terme d'une campagne mouvementée, au Proche-Orient où le conflit israélo-palestinien n'a toujours pas trouvé de répit, sur la planète rouge où un robot cherche une éventuelle trace de vie et même au canal de Suez où un porte-conteneurs nous a refait la blague de la sardine qui bouche le port de Marseille.
Oui, notre monde a continué de tourner malgré le virus ou, devrait-on dire, les virus.
Car il y en a un autre qui nous a tout autant infestés tout au long de ces mois de pandémie : celui de la désinformation. Il s'est propagé dans nos ordinateurs et nos téléphones, sur nos chaînes de télévision ou de radio et même dans nos journaux par le biais de pseudo-scientifiques, de politiques sacrifiant le doute raisonnable à la soif du pouvoir et même de journalistes avides de gloire médiatique.
Oui, le monde a continué de tourner, mais pas toujours très rond.
Il y a pourtant des raisons d'espérer en prenant un minimum de recul sur cette année hors normes que nous avons vécue. Nous nous sommes battus pour sauver des vies : des femmes et des hommes de l'ombre se sont levés, des solidarités se sont créées, des États se sont mobilisés et des entreprises ont su additionner leurs talents pour trouver des solutions.
Nous nous rappellerons la mobilisation des laboratoires pour trouver un vaccin et redonner à l'humanité une vie plus normale. Nous insisterons sur la mobilisation des États occidentaux pour lancer un vaste plan de relance économique. Et nous nous arrêterons longtemps sur la prise de conscience des GAFAM lors de l'élection américaine pour éviter le chaos démocratique. Tout ce qui semblait impossible hier est donc devenu réalisable.
Par la volonté politique. Par la mobilisation générale.
Là enfin, le monde a tourné dans le bon sens.
Mais la principale difficulté, lorsque cette crise sera définitivement derrière nous, sera de nous adapter à ces nouveaux espaces humanitaires et démocratiques. Avec à mon sens plusieurs questions essentielles, à commencer par celle-ci : l'opinion doit-elle prendre le dessus sur l'information ? La vérité a-t-elle une alternative ?
La prochaine campagne présidentielle française donnera certainement le tempo. Car déjà nous constatons que les candidats potentiels n'hésitent pas à surfer sur cette vague populiste qui a touché l'ensemble de l'Europe et du monde ces dernières années.
Notre responsabilité de journaliste est de ne pas tomber dans la facilité de la petite phrase et de l'affaire qui fera le « buzz ». La crise sanitaire a démontré que la confiance dans les médias était une préoccupation essentielle. Il nous faut donc nous astreindre à délivrer une information juste, fiable et indépendante.
Une sorte de retour aux fondamentaux de notre profession, trop souvent oubliés en ces temps perturbés. Mais les mois difficiles que nous venons de traverser nous ont aussi permis d'entrevoir une lueur d'espoir : certes, nous ne changerons pas totalement de monde, mais nous avons de nouveaux territoires à explorer, ou d'anciens à redécouvrir.

Jean-Philippe Baille
Directeur de franceinfo

Annexes

SOURCES ET CRÉDITS

Le *Grand Atlas* a été conçu, édité et coordonné par Frank Tétart. Les pages de ce livre sont pour la plupart extraites de la collection « Atlas » des éditions Autrement, dont les données ont été mises à jour et adaptées.

Cartes des rabats
Trame des États souverains : Cyrille Suss
France maritime : Aurélie Boissière
Population en 2015 et 2050 : Guillaume Balavoine

Pages 10-11
Texte : Gérard Salem et Florence Fournet, *Atlas de la santé*
Carte : Cécile Marin

Pages 12-13
Texte : Gérard Salem et Florence Fournet, *Atlas de la santé*
Carte : Justine Bergeron et Lucille Dugast, *Atlas de la santé*

Pages 14-15
Texte : Christian Montès et Pascale Nédélec, *Atlas des États-Unis*
Carte : Cyrille Suss, *Atlas des États-Unis*

Pages 16-17
Texte : Frank Tétart
Cartes : Cécile Marin

Pages 18-19
Texte : Frank Tétart
Carte : Claire Levasseur, *Atlas du Moyen-Orient* et Cécile Marin

Pages 20-21
Texte : Pierre Blanc et Jean-Paul Chagnollaud, *Atlas du Moyen-Orient*
Cartes : Claire Levasseur, *Atlas du Moyen-Orient* et Cécile Marin

Pages 22-23
Texte : Frank Tétart
Cartes : Aurélie Boissière, *Atlas de l'Europe*, et Cécile Marin

Pages 24-25
Texte : Frank Tétart et Pierre-Alexandre Mounier, *Atlas de l'Europe*
Cartes : Aurélie Boissière, *Atlas de l'Europe*

Pages 26-27
Texte : Michel Deshaies, *Atlas de l'Allemagne*
Carte : Mélanie Marie, *Atlas de l'Allemagne*

Pages 28-29
Texte : François-Marie Bréon et Gilles Luneau, *Atlas du climat*
Cartes : Hugues Piolet, *Atlas du climat* et Cécile Marin

Pages 36-37
Texte : Frank Tétart
Carte : Cyrille Suss, *Atlas géopolitique de la Russie*

Pages 38-39
Texte : Géraud Magrin, Alain Dubresson et Olivier Ninot, *Atlas de l'Afrique*
Cartes : Aurélie Boissière, *Atlas de l'Afrique* et Cécile Marin

Pages 40-41
Texte : Jean-François Daguzan in Bruno Tertrais (dir.), *Atlas militaire et stratégique*
Carte : Hugues Piolet, *Atlas militaire et stratégique*

Pages 42-43
Texte : Pierre Blanc et Jean-Paul Chagnollaud, *Atlas du Moyen-Orient*
Cartes : Claire Levasseur, *Atlas du Moyen-Orient*

Pages 44-45
Texte : Valérie Niquet in Bruno Tertrais (dir.), *Atlas militaire et stratégique*
Cartes : Hugues Piolet, *Atlas militaire et stratégique* et Cécile Marin

Pages 46-47
Texte : Olivier Dabène et Frédéric Louault, *Atlas de l'Amérique latine* et Frank Tétart, *Grand Atlas 2021*
Cartes : Aurélie Boissière, *Atlas de l'Amérique latine* et Cécile Marin

Pages 48-49
Texte : Christian Montès et Pascale Nédélec, *Atlas des États-Unis*
Cartes : Cyrille Suss, *Atlas des États-Unis*

Pages 50-51
Texte : Nicolas Mazzucchi *in* Bruno Tertrais (dir.), *Atlas militaire et stratégique*
Cartes : Hugues Piolet, *Atlas militaire et stratégique* et Aurélie Boissière, *Atlas de la mondialisation*

Pages 58-59
Texte : Yvette Veyret et Paul Arnould, *Atlas du développement durable*
Cartes : Claire Levasseur, *Atlas du développement durable*

Pages 60-61
Texte : Bernadette Mérenne-Schoumaker, *Atlas des matières premières*
Cartes : Claire Levasseur, *Atlas des matières premières*

Pages 62-63
Texte : Christian Montès et Pascale Nédélec, *Atlas des États-Unis*
Carte : Cyrille Suss, *Atlas des États-Unis*

Pages 64-65
Texte : Bernadette Mérenne-Schoumaker, *Atlas des matières premières*
Cartes : Claire Levasseur, *Atlas des matières premières*

Pages 66-67
Texte : Charlotte Ruggeri (dir.), *Atlas des villes mondiales*
Cartes : Aurélie Boissière, *Atlas des villes mondiales*

Pages 68-69
Texte : Yvette Veyret et Paul Arnould, *Atlas du développement durable*
Carte : Claire Levasseur, *Atlas du développement durable*

Pages 70-71
Texte : Yvette Veyret et Paul Arnould, *Atlas du développement durable* et Gérard Salem et Florence Fournet, *Atlas de la santé*
Cartes : Claire Levasseur, *Atlas du développement durable* et Justine Bergeron et Lucille Dugast, *Atlas de la santé*

Pages 72-73
Texte : Bernadette Mérenne-Schoumaker, *Atlas des matières premières*
Cartes : Claire Levasseur, *Atlas des matières premières*

Pages 80-81
Texte : Pierre-Yves Beaurepaire et Silvia Marzagalli, *Atlas de la Révolution française*
Cartes : Guillaume Balavoine, *Atlas de la Révolution française*

Pages 82-83
Texte : Pierre-Yves Beaurepaire et Silvia Marzagalli, *Atlas de la Révolution française*
Cartes : Guillaume Balavoine, *Atlas de la Révolution française*

Pages 84-85
Texte : Lauric Henneton, *Atlas historique des États-Unis*
Carte : Pierre Gay, *Atlas historique des États-Unis*

Pages 86-87
Texte : Sabine Dullin, Stanislas Jeannesson, *Atlas de la guerre froide*
Cartes : Aurélie Boissière, *Atlas de la guerre froide*

Pages 88-89
Texte : Sabine Dullin, Stanislas Jeannesson, *Atlas de la guerre froide*
Carte : Aurélie Boissière, *Atlas de la guerre froide*

Pages 90-91
Texte : Jean-Pierre Peyroulou, *Atlas des décolonisations*
Cartes : Fabrice Le Goff, Atlas des décolonisations

Pages 92-93
Texte : Frank Tétart
Carte : Cécile Marin

Pages 96-97
Texte : Yvette Veyret et Paul Arnould, *Atlas du développement durable*
Carte : Claire Levasseur, *Atlas du développement durable*

Pages 98-99
Texte : Gérard Salem et Florence Fournet, *Atlas de la santé*
Carte : Justine Bergeron et Lucille Dugast, *Atlas de la santé*

Pages 100-101
Texte : Yvette Veyret et Paul Arnould, *Atlas du développement durable* et Bernadette Mérenne-Schoumaker, *Atlas des matières premières*
Cartes : Claire Levasseur, *Atlas du développement durable* et *Atlas des matières premières*

Pages 102-103
Texte : François Gemenne *in* Catherine Wihtol de Wenden (dir.), *Atlas des droits de l'homme*
Cartes : Alexandre Nicolas, *Atlas des droits de l'homme*

Pages 104-105
Texte : Charlotte Ruggeri (dir.), *Atlas des villes mondiales*
Cartes : Aurélie Boissière, *Atlas des villes mondiales*

Pages 106-107
Texte : Charlotte Ruggeri (dir.), *Atlas des villes mondiales*
Cartes : Aurélie Boissière, *Atlas des villes mondiales*

Pages 108-109
Texte : François-Marie Bréon et Gilles Luneau, *Atlas du climat*
Cartes : Hugues Piolet, *Atlas du climat* et Cécile Marin

Pages 110-111
Texte : Yvette Veyret et Paul Arnould, *Atlas du développement durable*
Cartes : Claire Levasseur, *Atlas du développement durable*

Pages 118-119
Texte : Frank Tétart
Cartes : Cécile Marin

Pages 120-121
Texte : Charlotte Ruggeri (dir.), *Atlas des villes mondiales*
Cartes : Aurélie Boissière, *Atlas des villes mondiales*

Pages 122-123
Texte : Emmanuel Decaux *in* Catherine Wihtol de Wenden (dir.), *Atlas des droits de l'homme*
Cartes : Alexandre Nicolas, *Atlas des droits de l'homme* et Cécile Marin

Pages 124-125
Texte : Frank Tétart
Cartes : Cécile Marin

Pages 126-127
Texte : Frank Tétart
Cartes : Cécile Marin

Pages 128-129
Texte : Frank Tétart
Cartes : Cécile Marin

Pages 130-131
Texte : Catherine Wihtol de Wenden *in* Catherine Wihtol de Wenden (dir.), *Atlas des droits de l'homme*
Carte : Alexandre Nicolas, *Atlas des droits de l'homme* et Cécile Marin

Pages 132-133
Texte : Catherine Wihtol de Wenden *in* Catherine Wihtol de Wenden (dir.), *Atlas des droits de l'homme*
Cartes : Cécile Marin

Pages 134-135
Texte : Isabelle Falque-Pierrotin et Maryse Artiguelong *in* Catherine Wihtol de Wenden (dir.), *Atlas des droits de l'homme*
Cartes : Alexandre Nicolas, *Atlas des droits de l'homme*